上海大学出版社

2005年上海大学博士学位论文 51

冲突的构成及其边界

——以湖南省S县某事件研究为中心

● 作者：李　琼

● 专业：社会学

● 导师：李向平

Shanghai University Doctoral Dissertation (2005)

The Structures of Conflict & its Boundaries

— A Study on Some Event of S County

Candidate: Li Qiong
Major: Sociology
Supervisor: Li Xiangping

Shanghai University Press
· Shanghai ·

摘　要

社会冲突是人类社会普遍存在的社会现象之一。在现代社会的运行过程中，社会冲突现象是无法避免的，尤其在中国这样一个处于转型剧变中的社会。伴随着现实社会冲突问题的经验性积累，采取集体行动对抗基层政府的群体性冲突事件是转型期社会冲突的重要表现形式，它在某种程度上客观反映了基层社会的利益整合及社会秩序状况。

本文是以S县的“7·7”群体性冲突事件为研究对象而进行的个案研究。这是因利益分配问题而引起的一宗群体性冲突案例，其间充满着矛盾、冲突甚至大规模抗拒的过程。本项研究采用社会冲突理论和边界分析的研究视角，考察在面临社会冲突时，各非正式利益群体之间得以凸显的微妙关系，试图揭示他们隐秘在日常情境之下的内在逻辑以及被综合成可操作的临时性行动方案，从而对群际冲突的构成因素和整合逻辑进行探讨，力图解释制度设计间的相互作用和多元冲突的演变过程，进一步认识影响社会冲突的微观社会结构基础。

文中提出“边界冲突”这一核心概念，并建构了关于边界冲突的动态分析模式，作为该事件研究的理论工具。把冲突纳入变动发展着的边界分析范畴中，揭示出社会冲突是各类冲突群体在利益、权力、权利和制度等边界空间中互为控制和影响的行为。正因为相互之间边界空间的模糊性和越界现象的发生，再加上缺乏有效的控制和协调机制，边界的运行将出现低效或无序，各方之间才会产生社会冲突和紧张。

本研究构建了一个关于“7·7”群体性冲突事件的博弈分析框架和模型，分析各利益群体的角色特征、利益取向、心理状态及行动方式等在其中的表现与策略选择。分化的利益群体之间错综复杂的利益关系，导致各种权力和权利边界的相互交叠和模糊、制度性规则和非制度化手段相互兼容的状态，逐渐形成以利益为主要表达方式的边界交叉式综合结构。研究表明，利益冲突及基层管理阶层的功能缺失、行为失范所造成的权力和权利边界空间失衡，是社会冲突的基础性根源。

多元边界同时并存，相互重叠的程度有限，其间必定存在整合上的真空区，边界在内外利益等因素的驱动下而移动，在一定时候出现临界现象。越过临界区域外移，各种冲突因素难以保持共生状态，冲突由此生发。只有在各边界非常清晰的前提下，在相互冲突着的需求中找到适当的边界，才能把冲突的构成层级化、将冲突的边界制度化。因而，对社会冲突进行整合的关键，是冲突主体都必须遵守各自的边界，以各方收益最大化曲线的交叉区间为自由发展着的收益限度空间，力图在边界的柔性与刚性之间寻求张力平衡机制，进而形成相对合理的社会结构。

关键词 边界冲突，社会冲突，利益冲突及其边界，权力冲突及其边界，权利冲突及其边界，制度边界

Abstract

The social conflict is one of the most common social phenomena of the human society. In modern society, a considerable social conflict is virtually unavoidable, especially in China, which is undergoing great changes in the social transformation. With the empirical accumulation of our country in handling the actual social conflicts, the group conflict in which people take collective actions to challenge the governments at the fundamental level is one of the important ways of expression in the transforming society, which to a certain extent subjectively reflects the re-allocation of the social interests and the current situation of the social order.

By probing into an individual case, this dissertation takes the July 7 Event occurring in S County as the objective study. Stirred by the allocation of social interests, it is a collective conflict intermingling with contradicts, collisions and even a large-scale resistance. Methodologically, this dissertation will adopt the theory of the social conflict and the boundary analysis to study the subtle relationship shown in the informal parties of interests in confronting the social conflicts and tries to trace the true origins that result in their respective choices under the common circumstances and the synthesized temporary program that can be applicable. And thereby we can study the component factors that have caused the conflict and its logic of conformity, explain the interplay of the institutional establishments and the transforming process of the plural conflicts and thus we can better understand the micro basis of the social structure that can affect the social conflict.

In this dissertation the core concept of the boundary conflict has been brought forward; some modes of the dynamic analysis of the boundary conflict have been presented. As the theoretical device to study this case, the conflict is categorized into the domains of the dynamic boundary analyses to unveil that the social conflict is a demeanor that mutually controls and affects the various parties involved in the conflict in the terms of interests, powers, rights, systems and other spatial boundaries etc. Because of faintness in and beyond the boundary、short of the control and correspond mechanism, boundary will become low effect and out of order, then the social conflict turn into reality.

The dissertation stresses the roles that the involved parties of interests play, their interest orientation, their psychologies and demarches shown in the conflict combat and their tactical choices through the analysis of the July 7 Event. The complex relationship between the disintegrated interest parties and their identities has resulted in the vague overlapping of the various powers and their powers and rights and the compatibility of the systemic rules and non-systemic measures. As the study reveals, the spatial imbalance of the boundaries of powers and rights, which is caused by the conflict between the interest parties and the dysfunction of the governments at the base level, is the very essential roots of the social conflicts.

The plural boundaries co-exist at the same time and their overlapping is limited, among which there will surely be some vacuum. Driven by the internal and external interests and some other factors of this kind, the boundaries will move away from its initial position. Sometimes they even will reach a critical point and get over the critical domains, so the various factors incurring the conflict can't co-exist peacefully and then the conflict occurs. Only in the prerequisite of the clear definition of the boundaries can the involved parties of the conflict find the appropriate boundary and thus put the conflict into the systemic order. And therefore, all the involved parties must remain in their own domains with the intersection of their maximum profit curve as the limit of their benefits. In this way they can seek a balance between the inflexible and rigid boundaries.

Key words boundary conflict, social conflict, interest conflict and its boundary, power conflict and its boundary, right conflict and its boundary, system boundary

目　　录

第一章 导 论

1.1 研究缘由

社会冲突(Social Conflict)①是人类社会普遍存在的社会现象,有关社会、政治、经济、文化等方面冲突问题的研究是社会学、人类学、政治学和经济学等多学科共同的关注焦点和基本问题。社会冲突系出自西方的语汇,有其特定的语境、制度及文化背景。社会冲突理论作为西方重要的社会学流派之一,强调社会生活中的冲突性并以此解释社会变迁。相对而言,中国文化是以“和”为核心价值体系的文化整体,“中国人自古即极强调人际和谐,又特别忌讳人际不和(冲突)”②。然而,在现代社会的运行过程中,正如英国社会学家达伦道夫所言,“一定程度的社会冲突其实是无法避免的”③,尤其在中国这样一个正处于转型剧变中的社会。

“改革进入‘深水区’以后,大家才发现,所有被小心翼翼绕开的问题,最后形成了一种滞后效应,累积成今日无法避开的社会矛盾。”④近二十年来的实践表明,社会转型中的结构转换和同步进行的体制改革,触动和碰撞了人们的利益、权力关系和价值观念,增加了

---

① 本文所指的社会冲突侧重于群际冲突,而不是社会心理学中所涉及的人际冲突或个人内心心理层面上的冲突现象,强调人们基于需要、利益、价值、观念等方面的差别而导致相互矛盾和对立的行为。

② 黄囇莉.人际和谐与冲突——本土化的理论与研究[M].台湾:台湾桂冠图书股份有限公司,1999:推荐序ⅲ.

③ 达伦道夫.现代社会冲突[M].林荣远译.北京:中国社会科学出版社,2000:前言.

④ 何清涟.现代化的陷阱——当代中国的经济社会问题[M].北京:今日中国出版社,1998:1.

社会冲突的可能性；深化改革中的社会资源分配方式和利益格局的变更所产生的形形色色的利益群体，使得其间的矛盾冲突错综复杂，界线模糊；随着社会阶层的进一步分化，处于社会强势地位的集团往往影响着社会利益的分配格局，从而导致社会冲突的凸现；而社会心态与价值观的多元化，人口超载与人均资源相对匮乏等特点，以及社会竞争的加剧和各种社会问题的存在更易导致社会冲突的明显化……。从动态的角度而言，社会转型是一个旧的社会结构分化解体、新的结构要素生成重构的过程。但一般而言，解体速度与生成速度不可能同步进行，这种异步性易于在要素分化与结构整合之间出现失衡或失调现象，从而使社会资源配置不均，大量社会冲突因素得以产生，社会稳定难以维持。

因此，伴随着我国现实社会冲突问题的经验性积累，急需进行不同视野的学术观察和理论研究，尤其是需要对一些社会冲突事件进行个案形式的深入研究。但以往社会学者所从事的有关研究，大都直接援用西方社会学的冲突类型理论，难以诠释中国社会的现实状况。这就要求我们在现代化和市场化的背景下，分析社会冲突的构成因素、处理各种社会冲突关系以及在此基础上建立怎样的协调机制和整合模式。

近年来，由于社会变迁及经济发展的不平衡、利益群体兴起以及观念转变等问题，社会利益以及相应的干群关系的紧张，人们采取集体行动对抗基层政府的群体性冲突事件时有发生。这些事件是转型期社会冲突的重要表现形式，它在某种程度上客观地反映了社会利益整合及社会秩序状况，“是一种应得权利和供给、政治和经济、公民权利和经济增长的对抗”①。本文即是以一起对抗基层政府的群体性事件为研究对象而进行的个案研究，并试图以该个案的分析研究为基础，提出相关问题并进行社会冲突理论方面的探讨，进而体现该课题的现实针对性及其学术价值。

---

① 达伦道夫. 现代社会冲突[M]. 林荣远译. 北京：中国社会科学出版社，2000：前言.

1.2 先行性研究述评

以个案分析我国社会转型变迁过程中错综复杂的社会冲突状况发生的动因，力求说明社会冲突是我国社会发展变迁过程中难以避免的现象，是本文的主旨所在。在展开分析之前，我们有必要对已有的相关文献进行先行性研究述评。本文的文献综述分为两部分：一是一般意义上的国内外有关社会冲突的研究文献。通过综述这部分文献，提炼出展开本文研究所采用的理论框架。二是关于群体性冲突分析研究的文献。虽然其中很少见到从社会冲突理论的角度对群体性事件展开个案分析的研究，但这些文献也构成了本文研究的理论基础。

1.2.1 社会冲突理论相关研究述评

1.2.1.1 西方社会冲突理论关于冲突根源及其功能的研究

西方社会冲突理论是存在于现当代西方社会学理论中的以社会冲突现象为研究对象的重要社会思潮。从其研究的视角和方法来看，西方社会冲突理论对冲突根源及其与社会变迁关系的研究大致可分为四个时期：

1. 冲突思想的历史渊源

冲突理论产生发展于现代，而其若干重要的冲突思想和观点则在古代便已为哲学家和政治家们所提出。古典著作中的冲突理论有两种不同的传统：① 政治哲学的权力关系传统，马基雅维利、布丹、霍布斯等用权力关系分析了政治中的冲突，把国家当作分析的主要对象；② 古典经济学中的竞争传统，斯密、马尔萨斯及数代经济学家将经济的竞争置于其考察的中心。后期发展的社会冲突理论很大程度上是这两种传统的综合，其首要关怀是社会中的不平等[①]。

---

① 达伦道夫.现代社会冲突[M].林荣远译.北京：中国社会科学出版社，2000：4.

马丁代尔对冲突思想的历史渊源提供了一个概括性的解释：

"一旦冲突被当作社会的中心事实，我们就可以利用一个丰富的知识传统来解释冲突。每一个社会都有它的各种的冲突；每个社会都有人必须面对冲突。古典希腊的许多思想家，从赫拉克利特到智者都把冲突视为一个主要的、或许正是主要的社会事实……"[①]。

2. 冲突理论的兴起

西方社会冲突理论的形成，可追溯到20世纪初。1907年，美国社会学第1届年会就把"社会冲突"作为它的主要议题，这一议题当时并没有引起人们太大的兴趣和关注。但是，马克思、韦伯和齐美尔提供了对当今冲突理论仍有启发的核心概念。

(1) 马克思：阶级斗争。

根据马克思的阶级斗争理论，他强调阶级冲突在资本主义国家中的重要性，认为社会中充斥着稀缺资源分配的冲突，充斥着有价值资源分配的不平等性，使被统治群体动员起来反对统治者。不同社会阶级的存在乃是不可避免的社会冲突的根源，社会结构则是通过激烈的阶级斗争而发生变革。其探讨的主要问题集中在权力、不平等和斗争，尤其注重考察社会强势与弱势群体之间的紧张状态，并试图理解统治关系是如何被建立和维持的[②]。

(2) 韦伯：合法性的撤销。

和马克思一样，引导韦伯透视社会分层的是一种冲突社会模式或者设想。但是，韦伯没有将冲突仅仅视为社会中经济关系的结果，革命性的冲突并非像马克思所说的那样愈演愈烈，最后不可避免地爆发。他认为，导致冲突的根本原因是以下三个条件共同促成的：一是权力、财富和声望的高度相关；二是报酬分配垄断化；三是低的社会流动率。显然，韦伯已经开始从社会本身的制度安排中探寻冲突

① 马丁代尔.社会学理论的性质与类型[M].147—148.转引自于海.西方社会思想史.上海：复旦大学出版社，1993：410—411.

② Karl Marx. A Critical Analysis Production[M]. New York: International, 1867, Vol. 1.

的根源，他是从多维度的社会不平等来说明社会冲突起源的，并且强调“魅力型领袖”和组织同样是社会冲突的关键因素。在以神圣性传统为政治与社会活动合法性基础的社会中，合法性从传统中撤销是冲突的关键条件。韦伯的冲突理论是一种宏观性分析，主要体现在对资本主义合理性问题的分析上，他认为合理性产生了形式合理性与实质不合理性之间的矛盾冲突。他没有发现解决这一冲突的路径和这种冲突所产生的积极意义，但这种冲突思想却成为西方诸多社会思潮中一个极为重要的论题或分析范式。他在分析冲突的根源时过分地强调了冲突双方领袖感召力的作用，甚至把领袖的感召力当成了“激起愤恨的关键力量”[①]，这是有失偏颇的。

（3）齐美尔：社会化形式的冲突。

齐美尔认为在社会交往的诸多形式中，“冲突”和“合作”是两种最值得注意的社会化形式。在一个复杂和分化的社会或群体里，任何一种形式的社会合作中都存在社会冲突，完全和谐的社会合作是不存在的，不存在冲突的群体即使存在，也是没有生命力的。以往的研究只看到社会中合作的一面，对社会冲突则视而不见或有意回避，即使承认社会冲突的存在也只看到冲突的负面影响，这是不够准确的。

齐美尔在承认社会冲突的消极功能的同时，也从多方面论述了社会冲突的积极功能。首先，他认为，社会冲突有助于社会整合。在一个理性化的社会里，群体与群体之间适量的冲突会使得群体边界清晰化、权威集中化，人们为了一致对外而紧密地结合起来，群体内的矛盾也暂时或永远得到化解；在社会系统中，群际冲突还可能使群体保持相当的独立性和一定界限，有利于保持社会各要素之间的平衡，促进社会的分化与整合；其次，社会冲突有利于社会稳定。齐美尔认为，社会冲突有可能使矛盾激化，但也有可能使矛盾得到解决或缓解。在冲突过程中，人们之间的敌对情绪得到宣泄，反面的观点得以表达出来，这使敌对情绪者得到心理上的安慰，不至于使冲突上升

① 韦伯．经济与社会[M]．林荣远译．北京：商务印书馆，1997：473.

到无法化解或尖锐程度，这就是后来冲突论的代表人物之一科塞所说的"安全阀"机制。因此，齐美尔对冲突的分析依然在于冲突如何提高团结与统一，并认为比较缓和的冲突的积极后果是维持社会整体及其次级单位。①

3. 冲突理论的发展

从20世纪50年代开始，"冲突理论再生了，并迅速成为社会学理论体系的一个重要组成部分"②。一些相关论著相继问世，如米尔斯的《权力精英》(1956年)，达伦道夫的《社会冲突理论的探讨》(1958年)、《工业社会中的阶级和阶级冲突》，科塞的《社会冲突的功能》(1956年)、《社会冲突研究中的连续性》(1967年)，伦斯基的《权利与特权：社会分层的理论》(1966年)、雷克斯的《社会学理论中的关键问题》(1961年)。

社会冲突理论之所以自那时开始成为社会学理论中的焦点，有着现实与理论两方面的原因。从现实方面来看，社会经济的发展并没有给人们带来预期的满足和幸福，新的社会问题和社会矛盾取代了旧的社会矛盾，给社会带来了新的困扰和危机。从理论自身的发展来看，冲突理论建立在对功能主义进行批判的基础上，是明确针对结构功能主义过于强调均衡、和谐、一致和稳定，忽视社会中的分层、矛盾、冲突与变迁现象而产生和发展起来的，试图成为一种补充结构功能主义或与之竞争的社会学分析范式，其主要特征是强调社会结构的强制性、社会过程的冲突性、社会变迁的普遍性。

这一时期的社会冲突理论主要侧重于对冲突问题的经验性分析，倾向于对社会冲突的功能做肯定性评价。

(1) 米尔斯和达伦道夫：权力与权威。

米尔斯将社会冲突论作为指导，提出"权力精英论"，对现代美国社

① 齐美尔. 社会学——关于社会化形式的研究[M]. 林荣远译. 北京：华夏出版社，2002：178—243.

② 特纳. 社会学理论的结构[M]. 邱泽奇等译. 北京：华夏出版社，2001：172.

会的阶级结构和权力结构做了深入的描述和分析，指出所谓的“权力均衡”在大多数情况下只是西方社会的一个神话。这表现在两方面：一是“权力精英”与“大众社会”的冲突；二是权力结构的内部冲突。

达伦道夫则参照结构功能主义“社会均衡模式”的基本要素，提出了一个相当完整的宏观社会冲突理论。比较米尔斯和达伦道夫的著作，可发现他们运用“权力决定论”研究社会冲突，是其共同点。所不同的是，米尔斯着眼于通过特定阶层透视社会稳定表象下的结构性冲突，以实现对资本主义工业社会的批判性揭露；而达伦道夫则注重于通过社会组织揭示社会冲突的机制，以谋求对资本主义工业社会的诊断性对策。达伦道夫构建了以“权威关系”为基础的辨证冲突论，对于社会冲突的起因，他认为冲突起源于对权力和权威等稀缺资源的争夺，社会冲突完全是结构性的，而不是心理性的。社会秩序是通过各种组织群体在社会权力关系体系中处于一定的位置来维持的，因此各组织群体都要为此而竞争与搏斗，这是社会冲突与变迁的主要原因。总之，达伦道夫将各种社会冲突的原因一律归结为权威关系，也将社会变迁视为权威结构的变迁。

（2）科塞：冲突功能主义。

随着冲突理论的出现，有一些社会学家指出无论是达伦道夫的“泛冲突帝国主义论和帕森斯的泛和谐观点一样都存在着某种片面性”[①]，提出要对两者进行综合。在这些学者当中，科塞和伦斯基的工作引人注目。

科塞在系统地总结齐美尔有关“社会冲突有利于社会稳定”等冲突观念的基础上，对现代社会中各式各样的社会冲突做出了富有洞察力的归纳和划分，指出冲突具有许多被忽视的正功能。科塞并没有抛弃结构功能论的诸多概念和假设，而且试图建立一个包括冲突与整合的统一的“冲突功能主义”。他认为，冲突的根源是多元的，权力、地位和资源的分配不均以及价值观念均可成为冲突的基础，主要

① 科塞．社会学思想名家[M]．石人译．北京：中国社会科学出版社，1990：660．

表现为合法性危机和下层不公平感的增强。科塞对冲突起因的分析是在承认社会制度不平等、不合理的前提下展开的,是对现实冲突发生的直接原因的进一步揭示,他关于人们的认识和感情因素在冲突发生中起重要作用的阐释同样给我们分析社会冲突发生的根源以深刻的启发。同时,他还论证了冲突与一致一样对社会整合、协调、维持、团结所具有的积极功能,并将解决冲突的方法制度化。这是一种立足于经验性分析的比较乐观的冲突理论。在对影响冲突的各种变量的分析上,科塞认为,缓解社会不满的渠道越少,转移不满的内部组织越少,一般社会成员成为特权阶层成员的流动性越小时,则这种冲突就可能越激烈。并且,冲突越是围绕着现实问题发生,则其激烈性越小;越是围绕非现实问题发生,情感介入越多,冲突就越为激烈。而达伦道夫则指出,权威和其它报酬的分配越是互相关联,冲突强度就越大;冲突越激烈,结构变迁和重组的比率也越大。①

(3) 伦斯基:新分层理论。

在《权力与特权:社会分层的理论》一书中,伦斯基也企图证明冲突论和功能论事实上是不相冲突的。他明确提出要对"现代功能主义和冲突理论的真知灼见进行一个综合"②。以大量历史材料为基础,对冲突论和功能论进行融合,提出了一个新型的社会分层理论。他认为,社会的本质是个不完全的系统,个人与社会利益不完全一致,社会只是人们争夺资源的场所。从非剩余产品和剩余产品分配的不同领域来看,功能学派和冲突学派理论模式有着各自的适用范围,认为当剩余产品几乎没有或很少时,社会不平等是功能性的;当剩余产品多时,则是强制性的。他还认为不平等必然导致冲突,但不平等的程度可以伸缩。这意味着,在分层理论领域内,伦斯基确实形成了一个综合功能学派与冲突学派两者"合理因素"的新理论。当

---

① Lewis A. Coser. The Function of Social Conflict[M]. New York: Free Pres, 1956.

② 伦斯基. 权力与特权:社会分层的理论[M]. 关信平等译. 杭州:浙江人民出版社,1988:14.

然，伦斯基的分层理论也存在着许多缺陷，例如以人本性自私来解释冲突、压制和剥削现象的产生，忽视财产所有制在分层过程中的特殊意义，等等。

（4）雷克斯：冲突的二难推理。

亚历山大在他的《社会学二十讲》中认为，“科塞和达伦道夫的著作都不代表‘冲突理论’的最纯粹的形式”①。而纯粹意义上的冲突理论的典范是雷克斯所写的《社会学理论的关键问题》②一书。

雷克斯意在创造另一个“社会学理论分支”，这个分支旨在研究冲突，而不是秩序。他坚持认为冲突是每一个社会的中心，即使秩序存在，它也必须被视为其冲突取向胜利和失败的结果。雷克斯通过三个步骤构造他的“冲突模型”。首先，他将分配过程归结为单纯的资源，并赋予这种分配最高的地位；其次，他将整合概念定义为统治的理性化，否认作为非正式社会控制基础的共同文化的影响；最后，他将社会变迁描述成分离的群体之间一系列权力冲突的结果，而不是分化的社会制度之间冲突的结果，或实行控制的意义体系之间的冲突的结果。

雷克斯的“统治阶级状况”的概念在模型的层次上，与他的理性主义和集体主义的预设相关联。由于他否认富有意义的文化内化，他就只能通过诸如此类的强制模型以一种超个人的、集体主义的方式解释社会秩序，以一种人道主义的、对权力的激进的批评和一种对理性人发动社会变迁的能力的信仰作为他的冲突理论的开端。问题在于，他的预先假设却又迫使他以一种系统的方式接受并强调外在条件的绝对权力，雷克斯面临“冲突的二难推理”。

4. 冲突理论的延续

到20世纪70年代，冲突理论已成为在社会学中占据统治地位的

① 亚历山大. 社会学二十讲[M]. 贾春增等译. 北京：华夏出版社，2000：94.

② John Rex. Key Problem in Sociological Theory[M]. London: Routledge and Kegan Paul, 1961.

理论之一，虽然其显著地位比不上功能主义。但仍有许多社会学家从不同的角度来尝试消除社会学家们之间的各种分歧与对立，融会各家各派的合理成果。如，特纳的《重建辩证冲突论和功能主义的策略》(1975年)，柯林斯的《冲突社会学》(1975年)，哈贝马斯的《合法性危机》(1978年)，李普塞特的《一致与冲突》(1985年)，丹尼尔·贝尔的《资本主义文化矛盾》(1976年)等等。

(1) 特纳：新综合冲突理论。

到70年代中期，一个折中的理论混合体成为当代社会学冲突理论的新取向。特纳力求将达伦道夫与科塞的理论综合到一般性理论中，这一理论可以清楚地表明在不平等系统中发生冲突的条件。① 他明确指出，冲突理论强调不平等是冲突的最终根源，从而明确地把冲突的根源归之于资源分配的不平等。事实上，资源分配的不平等实质上就是社会制度不合理的一种表现。因此，这已经体现了当代西方冲突理论从社会制度的层面来探寻冲突根源的基本理论取向。

(2) 柯林斯：微观冲突论。

柯林斯站在冲突理论的立场上，继续致力于融合功能理论、冲突理论、互动理论、交换理论等，试图把冲突和对抗的普遍性所作的工具性强调，和对受宗教仪式控制并受感情宣泄需要刺激的个人关系的"微观"理论结合起来，力图建立一个更具综合性因而也更具解释力的社会冲突理论。与早期冲突论者注重理论和意识形态问题不同，柯林斯强调必须建立假说——演绎的命题系统，并从经验上加以验证。唯有如此，才能使冲突社会学真正成为一门说明性科学。② 他在某些方面也继承了韦伯和帕森斯的传统，考察统治与被统治之间关系的复杂多样性，认为财富、权力和声望是决定一个人社会地位的三个基本因素。同时，他也认为强制(包括暴力)是重要的控制手段，

---

① Jonathan Turner. A Strategy for Reformulating the Dialectical and Functional Theories of Conflict[M], Social Forces 53(1975)：443—444.

② Collins. Conflict Sociology：Toward an Explanatory Science[M]. Academic Press, New York, 1975：24.

他引用象征互动论的传统，进一步强调无论是在人际的或社会结构的层次上，意义对为斗争而组成的人群组织的重要性，承认冲突和秩序是实际存在的，是特殊的可变的经验条件，而不是一般性的理论假设。柯林斯同其它冲突论社会学家一样，虽然描述实际的冲突形式与过程，但都更关注使实际冲突避免发生的社会过程。

(3) 马尔库塞和哈贝马斯：批判理论中的冲突视角。

19世纪60年代以后，存在于法兰克福学派社会批判理论中的冲突理论，成为社会冲突理论中的又一流派。法兰克福学派的冲突理论，立足于当代科技进步对发达资本主义社会的深刻影响，主要表现在它对发达工业社会所进行的社会批判中，他们的理论也基本属于一种宏观性分析。其主要代表当推马尔库塞和哈贝马斯。

马尔库塞的冲突理论主要表现在他关于"当代工业社会是一个新型极权社会"[①]的理论中。在当代资本主义表面一体化的背后，隐藏着深刻的内在冲突，即形式上的自由与实质上的不自由，这是资本主义社会结构对人性的压抑和异化。而哈贝马斯的冲突理论[②]主要表现在他对科技进步的社会作用与当代资本主义社会统治的合法性问题的论述上。科技霸权主义的形成和工具理性扩张的表现和结果是在资本主义社会内部产生了诸种危机，其中"合法性危机"是当代资本主义社会的主要危机，也是当代资本主义社会的结构性矛盾和结构性冲突的必然表现。尽管马尔库塞和哈贝马斯的社会冲突理论立足于对当代资本主义社会的新变化的分析，但是，他们的分析基本上没有超过韦伯的形式理性与实质理性冲突的分析框架。

(4) 贝尔和李普赛特：一致与冲突。

20世纪70年代以后，美国的一些学者，如丹尼尔·贝尔、李普塞特等也对当代资本主义的社会冲突进行了研究。贝尔把整个资本主义看作是一个由经济、政治、文化构成的文化价值体系，这些矛盾具

---

① 马尔库塞. 单向度的人[M]. 张峰等译. 上海：上海译文出版社，1989：12.

② 哈贝马斯. 交往与社会进化[M]. 张博树译. 重庆：重庆出版社，1989.

体表现为：作为资本主义社会基础的经济—技术体系所遵循的效益和工具理性原则及官僚等级制与人的自由本性之间存在的矛盾；政治领域中所遵循的“平等原则”与官僚机构之间的实质不平等的矛盾；文化领域既不遵循效益、工具理性，也不遵循“平等原则”，而是以“个性化”、“独创性”以及“反制度化”为其精神意向。因此在资本主义文化价值体系中存在着结构性的难以克服的矛盾。贝尔的这一分析很接近由韦伯开始的、经由法兰克福学派发展了的社会冲突分析范式。[①] 而李普塞特则试图架通冲突论与功能论之间的“鸿沟”。他认为，社会学者们往往过分夸大冲突与一致两个模式之间的差异，似乎应该更多地强调两者的共识。这些观点的主要弱点，是没有考虑和区分不同社会历史条件下不同的社会关系状态，即一致与冲突何为主导力量与社会倾向。[②]

西方冲突社会学发展阶段是以这种新的综合为特征的。冲突论者们或者是试图以一种不偏不倚的立场来对功能主义和冲突论进行综合，或者是提出一种新的研究方向或主题来沟通原来两派的合理内核，或者是试图在坚持原有冲突理论传统的“基本原则”的基础上，批判性地吸取其它一些理论传统的思想与观点，将自己的理论传统发展成为一个更具综合色彩的理论，构成未来的一般理论的一部分。

5. 总体评析

尽管冲突理论的内部观点不一致，但都有着共同的理论取向和观点。它的理论取向包括三个核心的、相互联系的假定：第一个假定是利益，即人都追求各自的利益，这是针对功能理论的整合均衡观点而发出的；第二个假定是权力，冲突是为获得权力而产生。冲突理论家对资源分配极为关注，因为资源会赋予人们或多或少的权力，从而使他们能获取自己的利益。在竞争稀有资源时，各个团体为了得到

① 贝尔. 资本主义文化矛盾[M]. 赵一凡等译. 北京：三联书店，1989.
② 李普塞特. 一致与冲突[M]. 张华青译. 上海：上海人民出版社，1995.

更多利益、权力和声誉而互相竞争，冲突也不可避免；第三个假定是文化，其实质是共同价值观。冲突理论将文化体系视为一个冲突与矛盾的集合，文化体系内部的和谐只是暂时的，当不同构成要素的矛盾无法掩饰或压抑时，社会的变迁随之产生。

对冲突理论的研究可以归纳为以下几点：

其一，他们对社会冲突的研究是系统而全面的，其中的一些研究成果事实上已经融进社会学的其它流派之中。但冲突论并没有取代功能主义理论，它只是对功能主义的一种补充。他们的理论仅是有关冲突的部分性理论，而不是一种全面的社会理论。而且冲突论本身存在着极大的分歧和差异，也许只能将之称为多种强调冲突视角的概括，与其将冲突论理解为一个具有理论共识的学派，不如将其理解为关注一个共同主题的多种学派。

其二，把复杂的社会冲突归结为一个共同原则的化约主义之缺陷。大多数冲突论者都有这一倾向，例如，权利对于米尔斯、权威关系对于达伦道夫，都是划分社会冲突二分结构的首要且单一的原则。他们的分层标准是一分为二的：权利精英与大众、统治者和被统治者等。过分的简化往往难以把握真实的社会冲突现实。

其三，与功能主义者将稳定与均衡视为社会的主导秩序一样，冲突理论则假设人类社会是一个持续的变迁流转过程。而实际情况是，变化是社会的正常属性，没有完全静止的人类社会，稳定也是社会的自然属性，在任何时候，将社会结构及不变因素从社会系统中抽离出来加以分析是完全可行的，这意味着我们可以考虑社会稳定的因素。

其四，冲突理论倾向于把冲突等同于变迁，混淆了两个毕竟不完全等同的概念。它假设变化必然是从阶级、利益、价值的冲突或任何其它的冲突中产生出来的；如果没有明显的或潜在的冲突，就没有变化。这一点也与经验现实诸多不符。与这一缺点有关的是冲突理论未曾小心区分积极的冲突与消极的冲突，冲突的不同形式及其对不同社会因素的不同影响。功能论把冲突等同于结构性的偏差与干扰,而冲突论走向另一极端,视冲突为不可避免,故都是有害的。追问冲突是利是弊是没有意义的,应该探究的是具体哪种冲突,什么结果对什么人是有利还是有弊。冲突可能有助于社会的整合和稳定,同样也会导致社会解体。冲突理论应把这些完全不同的结果都纳入其理论视野中,用一种更广阔更精致的框架代替仍嫌粗糙的理论。

其五,在冲突现象的探讨中,除了理论性的议题之外,研究者的价值取向亦扮演着非常重要的角色。有些学者倾向从党派的观点来探讨社会冲突,以探究如何增进该党派的特殊目的。如军事策略家和许多民族解放的倡导者即是如此。而其它的学者则意在减低暴力的使用,从而谋求其它的方式以维护或完成其所追求之预定目标。同时,另外一些学者则主要意在如何达成一个以普遍公正和平等为基础的新社会秩序。在他们看来,冲突可能即是达成此种目标的自然过程。最后尚有某些有学术兴趣的学者对社会冲突采取一种中立而不涉及己身利害关系主义的观点。

其六,冲突理论用以分析、评判社会冲突的尺度是一个主观抽象性尺度,这大大地削弱了其理论的现实性和时代感,并且与其经验性分析显示出某种程度的不协调性。学者大多都是以抽象的人性、人的自由、人的本能需求等,作为人类社会的终极价值取向,作为评判社会现象、审视社会矛盾冲突的根本尺度。在他们那里,社会现实是可变的,但用以评价现实的尺度却是不变的,他们正是以这个不变的尺度对社会现象进行了批判。尺度上的这种抽象性、主观性、非现实性,使得他们对社会现象的分析和批判力度打了折扣。因此,当站在人本主义的立场上,以人为尺度来评判社会现象和社会问题时,这一尺度也应是现实的、有时代性的,这样才能使分析准确、有力度。

然而,冲突理论仍是一种重要的社会学分析模式,有其可借鉴之处:

首先,结构功能主义的遗漏处,正是冲突理论的擅长处。社会现象在均衡与失衡、稳态与冲突、整合与疏离之间持续波动和变化着。无论功能主义还是冲突理论都不能自诩具有完全的独一无二的解释效力，对某些社会现象，功能主义的分析妥帖中肯，而对另一些社会现象，则冲突理论的解释似更胜一筹。

其次，西方冲突理论由于其理论前提的缺失，决定了它的理论内容的苍白。但冲突论者为了认识社会冲突并找到解决冲突的办法，创造了一些科学的方法和技术，仍然值得我们思考。如冲突理论对调适、消除各种冲突所采取的一系列可操作的、行之有效的方法（疏导的方法、“安全阀”机制等），都有助于群际关系的协调和社会关系的整合。在分析冲突产生、发展的过程以及冲突导致的后果时，每一冲突学派都从假设、目标、方法论、作用、结果等方面加以描述，并采用测量的方法、统计分析的方法，对冲突的强度、暴力度等项目进行具体的量化处理，这有利于找出更合理有效的方法，以做到把冲突的破坏度控制在最低限度和最小范围。

再次，注重从社会心理的角度分析现实的社会冲突过程，也是冲突理论的一大可取之处。

最后，他们大都把理论分析与经验分析结合起来，不是单纯的思辨和推理，而是涉及到了当代西方社会发展中的许多实际问题。其前车之鉴，对于我国社会转型期社会冲突问题研究有着一定的借鉴意义。

1.2.1.2　转型期我国有关社会冲突问题的研究

我国社会转型期现实的多变性和经常性的困惑，为与此类研究相关的各种观点竞相登场提供了历史机遇。以下将从几个层面回顾并评析转型期我国关于社会冲突研究状况和成果：

1. 社会冲突的内涵定位

在社会冲突研究当中，既有一般性方法，也有专门化的方法，这就给概念本身的界定造成方法论上的一些困难。以研究者将哪类现象列入冲突概念定义中为转移，它的含义可以是有局限性的或者补充性的。例如，居主导地位的是“狭义”定义：社会关系在其没有表现为只有靠损害他人利益才能取胜的现实斗争之前，就不是冲突。强调各方意识到他们处在冲突状态，即没有相容的目标时，社会冲突才存在。对于社会冲突概念的广义定义，则以所谓的“集中动因论”为代表。许多学者认为，主体之间目标存在不兼容差异的一切关系都是社会冲突关系，以及不以这样或那样激烈对立形式为表征的情况。当公开的斗争不被视为冲突的决定性属性，而是强调它的决定性心理因素时，那么可使用“冲突”一词的现象种类显著扩大，便可以用来表示诸如竞赛、竞争、辩论、紧张等社会现象。“冲突”本质上是指对立双方在行为上的激烈对抗，还是一个从不激烈到激烈、从矛盾到争夺和战斗的展开过程。在这里，问题的焦点并不在于双方之间的行为对抗是不是冲突的问题，而在于冲突作为一个过程，它的起点是什么的问题。不论是对把冲突作宽泛理解的人而言，还是对把冲突作狭义理解的人而言，行为冲突、暴力对抗就是冲突，他们不会把双方之间的直接暴力对抗划在“冲突”之外，这是不容争辩的事实。不过，对于比较宽泛的冲突定义而言，抵触、竞争、紧张、差异、不同就是冲突的起点，而对于狭义的冲突定义而言，这些并不一定是冲突的起点，真正作为冲突起点的是双方的公开而直接的对立与互动。

有关社会冲突概念内涵的界定都可以归结到以下几个前提假设条件下来讨论：

第一，社会冲突是社会主体之间的一种互动行为。社会主体之间的互动方式是多种多样的，包括社会合作、社会竞争、社会冲突和社会调适等，社会冲突只是其中一种重要方式。“冲突是一种社会关系，是个人或集团的一种主体的能动的行为。”①

第二，社会冲突是社会主体之间根源于需要、利益、价值观念等方面的差别和对立的互动行为。社会冲突的产生不是突如其来的，总有各种各样的原因。各种社会主体在互动过程中，只要存在着需要、利益和价值观念的差别、分歧和对立，或迟或早都会产生冲突。有学者认为，社会冲突是“社会主体之间由于需要、利益、价值观念的差别和对立而引起的相互反对的社会互动行为，是社会运行中的普

① 李景阳．社会变动时期的俄罗斯冲突学[J]．社会，1998(5)．

遍现象”①。

第三，社会冲突是社会主体之间相互反对的互动行为。在现实的社会运行中，社会主体之间的互动行为是多种多样的，但在各种互动行为中，社会主体的作用力方向是各不相同的。“社会冲突是指以争夺价值、权力、地位、利益为目的，以打击、削弱或消灭对方为目标而进行的个人与个人之间、群体与群体之间的剧烈斗争。从哲学意义上讲，可以把冲突视为矛盾双方的对立和对抗，是矛盾斗争的一种形式。”②

综合我国理论界关于社会冲突内涵的理解，大多揭示了社会冲突的互动性和对立性等外显特征。这些界定没有原则上的分歧，都把社会冲突视为一种社会互动方式或作为一个行动范畴，描绘了社会冲突的外部特征。虽然他们各执一词，表现出种种歧见，但在观点上却是大同小异，无非是观察问题的角度不同，涵盖面的宽窄不同，所强调的重点不同，表述的方法不同而已。

2. 社会冲突的分类

对于社会冲突的类型，有的学者作了详细的概括：① 从社会冲突的主体来划分，可分为个人冲突、群体冲突、国家(社会)冲突；② 从规模上划分，有个人之间和集团之间的冲突；③ 从性质上划分，有经济冲突、政治冲突、思想冲突、文化冲突、宗教冲突、种族冲突、民族冲突，以及阶级冲突和国际冲突等；④ 从方式和程度上划分，有辩论、口角、拳头、决斗、仇杀、械斗、战争等；⑤ 根据社会冲突的强度和烈度不同，可分为对抗性冲突和非对抗性冲突③。按照手段与目的、个人与超个人冲突两种类型进行分类，如把经济纠纷、乱收费乱摊派、宅基地纠纷、干部以权谋私、日常生活琐事归为手段性冲突(现实性冲

---

① 毕天云. 论社会冲突的根源[J]. 云南师范大学学报，2000(5).

② 金光俊 等. 冲突与社会主义社会[J]. 东北师大学报(哲社版)，1996(2).

③ 对抗性冲突是基于根本利益对立基础上的冲突，一般发生在具有完全不同而又相互排斥的利益的社会群体或社会集团之间。非对抗性冲突则是指在根本利益一致基础上因具体利益的差异和矛盾引起的冲突，一般发生于具有相同根本利益的群体内部和群体之间。可参见付少平. 对当前农村社会冲突与农村社会稳定的调查与思考[J]. 理论导刊，2002(1).

突),把家族矛盾、思想与宗教信仰矛盾归为目的性冲突(非现实性冲突)①。从学理化的分析则可以把社会冲突分为两类:一类是结构性的社会冲突;另一类是行为性的社会冲突②。

在社会转型时期,社会冲突具体表现形式在以下几个层面都有所体现。

政治层面:政治体制改革滞后引发的矛盾冲突;中央和地方的矛盾冲突;国家公务人员腐败渎职与社会公众的矛盾冲突。

经济层面:不同地区经济发展不平衡引发的矛盾冲突;不同行业、部门或利益集团之间利益差距引发的矛盾冲突;社会分配不公引发贫富阶层的矛盾冲突;有限的就业岗位和大量失业者的矛盾冲突。

文化层面:如传统文化与现代文化、本土文化与外来文化、主文化与亚文化等。

社会生活层面:主要指那些与普通民众个人利益密切相关的、面对面发生的社会冲突。如家庭成员之间的矛盾冲突、人际之间的矛盾冲突等。

3. 社会冲突的功能

我国许多学者在探讨社会冲突问题时,皆试图从多重视角分析社会冲突的功能。有学者认为,从社会冲突功能的层次角度可以分为整体功能(社会冲突对整个社会系统的功能)和部分功能(社会冲突对社会子系统的功能)、从社会冲突后果的表现形态的角度可以分为显性功能和隐性功能、从社会冲突功能的性质角度可以分为正功能和反功能。③

功能的概念或多或少带有前提性的价值假设在其中,因而,我国的学者更多倾向于探讨社会冲突的影响作用,认为其既有破坏性和分裂性的消极作用,又有建设性的积极作用。

① 阎志刚. 转型时期应加强对社会冲突的认识和调控[J]. 江西社会科学,1998(5).
② 张康之. 在政府的道德化中防止社会冲突[J]. 中国人民大学学报,2002(1).
③ 毕天云. 社会冲突的双重功能[J]. 云南大学人文社会科学学报,2001(2).

就其积极作用而言，大致包括：① 社会冲突为我们提供分析社会变迁和进步的有益论据。社会冲突既引起社会系统内部的变迁，又引起整个社会系统的变迁。历史可看成是通过相互对抗的利益集团之间的冲突而实现的不断变革过程。社会冲突既形成于一定的社会条件，又由它所处的社会条件所引起。② 一定程度的社会冲突是群体形成和群体生活维持的基本要素。冲突有助于维持群体的疆界，防止群体成员退出；群体由于冲突可能减少其成员，但能纯洁队伍。③ 冲突具有孤立对手、壮大自己队伍的作用。④ 冲突具有社会"安全阀"、排气孔的功能。

就其消极作用而言，则包含：① 社会冲突损失社会资源。首先，社会冲突导致人力资源的损失。其次，社会冲突造成物力和财力资源的损失。再次，社会冲突破坏自然资源。② 社会冲突破坏社会秩序。一方面，社会冲突破坏社会结构秩序。另一方面，社会冲突破坏社会行为秩序。此外，社会冲突还破坏社会的经济、政治的思想秩序，使社会产生无序和失序状态，从而影响和损害社会安定，妨碍社会的良性运行。③ 社会冲突伤害社会心理。首先，社会冲突伤害个人心理。其次，社会冲突会伤害群体心理。再次，社会冲突也会伤害不同国家之间以一国全体国民共同意识表现出来的国民心理。④ 社会冲突产生社会问题。其一，社会冲突本身就构成社会问题。其二，社会冲突引起社会问题。

4. 社会冲突与社会结构的关系

引起社会冲突的根源是十分复杂的，但其产生是根基于社会生活的场景之中。学者们讨论的焦点可归结为两个方面：

首先，有的学者认为，社会冲突的根本原因在于社会结构的整合不力，要素分化过快而造成的结构整合与要素分化之间的"断裂与失衡"。社会转型使得社会分化加速、社会流动加快，呈现大分化高流动的特点。越是异质性程度高的社会，社会冲突的可能性就越大。[1] 但也有学

---

① 阎志刚. 转型时期应加强对社会冲突的认识和调控[J]. 江西社会科学，1998(5).

者指出，社会结构分化和流动性的增强“虽然在量上导致社会冲突的增加，但在质上有助于冲突的能量为社会竞争所取代，有助于冲突能量的分流，故而导致社会冲突强度和烈度的降低”[①]。

其次，社会转型使社会结构安排错位，利益结构失衡加重。社会结构的本质是社会利益分配格局。一个非常明显的表现是，各种社会优势资源过于集中在某一群体或个人身上，导致了社会整体结构纵向分化严重、不平等增强，在不同的利益主体之间产生广泛的矛盾和冲突，成为危害社会稳定的重要因素。社会分化必然意味着利益调整中“抢滩”性冲突，同时，分化过程中地位空间(争取新的社会地位的可能性)呈扩展态势，引起地位压力增强、地位归属一致等连锁现象，从而激化了社会竞争的程度。尤其是在现代化初期，首轮的分化冲击力足以使社会系统偏离平衡态，形成阶段性混沌与无序的耗散结构。

5. 社会冲突与利益的关系

许多学者都认为，“利益冲突是人类社会一切冲突的最终根源，也是所有冲突的实质所在”[②]。任何一个社会都不可能完全消除社会冲突，因为任何一个社会都存在着社会利益矛盾和利益冲突。利益是或隐或显的诱发冲突的根源，它在不断地发挥着对社会凝聚力的离散功能。从某种意义上来说，改革实质上是一个在各利益主体之间调整利益关系、优化利益格局的过程，而这种利益关系的调整不可避免地会带来利益的分化及矛盾。主要表现在：第一，经济利益的失衡是引起社会不稳定的基础性因素。第二，政治利益的失衡是影响社会稳定的另一个重要原因。在承认各种利益主体之间存在共同利益的前提下，还必须承认各种利益主体之间也存在着利益差别和对立。谋利活动是利益主体有意识有目的的谋取利益的社会活动，都

---

① 徐建军. 社会转型与冲突观念的重构[J]. 南京师大学报(社科版)，1999(1).

② 张玉堂. 利益论——关于利益冲突与协调问题的研究[M]. 武汉：武汉大学出版社，2001：1.

会以实现利益最大化为目的,并运用各种手段尽可能地为自己谋取更多的利益。于是,在利益较量中,一旦一方利益主体的行为对另一方利益主体构成直接威胁时,社会冲突便成为现实。论者大多认为,利益冲突是利益矛盾积累到一定程度而不能及时解决所导致的一种激烈的对抗态势。事实上,利益矛盾是否会演化为利益冲突,关键取决于环境结构自身对利益矛盾的"容许度"。

6. 社会冲突与制度的关系

有的学者认为,制度一方面调节利益冲突并降低社会交往成本,这是通过提供信息、提供监督实施机制和界定权利实现的。另一方面,在中国社会转型过程中,隐性制度化现象人为地扩大了社会不平等。当一些人掌握并控制某种制度资源时,甚至可以超脱任何规范的制约,出现泛化的没有约束的权力或垄断集团。何清涟指出,由于中国以"权力市场化"为改革的起点,出现了严重的利益分化。① 在权力欲的驱使下,不择手段争夺各种权力的行为必然产生冲突。权力滥用实质上是一种权力变质(异化)现象,必然导致腐败的滋生蔓延,引发各种社会问题。由于没有有效的制约,很容易造成对各种社会资源的垄断和不择手段地牟利行为的大量出现,某些社会行动者可以采取一种有利于自身利益的标准或规则使自己在不同的社会场域处于更有力的地位。从总体上看,计划机制和市场机制同时存在,行政控制和法律控制势均力敌,双重模式、双重准则的相互制约往往导致制度主体的功能紊乱。现行的制度在实际操作过程中,因缺乏配套措施而使正确的决策没有达到预期的目的,或者在达到预期目的的同时产生了负面影响。

有学者曾专文论述,他把道德、宗教、礼仪、典籍文化和宗法制度看作非正式制度,分析这些制度对社会稳定的影响。② 由于非正式制度主要表现为以适用传统的自然经济和计划经济为特征的意识形态

① 何清涟. 当前中国社会结构演变的总体性分析[J]. 世纪中国:星期文萃.

② 党国英. 非正式制度与社会冲突[J]. 中国农村观察,2001(2).

和风俗习惯的文化体系，所以与我国的市场经济建设之间产生了矛盾和冲突。主要表现在：政治体系和社会运行不规则之间的矛盾；社会期望与社会现实差距拉大；新旧思想文化之间的对立。

7. 社会冲突的调适机制

在社会冲突的解决机制方面，张善炎认为我国经历过倡导“德政一体化”和倡导法制的模式①。“德政一体化模式”即主张把国家权力干预、社会道德及礼俗秩序等作为纠纷解决的主要方式，往往以牺牲人的权利为代价，与现代社会的法治取向不符。这种模式主要存在于我国实行计划经济时期。“法制模式”即在社会冲突中，主张法制中心主义，倡导用法律规范作为解决方式，突出诉讼的纠纷解决价值和地位。我国从计划经济走向市场经济，存在一个长期的经济体制上的转型期。与此相适应，政治权力分配从计划向依法规制度权力过渡，也存在一个必然的相对应的转型期。他在这两种模式的指引下，进一步提出“多元化模式”。多元化价值观认为，多元化的价值和法律的多元化应为社会及其成员的自治、自律和传统保留更多的空间，避免以统一的国家权力过多地限制和削弱其它社会规范和自治的使用。这一理念是构建多元化纠纷解决机制的最深刻的价值观，它不仅正面支持非正式的或传统的冲突解决方式有其存在的合理性和价值，而且主张在现代社会扩大自治和自律的空间，以克服法治的局限性。同时，肯定法以外的社会规范应成为多元化社会中社会调整的主要依据。

而有学者则认为，如何防止社会冲突离心力的增强以促进社会的整合和团结，关键在于建立一套解决社会冲突的整合机制。

第一，从社会结构角度来讲，一个有助于社会冲突整合的理想社会结构是一种社会分化程度高，中间组织、民间组织发育比较成熟的社会。这种富有弹性的社会结构比较有利于社会冲突在一个较大的空间迂回，不至于伤害社会的内核。虽然在从总体性社会向市民社

---

① 张善炎. 论农村社会冲突的多元化解决机制[J]. 湖南公安高等专科学校学报，2001(3).

会转变的过程中，我国行政机构开始有意识地从经济和文化领域中撤出，社会也开始出现了置身于国家和市民之间的中间组织。但是，由于各部门既得利益的驱使，使培育一个富有弹性社会结构的任务显得十分艰难。

第二，从制度角度来讲，应建立解决社会冲突非人格化、形式化、制度化的机制。确立利益表达与社会协商机制、对政府和官员的监督制度、社会保障和流动制度、中介组织传导沟通机制、市场型公共秩序等。

第三，从治标的角度来讲，应建立一个安全阀机制有利于冲突能量的释放。无论是培育一个弹性的社会结构抑或是建立复原的法律都不是一日之功，而建立一个有利于社会成员不满情绪发泄的安全阀机制虽然不能从根本上解决冲突问题，但它毕竟减轻其对社会有机体的负面影响，从而有助于维护社会系统的稳定。

8. 总体评析

目前，我国对社会冲突研究从不同角度揭示了社会冲突的成因、影响作用、调适机制等基本问题，但也存在一些值得继续研究的问题：

（1）研究的领域有待开拓。在第一个层次上，社会冲突的机制就有待人们去探讨。在众多的论文中学者们都较为充分地谈到了社会冲突的现状、含义、成因和防止措施，但是很少谈及社会冲突的成因和社会冲突的形成机制是何种关系，社会冲突形成机制的各种因素和阶段是什么，社会冲突有无共同的机制，若有，那究竟是什么？等问题，都有待学者去探讨。只有把这些机制方面的问题弄清楚了，防止社会冲突保持政治稳定才会是一个积极自觉且富有成效的行为过程。在第二个层次上，社会冲突的功能问题有待学者们去揭示去认识。目前许多的论者都显示出一种保守倾向，对社会冲突的功能持否定态度。某些论者显出稳定至上论倾向，我们应该具体问题具体分析。此外，关于社会冲突的原因，我们发现在很多社会冲突中宗教之争是一重要的原因，但目前学者们对此尚无专门的论述。

（2）研究的内容有待深化。其一，利益、制度、组织等与社会冲突的关系，目前学者们对这个问题有不同的看法。需要深入研究：它们分别对社会冲突有何具体影响；社会冲突的类型和特点对制度组织的效应和影响；哪些因素影响到社会制度组织重建的类型和特征。只有研究了这些问题，我们才能对社会冲突与其它社会问题的复杂关系有准确的把握。其二，缺乏针对结构性因素的方法。有几位学者已认识到特定的结构性因素是引发或加剧社会冲突的重要原因，但是我们发现在许多论著中都缺乏对如何调节结构性因素以预防社会冲突的分析。在实际的社会政治实践中，以及在报道性文献中，经常有如何调节结构性因素这方面的内容。学者们应该将这些内容理论化为科学的知识。其三，对社会冲突缺乏系统具体的描述，对社会冲突系统具体的描述是社会冲突研究的重要组成部分，它也是对社会冲突进行分析、评价、解释和预测的基础。

（3）研究的问题有待澄清和解决。研究社会冲突问题的偏差主要体现在：过于强调阶级冲突，忽视理性解决社会冲突的意识形态话语和文化环境；过于强调社会要素的稳定，忽视了社会结构的稳定；过于强调资源配置的集中，忽视了社会分化的影响；过于强调社会冲突的负功能，忽视了对手段性冲突的引导；过于强调政府在社会控制中的作用，忽视了中介组织的调节；过于强调社会矛盾的激化，忽视解决社会冲突制度化手段的缺乏。

（4）研究的方法有待完善。第一，解释方法有待于核心化和系统化。据现有的资料看，我国学者在探讨社会冲突成因时，绝大部分缺乏一种核心、普遍和系统的分析框架和解释模式。第二，观察问题的视角有待增加。在一些论及社会冲突的论著中，我们发现了一种潜在的国家或政府的视角，即主要从主体国家或中央政府角度去论述有关问题。此类研究，易于体现为政策咨询类研究报告，尚须还原到专业领域。第三，研究者立场应该相对宽容化，立场会影响研究的水平。部分社会冲突研究者无法保持“价值中立”，表现出一定程度的保守倾向，无条件地否定社会冲突，这或多或少将妨碍我们科学深入地研究社会冲突问题。

毫无疑问，上述理论成果对我们认识中国社会冲突的状况提供了许多相关性结论和方法论的启示。但是，这些从不同的理论视野和理性关怀所得出的研究成果，或是纯理论的推论而缺乏实证考察，或者是在进行其它问题的实证研究中简要地论及过社会冲突问题，而没有将社会冲突问题作为一个专门的视角对某群体性冲突个案进行全面而系统的实证研究，缺乏在制度、观念层次上进行深入、细致、系统的分析。正是这种理论的不足，使得我们在解释中国社会冲突问题时仍然感到诸多困惑，导致对社会冲突问题差异较大的价值判断。因此，我们不能只是简单地借用在西方经验基础上生成的理论来阐释中国的社会现实，而应在富有创造性的实践经验中寻找理论的源泉。

1.2.2 有关群体性冲突研究述评

当前，我国正处于体制转轨、社会转型的特殊历史时期，因新旧体制交替引发的各种问题和矛盾大幅度增加，群体性事件呈阶段性多发的态势。“群体性事件正以它的危害性大、感染性强等特点严重威胁着社会秩序的稳定，对群体性事件的理论探讨和研究因而成为学术界崭新而又紧迫的社会课题……群体性事件正是对现行社会政治、经济、文化等各种社会矛盾冲突的综合反映。”①

1.2.2.1 群体性事件的定义和性质

张兆端在综合国内外对群体性事件的定义中指出：中译西方社会学著作一般将“群体性事件”称为“集群行为”或“集合行为”(collective bahaivor)等，台湾学者则称为“群众事件”、“聚众活动”、“群体事件”等②。美国社会学家帕克在其1921年出版的《社会学导论》一书中，最早从社会学角度定义“集合行为”，认为它是“在集体共

① 陈晋胜. 群体性事件社会成因分析[J]. 山西大学学报(哲社版)，2003(5).

② 张兆端. 国外境外关于集群行为和群体性事件之研究[J]. 山东公安专科学校学报，2002(1).

同的推动和影响下发生的个人行为，是一种情绪冲动”。斯坦莱·米尔格拉姆认为，集群行为“是自发产生的，相对来说是没有组织的，甚至是不可预测的，它依赖于参与者的相互刺激”。

台湾学者吕世明认为，所谓“群众事件”有广义和狭义两种①。广义的群众事件并不一定具有反社会性，而是基于某个特定或不特定的事件或目标，纠集一群不特定的人，本着其高潮的情绪，或请愿、或游行示威；狭义的群众事件则指具有不法的反社会性、破坏性特征，而因特定或不特定的目标，由少数不法分子煽动、纠集一群不特定的人，利用群众盲从附和的弱点，以偏激的言词鼓动群众，煽动不满情绪，纠集闹事，扰乱社会秩序，即所谓的“群体性治安事件”。

范明对“群体性活动”与“群体性事件”两个概念作了比较，他认为所谓的“群体性活动”，是指聚集具有共同挫折经验、动机、目标或理想的多数人，通过集会、游行、请愿、静坐或示威等方式展现集体力量，促成政府重视、社会关注、舆论同情或支持，冀以改变、维护现行(存)法令、政策、社会规范、制度、结构或现象，获取救济权利，争取国家、民族平等或尊严等，契合个人期望或满足个人需要之群众性活动，过程有否违法等均非所问。“群体性”不仅指不特定多数人及其聚集状态，还含有一致的目的、动机、诉求等内涵，因此大型的群众体育、文娱、经贸活动不在此列。依据汉语习惯，“事件”蕴含着“破坏”或“危害”等反社会或非法性意义。因此，“群体性事件”的内涵和外延都比“群体性活动”要小，是群体性活动中的一种极端类型，以违法性、破坏性和反社会性为特征。

尽管各学者对群体性事件的称谓不一，但对其基本特点的认识是共同的：① 由特定或不特定的多数人参与；② 参与人具有较为一致的动机和目的；③ 活动过程中出现冲突行为，破坏社会治安秩序，影响他人或公共安全；④ 处置过程中冲突双方易形成对立。比较而言，主要以违法和扰乱公共秩序、危害公共安全为要件，界定范围较

---

① ［台］吕世明. 警察对群众事件的应有认识[J]. 世界警察参考资料，1989(6).

宽泛，反映出政府在社会转型期维护社会稳定的迫切心态，以及因而所持的谨慎和限制的态度①。

1.2.2.2 群体性事件的类型

依角度的不同，群体性事件有多种分类方法。

按事件的性质划分，可分为政治性、经济性、社会性和涉外性四大类。范明认为西方各国政治经济形势稳定，生活比较富裕，公众较为关心自己的政治利益和生活环境，因此由政治性和环保等社会性因素引发的事件较多，其中政治性事件占75%左右。而我国在转型时期，由利益格局重新调整而产生的经济利益矛盾是群体性事件的主要诱因，经济性事件占70%～80%。对不同因素引发的不同性质的矛盾，要结合各自的国情对症下药，采取不同对策，避免“一刀切”和盲目照搬②。

台湾学者刘世林从群众事件的发生是否预有动机，将其归纳为三种形态：临机性的群众事件；计划性的群众事件(又称预谋性的群众事件)；由临机性的群众事件转变为预谋性的群众事件③。

李永宠则按照发生地域的不同，将群体性事件分为城市群体性事件和农村群体性事件两大类④。城市群体性事件包括：因企业效益不好，拖欠工资和企业转换经营机制等问题直接关系到职工切身利益而引发的群体性事件；因债券、集资款不能按期兑付引发的群体性事件；因征地搬迁所引发的群体性事件；因政府出台的一些行政措施与部分群众利益发生冲突引发的群体性事件；因民工潮及机关问题引发的群体性事件；因供水、电、煤气和环境污染等引发的群体性事件；因大型体育比赛、文娱、商贸、庆典等活动中出现的意外事故或管理不善而引发的群体性事件等等。农村群体性事件则包括：对政府工作人员的行政执法行为或决议、决定不满而引发的群体性事件；因

① 范明. 中外“群体性事件”问题比较研究[J]. 中国人民公安大学学报，2003(1).

② 范明. 中外“群体性事件”问题比较研究[J]. 中国人民公安大学学报，2003(1).

③ [台]刘世林. 处理“聚众活动”的理论和实践[J]. 公安部公共安全研究所报告，1989(6).

④ 李永宠 等. 关于群体性事件的理性思考[J]. 晋阳学刊，2004(1).

对村委会的不满而引发的群体性事件；因土地、矿产、森林等资源的权属纠纷而引发的群体性事件；因供水、供电、宅基地纠纷引发的群体性事件；因封建迷信、民族、宗教、宗教间的信仰和利益矛盾激化而引发的群体性事件等等。

1.2.2.3　群体性事件的特点

吕希平对当前群体性事件的特点作了简述[①]：一是事件的突发性和有组织性。策划者和组织者为了顺利实施，平时的串联组织工作多是秘密进行，活动情况很少被外界察觉，当他们认为机会来临或条件具备时，就会突然行动，往往使当地政府、有关部门及单位始料不及。二是参与者众。为了营造“大声势”，引起当地政府和领导的重视，达到“一举成功”的目的，组织者往往尽可能多地策动参加人员，扩大队伍规模。据调查，1999年，某省发生50人以上规模的群体性事件比1998年增加141.9%，参与人数增加156.6%。2000年上半年比1999年同期增加16.3%[②]。三是引发动因趋同。群体性事件发生的主要原因是为争取经济利益。四是处置难度较大。由于引发群体性事件的参与者是以争取到实际利益为目的，且心理上“志在必得”，因而一般的说服教育工作很难奏效，往往需要一定的财力、物力，导致在事件的处理协调上具有较大难度。另外，还有处置后的反复性、对其他地区的传染性、对社会正常秩序的破坏性等特点[③]。

在不同的地区、不同的时期、不同的文化背景下，群体性事件将表现出各式各样的特点。但有一点是肯定的，群体性事件的类型和特征都与其诱发原因和参与主体所要达到的预期目标密切相关。

1.2.2.4　群体性事件的诱发条件

具体到关于集群行为的原因或条件的研究，斯米尔塞的“价值累

① 吕希平. 预防、处置群体性事件之我见[J]. 人民公安，2002(23).

② 中共中央组织部课题组. 2000—2001中国调查报告——新形势下人民内部矛盾研究[M]. 北京：中央编译出版社，2001.

③ 邱镛怡. 浅谈群体性事件的特点、原因和处置[J]. 贵州警官职业学院学报，2002(6).

加理论"独具特色[①]。他认为,集群行为实质上是人们在受到威胁、紧张等压力的情况下,为改变自身的处境而进行的努力。他描述了导致集群行为发生的六个"必要且充分的条件":① 环境条件。即有利于产生集群行为的周围环境。② 结构性压力。任何使人感到压抑的社会状态,如经济萧条、自然灾害、贫困、种族歧视、冲突、不公平的待遇、难以捉摸的前途等,都刺激人们通过集群行为来解决问题。③ 诱发因子。集群行为的出现往往需要一个"导火索",它通常是一个戏剧性的事件,其作用在于肯定人们中间已经存在的怀疑与不安,助长普遍性的社会情绪,加速集群行为的发生。④ 行动动员。群体内的领袖人物或鼓动者的鼓励和口号,标志着集群行为的开始。它可以使许多最初仅仅旁观的人,经过鼓动而成为实际的参加者,可以使原本松散的无组织群体产生一致行动的倾向。⑤ 普遍情绪的产生或共同信念的形成。要出现集群行为,人们还必须对他们的处境形成某种共同感受,对某些问题产生共同的看法,出现相似的普遍情绪。⑥ 社会控制机制的弱化。

我国研究"三农"问题的专家于建嵘对农村群体性事件的成因曾作过精辟的论述[②],他概括为三个要点:

一是农村利益冲突加剧,农民负担过重。在社会转型期,由于农村利益主体的分化,利益冲突加剧并表面化,再加上国家没有建立社会利益均衡机制,强势群体对于处于弱势地位农民的侵害和剥夺就成为较为普遍的现象,致使农民负担过重。这是农村群体性突发事件最为重要的原因。

二是农村基层政权政治整合能力差,农村基层政权出现软化。改革开放后随着家庭联产承包责任制的推行,基层政权的整治能力进一步降低,很多地方已经完全丧失了整合能力。利益冲突并不一定会产生政治性的集体行动,只有当这种利益上的冲突以明确的形

---

① 周晓虹. 现代社会心理学[M]. 南京:江苏人民出版社,1991:433.

② 于建嵘. 我国现阶段农村群体性事件的主要原因[J]. 中国农村经济,2003(6).

式表现出来并对一定的权威结构产生根本性冲击时,集体行动才得以发生。

三是社会不满情绪日益强烈,反体制意识开始形成。那些在社会处于弱势的农民,因在利益冲突中处于不利的地位,经济利益和政治权利均得不到保障,普遍会产生十分强烈的社会挫折感,各种对社会不满的情绪就会不断蔓延。

李永庞对前人的研究成果进行了综合性归纳,认为引起群体性事件的原因如下①:

(1) 历史文化根源:在我国两千多年的封建社会,政治系统取得了压倒一切的地位。在这种社会存在的现实面前,政治至上的"官本位"成了中国人意识结构中的主导价值观。公民宁愿信权而不愿信法,宁愿选择法律之外的非制度手段去参与政治。另外,转型期中国的利益格局发生了重大变化,贫富差距逐步扩大,使弱势群体心理承受力下降,产生不平衡心理。"不患寡而患不均"的平均主义思想根深蒂固,诱使人们倾向于运用非理性方式来解决问题。

(2) 社会根源:改革开放以来,过去限制和禁锢人们的歧视性制度逐渐被打破,城乡二元的格局松动了,形成了强烈的自主意识、独立意识,以及遇到困难和问题时的强烈的反抗意识。这无疑是社会的进步。但同时由于新旧社会管理制度转换间出现了转型过程中的制度缺欠期,群体性事件正是在这个社会管理的薄弱环节上发生了。

(3) 经济根源:市场体制在带来不断增长的经济财富的同时,也造成一些新的弱势群体。农民的比较利益下降、收入提高受阻及上千万国企职工失业下岗,使传统的基础性阶层产生相对的被剥夺感。贫困群体除经济生活压力大之外,心理压力也比一般人大,他们对前途悲观,由此而产生压抑感、失落感和迷茫感。国外传统的集团行为理论一般倾向于认为,有共同利益的个人组成的集团通常总是试图增进那些共同利益,或者说,集团会在必要时采取行动以增进他们共

① 李永宠 等.关于群体性事件的理性思考[J].晋阳学刊,2004(1).

同目标或集团目标。同时该结论被认为是从理性的、寻求自我利益的行为这一被广泛接受的前提而作的逻辑推论。然而，曼瑟尔·奥尔森却认为，“除非一个集团中人数很少，或者除非存在强制或其他某些特殊手段以使个人按照他们的共同利益行事，有理性的、寻求自我利益的个人不会采取行动以实现他们共同的或集团的利益。”①即，有理性的、寻求自身利益最大化的个人不会采取行动来实现他们共同的集团利益。每个人都希望别人付出全部成本而自己只是“搭便车”(free-riding)而坐享其成，在大型群体中，个人利益将凌驾于集体利益之上，只有通过选择性刺激手段，即正面的奖励或反面的惩罚来刺激或诱导个人为集体利益做出贡献。

(4) 政治制度根源：变革中的我国政治体制，基本价值取向是“主权在民”。非法致富、腐败等社会不公现象引发了人们对政府的强烈不满。在一定条件下，个别社会成员的不满会得到部分人的赞同、理解和支持，以致产生社会共鸣，当需要与现实发生冲突时，就会导致群体性事件的发生。群体性事件是现代社会转型期出现的一种典型的“奈格尔现象”②，平等的法治环境慰藉着群体的正义感。

(5) 社会心理根源：在面对种种社会不满与矛盾时，如果政治认同尚未形成一致性时，人们的不满情绪存在许多“燃点”的情况下，某些心理因素便会起到促进群体性事件发生的“助燃”作用。具体有侥幸心理、法不责众心理、匿名心理等。

1.2.2.5　群体性事件造成的后果

在体制转轨的过程中，群体性事件在一定时间、一定范围内能打破社会活动的组织性和社会关系的协调性，使社会生活处于波动之中，不可避免地对社会造成危害，势必影响政治稳定和社会秩序。

但是，从另一个角度看，群体性事件也有其积极的社会功能。引

① 奥尔森.上海三联书店[M].陈郁等译.上海：上海人民出版社，1995：2.

② “奈格尔现象”是指，起初人们对开始增加的不平等现象是可以容忍的，这如同在隧道里发生了塞车现象，……如果抱有希望的人总不能获得前进的机会，或社会资源分配不断优惠于获利多的阶级和阶层，那么容忍将消失，人们将反对现行的社会经济秩序。

用科塞的话，在一定程度上，群体性事件可能是这样一个机制："通过它，社会能在面对新环境时进行调整。一个灵活的社会通过冲突行为而受益，因为这种冲突行为通过规范的改进和创造，保证它们在变化了的条件下延续。"[①]李永宠在研究报告中指出[②]，群体性事件的副作用和社会危害是无疑的，但它客观上对社会发展的积极作用也应当肯定。他认为群体性事件将加速初级民主（粗糙民主、无序民主）向高级民主（温和民主、程序民主）的转变；将加速各级政府职能的到位化、高效化，提高各级政府人员的责任意识、危机意识和使命意识。群体性事件正好使各级政府职能的薄弱环节暴露得淋漓尽致，这就使政府职能的改革有了较强的针对性和较高的有效性。向德平也对群体性事件的积极功能作了阐述[③]：首先，它能释放出长期积聚的社会能量，能使部分心理失衡的群众得以心理上的平衡。其次，它具有社会警示作用，它向社会发出警告或信号，表明社会问题已经产生，社会矛盾已经尖锐化，社会张力已经表面化。担负社会管理和调控职能的政府接到这些警告或信号后，如果能以积极的态度来加以对待，及时改进工作和调整政策，制定相应的对策，就能化解社会矛盾，减少社会风险。

1.2.2.6　预防和解决群体性突发事件的方法

根据农村群体性事件的特点，于建嵘认为，"将农村群体性事件控制在一定的范围和秩序结构之内是最为现实的选择"[④]。他提出了四条基本对策：一是调整利益结构，减轻农民负担；二是推进政治改革，健全农村治理体制，三是增强法律观念，规范公共参与行为；四是树立危机意识，建立危机管理体制。另外，他还研究得出，由于利益分化和冲突及基层政府行为失范造成的农村权威结构失衡，而制度错位使地方性权威膨胀在体制外造就的一批农民利益"代言人"。所

① 科塞.社会冲突的功能[M].孙立平等译.北京：华夏出版社，1989.
② 李永宠 等.关于群体性事件的理性思考[J].晋阳学刊，2004(1).
③ 向德平 等.社会转型时期群体性事件研究[J].社会科学研究，2003(4).
④ 于建嵘.我国农村群体性突发事件对策研究[J].中共福建省委党校学报，2003(5).

以，为重建农村社会秩序，在进行利益整合的同时，需要对农村政治资源进行重新配置，其中最为现实的对策就是将具有对抗性的地方权威纳入到农村基层政权体制的运行之中。“在目前的制度状况下，首先要做的，就是进一步健全村民自治制度，让村民委员会真正成为代表村民利益的自治组织。”①

我国现阶段群体性事件的起因与表现方式多种多样，涉及政治、经济、文化、社会等各个领域的存在问题。总结前人的研究成果，主要是针对不同的起因采取分类防治措施，具体包括以下几个方面的内容：

（1）经济领域的措施。在一些经济形势好，就业率高的地区，如上海、深圳等地，群体性事件就较少发生，因此解决就业问题就成为从源头上防范城镇群体性突发事件的一个关键。另外，社会保障体系是社会经济发展的“稳定器”，因此要健全社会保障体系。龚正荣认为“现阶段，党和政府尤其要重视解决下岗及社会分配不公问题。”②

（2）政治领域的措施。推进基层民主政治建设，拓宽政治参与的渠道，增强广大公民的民主与法律意识。同时，大力加强党风廉政建设，严惩腐败，以改革的精神，实事求是地正视党在功能、运行机制等方面存在的弊端和问题给密切党群关系带来的危害，进一步转变领导干部的工作作风，坚决克服形式主义和官僚主义，增强群众观点，从而疏通和化解干群矛盾。

（3）社会领域的措施。向德平认为，应当建立社会安全阀系统③。建立社会安全阀系统，必须构建通畅的社会沟通系统，培育社会缓冲机制。目前国内信访部门正担当着这个角色，要增强信访部门处置“群体性事件”的力度，各级部门要真正重视信访部门，关注通过信访

---

① 于建嵘．利益、权威和秩序——对村民对抗基层政府的群体性事件的分析[J]．中国农村观察，2000(4)．

② 龚正荣．论社会转型期群体性事件的产生及其预防[J]．中共浙江省委党校学报，1999(3)．

③ 向德平 等．社会转型时期群体性事件研究[J]．社会科学研究，2003(4)．

部门反映的问题，建立健全矛盾纠纷排查调处工作机制和制度。

(4) 文化领域的措施。“据我国的国情和社会发展的实际，加强有中国特色的社会主义主流文化建设，注重在全社会形成共同理想和精神支柱，倡导社会公平、社会互助和社会和谐，建立协作型的人际关系，进而缓解和消除公众之间因摩擦、矛盾和隔阂引起的离散和不稳定现象，增强社会的凝聚力、向心力和整合力。”①

(5) 体制领域的措施。一是建构高效合理的社会控制体系。“社会控制包括硬控制与软控制两种方式。硬控制主要由法律和制度组成，软控制主要由信仰、舆论、宗教、道德构成。其中，法律和道德是最主要的两种控制手段。运用法律和道德的力量对社会生活进行调控，做到硬控制与软控制相结合，能取得最佳的社会控制效果。”②二是建立社会预警机制。

1.2.2.7 国内外相关理论的差异

比较国外和国内关于群体性事件的研究结论，就会发现其中有着很大的差异。范明在研究报告③中总结了中外关于群体性事件的认识几个方面不同点：

(1) 关于“群体性活动”对社会秩序之影响的认知。① 共识：普遍认为，集会、游行、示威和言论表达自由是人的基本权利。而此种权利的行使具有两面性：一方面，这类活动通常是对现存统治体制、规范秩序或施政政策有所不满而通过群体的力量表达意见，所以一定会影响到公共利益和社会秩序。另一方面，有利于维护政治意见上的少数者和社会生活中的弱势群体的利益。② 差异：西方国家基于“天赋人权”的理论，偏重于私权的保护和形式上的民主、自由气氛的维护，认为一定限度内公共利益的损失是维护弱势群体利益的必要代价，对此类活动的观念比较宽容和开放。中国基于“集体利益至

① 向德平 等. 社会转型时期群体性事件研究[J]. 社会科学研究，2003(4).
② 向德平 等. 社会转型时期群体性事件研究[J]. 社会科学研究，2003(4).
③ 范明. 中外“群体性事件”问题比较研究[J]. 中国人民公安大学学报，2003(1).

上”的传统理念，素以维护社会稳定和公众利益为重（虽然现在越来越重视个体权益的保护）。因此在亟需社会稳定的转型过渡时期，对有可能酿成暴力事件、影响社会稳定的群体性活动持谨慎态度。

（2）引发群体性事件原因的比较。国外的观点：①“自力救济”是群体性事件的法律和意识渊源；② 政治、经济、宗教、种族等问题仍是群体性事件的主要诱因；③ 沟通、表达意见的渠道不通畅是群体性事件频发的根本原因；④ 法律不适合社会发展是群体性事件频发的深层原因。国内理论界以及实战部门认为引发冲突事件的原因主要来自四个方面，即政治因素、经济因素、社会因素和心理因素。不难发现，国外对群体性事件原因的分析主要是从事件发生的内部机制着眼，而国内的研究则注重从上述外部激发因素找原因。

（3）管理和处理方法。国外偏重于疏导内部机制，在现行体制下扩大民意表达的渠道，将群体性活动置于法制框架之内，起到社会减压阀的作用。国内则致力于通过综合治理，消除社会不公、官僚主义等外部激发因素，从根源上减少群众的不满，实现更高层次的公正和民主。正是由于认识上的不同，导致在预防和处理方式上的差异。从长远讲，国内的做法更具理想化和战略意义，但因其工程量巨大，难以在短期内奏效。于是出现了这样的困境：一方面无法有效解决现存问题和杜绝新问题的产生；另一方面又因担心放开群体性活动所产生的冲突会破坏稳定的社会环境而有所顾忌，以致造成民意沟通的渠道暂时阻塞。

综观国内外专家学者关于群体性事件的研究，他们就事件性质、起因、社会功能、防治措施等方面提出了许多切合实际的界定和推理。相对而言，由于国内的研究观点倾向于从外部激发因素找原因，大多是从社会稳定的考虑出发，过于强调保持社会稳定的重要性，忽略了群体性冲突事件带来的积极作用，未能深入钻研在参与社会冲突中各方的利益诉求和现实安排。

为此，我们借鉴国外从内部机制着手的分析研究方法，试图从社会冲突的角度研究群体性事件，提出应该详细解剖参与群体性事件中的各利益群体的内在状况和发展趋势，重点分析其利益构成、组织结构、社会功能、制度安排等前人尚未加以重视的领域展开深入探讨，以期透过以上几个方面的研究，掌握社会冲突的内部成因和转化规律。

1.3 有关说明

1.3.1 研究思路

中国社会本身处在变化之中，中国的社会科学还处于进一步发展的阶段，我们想应该用一些新的、更富观察性而不是归纳性，更不是推演性的理论视角来研究中国问题。因此，在初步选定转型期我国社会冲突问题研究这个一专题后，便针对此研究专题到当时正发生社会冲突事件的湖南 S 县，开展目的明确的社会调查，在实地调查中努力搜集可靠的第一手资料，并以自己在现实社会中观察到的社会冲突"过程"为观察点，系统梳理并参考社会冲突基础理论和基本研究方法。在运用已有理论来解释这些新的社会现象时，试图去发现原有理论中可能存在的问题。

社会冲突的根源是多元化的，目前学者们对于利益、权力、权利、组织、制度等相关因素与社会冲突之关系有着不同的看法和观点，似乎并不存在惟一的标准，缺乏一个可行的、并把多种因素统括起来的理论分析框架，以至于对社会冲突的研究成为一个聚讼纷纷和学者们难以沟通的领域，或者说存在着一个明显的危机：当事实、现象、变种、偶然事件从四面八方压来，人们很容易迷失于形形色色的纷然杂陈的事物中。面对这个矛盾，我们需要深入研究它们与社会冲突的关系：它们分别对社会冲突有何具体影响；社会冲突的功能和特点对组织、制度的效应和影响；哪些因素影响到社会组织、制度重建的类型和特征；如何用制度化手段调整日趋表面化的社会冲突。因此，论证社会冲突发生的场域，探究现有社会冲突理论所未凸现的冲突因素，设计一些可能控制社会冲突的方式与手段，便成为一种有一定学术价值的有益尝试。

因此，我们试图提出新的核心概念、新命题和新研究思路的假设，然后根据实证研究的结果进行对照分析研究，检验所提出的新概念和新命题，以实现理论概念之建构到实证研究之完成的过程。

依据以上思路，本文将运用社会冲突理论等有关理论和分析方法，对所选个案进行综合剖析，试图跨越表象、突破局部，进入更深的层次和更广的范围来认识和剖析转型期中国社会冲突的构成因子，试图采用新的视角对一些基本问题作重新认识，细致剖析社会内在的冲突和交换的过程，以实现社会稳定的最终目的。

1.3.2 路径选择

本研究选择的路径是具有利益关联和交换关系的基层政府、利益组织和私营业主等社会群体在社会发展过程中的行动逻辑。我们在讨论这些社会群体间的利益交换时，不仅要将基层政府权力体系和制度安排作为主导性因素来考虑，同时必须对他们之间的冲突问题进行界定。

首先，作为一项个案分析，需要把个案当作描述和分析的对象，将特定个案当作特定社会单位内发生的“聚焦性事件”或社会生活历程的转折点。同时，考察“内于时间”的个案的“延伸”对当地的社会发展和认同形成的影响。个案作为被记录和不断再定义的“集体记忆”或“条件信息”来“延伸”，这当然会影响特定行动者的行动，从而成为今天的“社会事实”。

其次，作为一项历史考察，需要从社会变迁的历史事实中，以转型期为特定的历史背景，从城市与乡村相互分离、计划经济与市场经济相互矛盾、传统文化与现代文明相互交替等多种角度，来把握社会冲突的根源和演变过程。既有历时性叙述文体的连贯性，又有共时性社会分析的精确均衡性。

再次，作为一项经济分析，需要从现实社会的利益群体及其所形成的社会关系中，来分析社会资源的配置方式和绩效。它将从财政体制对利益结构和公共权力运用的相互关系上,来理解当代社会各利益主体的利益表现及其对行动的影响。

另外,作为一项社区研究,需要考察当地权势人物同地方权力体制之间"关联",以及地方性秩序影响的方式。作为一项社会学个案研究,以具有共同地域、生产条件、文化习俗、信仰、价值观念、社会生活氛围的小城镇社区作为研究的视野。

最后,作为一项制度研究,需要追究基于国家主义的制度安排和现实的规则演变过程,来理解社会冲突的类型和性质。它要探讨国家进行社会制度安排最为具体和直接的原因,要研究国家的制度规则进入社会的实际绩效,从动态的角度来审视这些规则体系的表现形式。

1.3.3 研究方法

从研究方法的角度看,微观的社会研究有助于摆脱既有的规范信念,微观层面的信息,尤其是从社会学方法研究得来的第一手数据和感性认识,使我们有可能得出不同于既有规范认识的想法,使我们有可能把平日的认识方法——从既有概念到实证——颠倒过来。因此,我们试图尽量趋近"社会事实"。

在初次进行"田野作业"式的实地调研工作时,我们对于能否完成调查任务毫无把握。欲在社会治安比较混乱的S县,对某一敏感事件进行深入细致地考察,其难度并非事先可以料想的。且不说观察、访谈式的调查方法本身的局限性,关键问题在于,如何"入场"。对于调查者而言,官吏的防范与人们的疑惑足以使陌生的调查者裹足难行。正式的"入场"方式只有一途,那就是通过官方的许可与支持,自上而下地逐级深入。这一方式的缺憾是,"入场"环节过多,且官员陪同入场极易使得调查"失真"。于是,我采取了另一条非正式的"入场"途径:启动关系网络。这样既可"顺利入场",又能"高度保真"。此次调查,我就是借着一些同学和朋友们所提供的"关系网"而直接进入S县的,这使得我接触调查对象比较容易,语言沟通也不存在任何障碍，对于自己熟悉的社区在许多问题的判断上比较有把握。

顺利地进入现场后，我们正是利用这种方法，多次与有关管理官员、经营业主及托运业主等当事人接触并探讨有关问题，进行了大量的以记录现实社会行为的观察性活动，分析其它关联信息，从而获取了大量客观真实的一手调查资料。之后，我们在两年时间内又做了两次跟踪式的田野调查，同时采取“自上而下”的方式，取得与S县有关管理部门的联系。这些进入条件具备后，就基本保证了本项研究设计操作和实施的可行性。

在实地调研过程中，还必须考虑的便是如何收集资料。当然，除了文献资料，如地方志、历史档案及一些灰色文献、信访材料等较易收集外，其它一手资料则需要我们的现场调查。由于受课题性质及大部分被调查对象文化程度的限制，本项研究很难甚至不可能通过问卷调查的方法去获取资料，而必须采用观察访谈的方法来收集大量的经验证据及口述资料。在实施访谈过程中，我们针对不同对象而事先设计好相应的访谈提纲或访谈主题，分别对有关政府官员、基层干部、经营业主及托运业主进行深入访谈，并整理出大量的访谈记录。而访谈材料的记录则根据不同的情境分别采用现场笔录、录音记录及访谈后的回忆整理三种方式。我们还特别收集了许多有关利益群体的许多证据、民间调解协议甚至相关的联名起诉书。另外，还特别逐日访谈记要，以备追踪研究。实证性论文至少应保证论文的基础资料是真实的。

虽然事件的本身难以重复，但我们力求准确和全面“再现”事件的发生过程。我们试图从大量第一手资料中分析出反映研究对象发展的逻辑，提倡以当地人的经历和观点进行解释或说明问题。尽可能地去了解研究对象为什么认为他们按照他们所熟悉的方式行事，而不是按照别人为他们设计好的方式行事。不了解调查对象的真实感受和意见，很难说清楚具体事实的真实。这就是为什么在论文中尽量引用受访者的话的原因，他们的任何表达都值得我们关注。

当然由于受时间、精力的限制，再加上社会问题的纷繁复杂以及社会冲突事件的突发性与参与人数的广泛性，使得本次调查无法对每一件具体事件及每一位相关者都逐一进行观察、访谈。我们在调查中力图摒弃先入为主、以个人价值偏好取代客观事实的做法，而是以严密的理论工具对田野调查内容进行知识性思维和学术加工，努力实现田野调查与理论研究的对接。

作为一个本土田野工作者在进入本土社会的具体场景时，固然可以免去在研究异文化时发生的“文化震撼”和“种族中心”的问题，但也会出现“识盲”的现象，即以自己所熟悉的、相似的解码系统去识读研究对象的信息，使研究者的自我意识失去区别、判断、选择的功能，造成对本土社会的疏离。为此，就需要强调对事件过程和背景的深入体察，不仅从调查中发现问题，而且将问题置于调查的具体场景中展开，以保证理解的完整性，并防止以既有的理论解释代替对问题的思考。正是把问题置于完整而具体的事件之中，才有了以既有理论解释问题时所无法发现的灵感，研究也才有了进一步深入的希望。

在一个事件的过程中，无论是国家的因素还是本土的因素，无论是正式的因素还是非正式的因素，无论是结构的因素还是文化的因素，都介入了进来，都融入到这样的一种过程之中。事件过程所展示的不是某个片面的一方，而是它们之间的复杂互动关系。而且，就这些因素的关系而言，在一个动态的过程中，也不是一成不变的，而是处于一种不断建构的过程之中。这样，不但能够使我们捕捉到人们日常生活场景中不同事物或同一事物内部不同因素之间复杂而微妙的关系，以及隐藏在冲突事件背后的结构性因素与深层次逻辑。

虽然本研究主要的目的在于描述冲突事件的酝酿与发生，但也可以试着提出解释。通过对资料的分析，寻找观察中的所有相似性和相异性。一方面，寻找普遍一般的社会冲突事件和互动模式，用社会学的术语来说，寻找行为规范。另一方面，实地调查者应重视差异性，注意一般规范中的偏差。力图通过田野研究，以获取本来是常识却又被日渐遮蔽了的中国经验。按照费孝通先生的说法：“对这样一个小的社会单位进行深入研究而得出结论并不一定适用于其它单位。但是，这样的结论却可以用作假设，也可以作为其它地方进行调查时的比较材料，这就是获得真正科学结论的最好方法。"[①]通过"解剖麻雀"，得以帮助我们深入到被研究对象内部去体察活的历史、活的生活、活的人物、活的事件以及活的日常生活世界。或许这些人物个案的真实面貌、事件个案的来龙去脉以及受访对象的口述资料将是本项研究中的主要价值所在。

1.3.4 相关概念

1.3.4.1 社会冲突

关于社会冲突概念的界定，中西方学术界存在着不同的看法。本文所指的社会冲突侧重于群际冲突，而不是社会心理学中所涉及的人际冲突或个人内心心理层面上的冲突现象，强调人们基于需要、利益、价值、观念等方面的差别而导致相互矛盾和对立的行为。

社会冲突乃是关于目标互不兼容的冲突，大致可分为两种类型：

一是对资源争取所引发的冲突即称之为共识型(Consensual)冲突。假若冲突对一方而言，对方的获利是以其利益的牺牲为代价，则此即构成共识型冲突的基础；

二是对他方所抱持的冲突有所敌意，例如意识形态、宗教所引起的冲突，即异识型(Dissensual)冲突。这是关于冲突团体对其欲求的目标观点相互不一致，即当某些群体彼此的价值不同，又希望将其本身价值加诸他人之上，此即构成异识型冲突的客观条件。当然，在某些特定的冲突中亦可能同时存在共识型与异识型的冲突。[②]

本文的研究对象主要是共识型冲突，并认为利益、权力和权利等资源的分布不平衡，是引发社会冲突的主要原因。

---

① 费孝通.江村经济[M].北京：商务印书馆，1997：26.

② 可参见 Ralf Dahrendorf. Out of Utopia：Toward a Reorientation of Sociology Analysis[J]. American Journal of Sociology 64，1958.

1.3.4.2 边界冲突

本文尝试着提出一个"边界冲突"概念，作为问题分析研究的理论工具。

所采用的"边界"这个术语，是指区分相互冲突的某些群体、组织或结构之间的自我规定，也是形成它们之间相互活动、彼此作用的重要中介，同时也是特定时空、历史时期的各社会结构、系统的存在范围和活动领域。它突出地体现了各个社会主体、结构间冲突的复杂性，问题的复杂性是由社会主体与环境之间的相互作用关系产生的，而这种互动作用关系最集中地体现在相互间的边界上。因为，处于冲突过程中的社会主体能够在一定时空范围内输入什么、输出什么，关键取决于该主体与其外界环境之间在不同范围内各自在调整、控制能力等方面的对比关系。这种渗透在相互作用过程中不断变化着的对比关系，实际上决定着其整体调控作用范围的一定限度的变化，即决定着其边界的变化，这些变化亦真实地体现着各组成要素作用和范围的相对界限。

边界主要包括组织边界、功能边界和制度边界三种类型，发生在边界的冲突具有差异性、变动性、互动性、开放性和对抗性等特征。"边界冲突"即是指发生在边界空间的以获取利益、权力、权利等为目的，以打击或削弱对方为目标而进行的各社会主体之间矛盾和对立的互动行为。

1.3.4.3 利益冲突及其边界

我国经济体制改革使得个人的情境和利益多元化。各利益主体都有明确的利益取向和意识，了解自己的利益所在，并采取行动保护各自的利益范围，其间不可避免地存在着程度不同的冲突趋势。利益冲突的加剧并表面化，再加上缺乏有效的社会利益均衡机制，导致强势群体与弱势群体之间冲突常常出现，这是群体性冲突事件最为重要的原因。

利益分化与利益积聚同步发展的趋势，形成了目前各利益主体间的复杂关系。而这种错综复杂的关系和身份特征，也就决定了各种权力相互交错，体制性规则和习惯性手段相互兼容，形成以经济利益为表达方式的交叉式综合结构。这必然会驱使双方争取到最有利于自己的利益条件，这样的结果是："更少利他，更多利己"。如果制度规范缺乏，人们在追求自我利益的过程中发生利益冲突，就将由于资源配置有利于强者的时候，更易于使强者以侵犯他人利益边界的方式取得了自己需要的超额实现，弱者愈益处于被剥夺的境地。此时，社会冲突更易于形成。

发生利益冲突的边界是在追求利益优化的情境下发生的，包含有反映个体利益、公共利益、社会利益、环境利益等利益边界。各类利益主体的利益互动，使利益边界移动，在一定时候出现临界现象。处理临界问题，首先必须划定明确的利益边界线，其次是把握利益相容和增进原则。

1.3.4.4 权力冲突及其边界

根据本研究的需要，本文依据吉登斯关于权力的定义[①]，将权力理解为在社会关系和社会行动中，一定社会主体凭借其对社会资源的控制，从而具有的使其他社会主体服从其意志的一种支配力量。而权力的大小就是指权力主体所控资源数量多少和质量高低。

一个社会的稳定结构或均衡状态，首先表现为权力结构的相对稳定和均衡。权力与所控制资源成正比关系，权力冲突是社会主体之间为争夺权力而导致矛盾尖锐化的一种综合态势。而社会主体之间的权力争夺和冲突，实质上便是对资源控制的争夺。各项权力应受到限制，必须要有自己遵守的边界，而这些边界的存在也是依靠各种权力来维持。问题在于如何确定各主体之间的权力边界，通过权力结构的优化和权力边界的明晰，建立起促进和提高要素合力的

① 吉登斯将权力定义为"转变能力"，并把参与者通过诱导他人遵从行动达到的结果视为证明这种能力的特例。他认为权力是同人类行动或动员本身的思想"逻辑地结合在一起的"，并坚持这种行动和权力之间的基本联系，是为了将权力与冲突、抵抗和最大利益的任何内在联系分开。同时，他还把构成权力基础的资源分成"配置性资源和权威性资源"。参见吉登斯. 民族——国家与暴力[M]. 胡宗泽等译. 上海：三联书店，1998：5—7.

机制。

1.3.4.5 权利冲突及其边界

权利是依法可以行使的权能和享受的利益。相应于博弈均衡状态的行为关系决定、形成各自的损益结果的行为边界,在边界范围内的活动行为就是主体的权利。

权利主体各有其追求自身效用最大化的相关权利,这就内在地要求参与组织的权利主体必须明确界定各自的主体地位与权利边界,以便合理地分享最大化利益。而权利冲突客观必然地存在于所有社会的权利体系和权利分配活动之中,具体地说,就是社会主体各自不同的应有权利要求之间、个体权利与公共权利之间、未受法律肯定的应有权利与业已法定化了的现有权利之间的对抗和摩擦。权利冲突本身构成了一定社会权利体系不断丰富和走向平衡的动力基础。

当权利间发生不可调和的冲突时,应在它们的边界寻求一个最佳平衡点。强调对各个主体地位的确认,强调权利边界延伸的度,是以其不侵犯其他所有权利主体的利益和权利为限的。依据各个利益主体的权利边界赋予其相关权限,使每个利益主体能够在一个限定的约束条件内,通过追求自身效用的最大化来提高整体效率。

1.3.5 篇章结构

本文的写作由导论、正文、结论和附录等部分组成。

第一章为导论部分,主要对选题目的、研究意义、前提假设及资料来源等内容作一总体说明。通过对西方社会冲突理论和国内相关课题的研究综述,寻找研究对象和问题所在,以与中国经验事实相对照。第二章,通过对冲突个案的描述和解剖,对社会冲突和社会转型的一般关系进行实证分析,提出"边界冲突"的分析概念,探讨边界冲突的基本特征和类型,以冲突着的边界为理论视角对社会冲突问题展开深入地研究。第三章至第五章为专题论述部分,结合该冲突个案,分别论述边界冲突的存在与引起冲突的利益、权力、权利、制度等相关因素之间的关系,论证了非正式利益群体的构成,行动选择的逻辑解释，并说明市场和政府在社会经济生活中作用的边界所在，力图解释社会冲突与社会制度化之间的内在关系。第六章，在前几章分析的基础上进一步做理论的提升，就冲突边界的内在逻辑做归纳和抽象。第七章，总结本文的主要研究结论，对正文中已表明的重要观点进行较为系统的梳理，并提出其局限性以及在未来研究中有待进一步探讨的问题。

第二章　问题之提出

2.1　个案的介绍与说明

2.1.1　选取个案

社会转型有广义和狭义之分，广义的社会转型指社会形态的转变，这是社会转型质的规定性；狭义的社会转型指社会生活的局部发生了较大甚至剧烈的变化，是社会转型量的规定性。我们在此限定讨论的是狭义的社会转型，主要是关于1978年改革开放以后中国社会的转型状况。从所经历的转型历程看，这场复杂的总体性社会变迁，确实具有这样四个特点：一是渐进性，即以经济体制改革为开端，各种新旧体制处于胶着状态；二是整体性，这是就社会系统的相互关联性而言；三是计划性与自发性并存，计划性是指这场社会变迁是由中国面对内外各种矛盾和压力、以国家为主导力量的理性选择而促动的。而自发性则是指具体的、局部的改革而言，许多新要素被基层民众创造发展，逐渐在社会生活中占有重要的地位；四是异步性，这在现实的社会变迁中是明显的，变迁的异步性导致众多冲突现象的出现①。

由于观念的转变、利益群体的兴起以及经济发展相对滞后等问题，社会干群关系异常紧张，人们与政府管理部门间发生的大规模冲突也不断在新闻媒体上曝光，“问题化”地区越来越多。当前中国学术界对中国现实乃至历史的研究，因为缺乏经验常识，或这种经验常识被“西方理论”所遮蔽，而成为有“问题”的研究。真正做好关于中

① 王思斌.转型期我国社会工作专业的地位[J].北京大学学报(哲社版)，1997(4).

国的研究，必须回到常识、回到个案、回到中国经验中来，对中国当下的状况与处境作出理解，在中国问题的语境中建构理论。

正是基于上述因由，本文希望通过研究某个案来透视整个中国社会冲突问题的某些潜在的隐象。这种研究的首要目的，不是倡导或批判什么，而是发现真实世界中的社会关系。当然，本文也注意到个案研究的局限性，并试图将一定区域性特征作为研究背景来进行阐述并赋予更多的理论关怀。

作为研究者，我们很难从人们平静的生活场景中，洞悉和研究人们相互之间的社会关系。因而，我们选择“有事情发生”的——S县“7·7”群体性冲突事件①作为论文写作的实证个案。因为，“只有当有事情的时候，才能看出谁和谁远、谁和谁近。只有在这样的时候，真正的社会关系才能真正地展示出来”②。

究竟发生什么了，又为何发生？带着这些疑团，我们于2002年冬天踏上了这片扑朔迷离的土地。

2.1.2　区域概况

本文选择作为个案研究的湖南省S县，具有两个基本特征：

2.1.2.1　地域环境特征

S县(地图如图2-1所示)，处中南腹地，宽56.7公里，长59公里，横跨衡宝干旱走廊。在1 768.75平方公里的土地上，聚居着118万人，每平方公里629人。全县辖17镇9乡，990个村。由于境内二山一水二份田，北部边境的龙山余脉、南部边境的南岳余脉，构成南北高峻地形向中部倾斜，形成南西——北东向的阶梯状长廊地带。中部地势突起，成为境内水系的分水岭，中部丘陵亦多为北东——南西向分布。属丘陵地带，丘岗地占全县总面积的61.18%，山地占21.69%，平原多为溪

① 由于此次事件发生于2002年7月7日，因而被称为“7·7”事件。

② 孙立平.“过程——事件”分析与当代中国国家——农民关系的实践形态[C].清华社会学评论，2000(1).

谷平原，仅占10.85%。总耕地中，水田47.32万亩，旱土23.39万亩，致使人均占有耕地仅0.63亩，地下除煤炭、石膏外，基本无其它资源。[①]

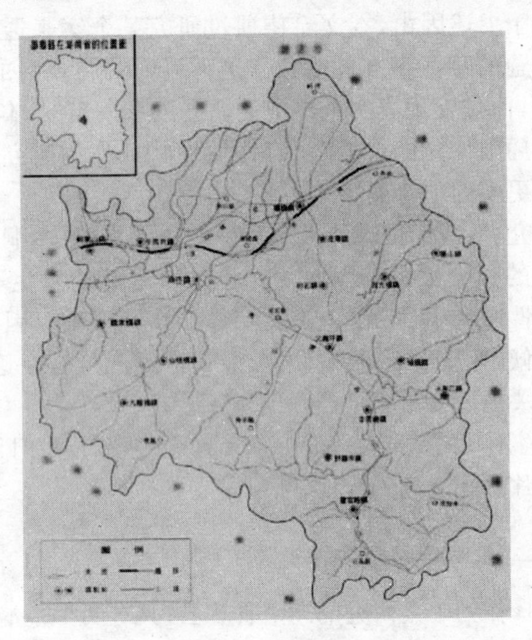

图 2-1　S县地图

S县古为"蛮荆"一隅，1951年析置建县。四面不靠大中城市，自然条件、区位环境及经济基础较差。没有水路运输，没有民用机场，所依赖的只有傍城的××国道和穿城的××铁路。因而，形成物产不丰、交通不畅、人多田少、资源匮乏的状况，是个典型的没有区域优势、资源优势，没有享受国家优惠政策条件的内陆山丘县，这制约了其各方面的发展。

2.1.2.2　*地方乡村经济的发展历程*

面对此县情，如何走？对此，S人清楚地认识到，人力资本是他们

① S县县志编委会. S县县志[M]. 北京：中国城市出版社，1993：82.

安身立命的唯一选择。于是，为了摆脱饥贫而四方流徙地闯市场就成为S人主要的生活方式。

> “S县民营经济是人多地少的现状逼出来的，是子承父业的传统干出来的。”①

S县有着独特的县域民营经济格局，这一格局的形成，并不是偶然的，有其历史因素和现实原因。传统从来都是一种现实的力量，它既记录在历代典籍之中，也活在人们的观念、习俗与行为方式之中，并直接影响着各项制度的实际运作过程。考察S县民营经济的发展史，这有利于深入剖析小城镇社会发展变迁的动态过程。我们根据可考证的史籍资料和可访查的人证资料，并依据当时的社会制度特征，将S县民营经济的发展历史分为以下几个阶段：

第一阶段：能工善贾

历史上S人能工善贾。早在明清时期，S县的手工业和以商贩运业就比较发达，是湘中地区有名的“百工之乡”、“商贸之城”。民国年间，从事土织、作坊、笔墨、渔网、三刀（剪刀、菜刀、剃刀）、三钉（马钉、船钉、楼板钉）生产者已甚多，肩挑贩运、串乡赶街、走南闯北者也不少，集市日趋活跃。由于人多地少，粮食不能自给，许多人转而从事手工业和小买小卖，商品生产和商品交换日益兴旺，“米桶挂在扁担上，三天不赶场，鼎罐作钟响”，逢场赶集渐成习惯。

在当地流传着这样的民间谚语：“杀得猪死的便是屠户，诊得病好的便是郎中，赚得钱到的便是人才”、“火不烧山地不肥，人不出门身不贵”、“吃大的嘴，看大的眼，吓大的胆……。”艰难的生存环境，练就了一种特殊的文化、特殊的人，逐渐形成大胆敢闯、吃苦耐劳、坚韧顽强和敢于冒险的群体性格。有种说法：S人是中国的“犹太人”。

① 摘自访谈记录第109号。

某S人曾给我讲了这样一个故事：

> 80年代初期，S人秋收后将稻谷15元一担卖给邻县的农民，春荒时再20元钱一担给买回来，邻县人说：S人傻，15元一担卖出，20元一担买回，每担谷白送我5块钱。S人却说：邻县人蠢，给我存一年的粮食，还给我一笔活动钱，叫我落落实实跑了几趟好生意。①

第二阶段："游商"

20世纪70年代，全国还在以阶级斗争为纲、"批邓反右"时，为生活所逼，一批S人先是补鞋、修伞、卖铁锅；之后是提篮小卖，贩国营商店的处理货和工厂的积压品；再后来背"蛇皮袋子"，从外地进货，在当地摆小摊；然后才租车进货，坐地搞小批发，他们掘到了从商的"第一桶金"。这一阶段的基本特征是：① 目标上是为了吃饱穿暖，经商仅仅是一种谋生的手段；② 方式上是一种小生产的经营方式，肩挑手提是其主要的经营形式；③ 组织上呈放任自流、自生自灭的自发性特征，农民"闯市场"是S"地下经济"的主要表现形式；④ 空间上的市场形态是游动的，即人到"市"成，人走"场"散。

> S县发展的最重要的两点，一是S县人比较精明，二是吃苦耐劳，事业心强。S县这些比较大一点的老板基本上都是从批锣担、摆地摊呀开始发展起来，一般是从100、200元资金发展起来的，发展成比较大的老板。有些东西是逼出来的，因为S县周围这一块还可以，还有几个比较穷的乡村，他们一年总计收入都比不上S县。一年一般种一季稻谷，天旱，水要从龙岗抽过来。在家糊不得口，只好出去做点小生意糊口。在做小生意的时候，肯定要遇到很多的困难，舍不得用钱，去最低档的旅馆，有时还睡

① 摘自访谈记录第102号。

在别人的屋檐底下，那时应该是十年以前，最苦的时候。现在的都成为几十万、百万的老板。①

第三阶段："行商"

20世纪80年代，推行农村商品流通体制改革，刚开始出现"下海热"、"经商潮"时，S人已改变纯"游击作战"的状态，而将"游击战"与"阵地战"结合起来，一方面S人不断涌向外地开拓市场，在江浙、广东、云南、西宁、拉萨等地到处都留下了S人的足迹；另一方面在本地加速建设市场，以便形成东南、西南市场的商品集散地和"中转部"，逐步建立小百货、小五金、眼镜、皮革制品、药材、木材等商品批发市场，购销辐射全国各地，有不少S人由此完成了资本的"原始积累"。就其商贸流通主体十万长途贩运大军而言，可称之为"行商"阶段。据1982年调查统计，全县从事个体手工业者达2.29万人。1987年底，发展到3.9万户，从业人员4.8万人。

此阶段的基本特征是：① 目标上不仅仅是为解决温饱，更主要的是为了发家致富；经商不仅仅是谋生的手段，更主要的是已成为超越本土、奔向"小康"的"起跳板"；② 方式上告别了肩挑手提的小买卖，而是用汽车、火车作为流通工具的大规模的商品经营；③ 组织上不再是简单的自发性经营，而呈现出自主性加政府引导的特征；④ 空间上以稳定的大市场为依托，形成了市场与市场之间的内在功能互相衔接的市场网络体系。

某市场管理主任介绍道：

S县人利用外地的资源，把自己的货发出去，把自己没有的货拉进来，在这里建立一个自发形成的市场。②

这些老板都是逼出来的，从做小生意，经过很多曲折，逐步

① 摘自访谈记录第112号和附录二。

② 摘自访谈记录第109号。

地发展起来的，最主要的就是体现他们吃苦耐劳的精神，其次，就是持之以恒。做一行生意，他就对这一行越做越精，专业化，七十二行行行都有状元。他们主要从做小百货、小五金、小加工呀这些开始发展起来，无论做哪一行，没有事业心，没有吃苦耐劳的精神是不行的，坚持不懈总有好处，S县的经济就是这样发展起来的。①

第四阶段："坐商"

进入20世纪90年代，长途贩运大军大批分流，开始由小本买卖转向大本经营。经营方式由分散零售转向集中批发；由长途贩运的"行商"，改为在S本地批量销售的"坐商"。S县由此成为中南地区重要的商品集散中心之一，而且是唯一县级、唯一非中心城市的集散中心。先后建成号称"全国第二药都"的LQ药市、全省最大的工业品市场、中南地区最大的小五金市场、家电市场。此外，还有影响较大的中南皮草鞋业城、中南纺织城、汽配城、百货城、服装城、书市、农机市场等，形成了大型专业市场密布的"市场王国"，年成交额达数百亿元。另外，S人逐步将流通与生产结合起来，围绕市场兴办家庭工业和私营企业。逐渐在全县形成了"商业城、工业镇、专业村"的经济发展格局。

1995年底，全县已有专业村161个，家庭工厂1 695个，股份制企业596个，外来企业43个，个体工商户和私营企业86 160户，从业人员18.5万人，分别占总户数的25.17%，总人口的16.37%，总劳力的28%。其中县内经营的3.21万户，6.7万人，其余11.8万余人，在全国27个省、市、自治区建立了253个销售网点。② 临近城市有"S帮"，云、贵、川有"S城"或"S一条街"，俄罗斯、越南、泰国、缅甸、老挝等国家都有"S商"。真正是"做什么都发财"，原本贫穷的S县因

① 摘自访谈记录第112号。
② 参见有关政府档案资料。

此而快速地繁荣富裕。据我们对市场几个门面业主的闲谈，他们直言承认正常情况下一般每个门面业主的年纯收入为5至8万元。在闯市场的能人中流传的则是“十万才起步，百万不算富，上了千万马马虎虎”。①

这个阶段的基本特征是：① 目标上从“求温饱、求富裕”向“奔小康”转化；② 内容上实现了单纯的经商向产加销一体化转化；③ 奔市场的能人已逐步实现了从“商人”角色向企业家角色的转换；④ 奔市场的活动空间上由单纯的流通市场转换为“市场＋工厂（或专业村）”；⑤ 规模上突破了小本经营的限制，呈现出向大规模、高档次、集团化发展的趋势；⑥ 效益稳步增长。

> “S县上在外面做生意的，哪里都有S县人。‘哪里有市场，哪里就有S县人’。西藏的拉萨、乌鲁木齐、老挝、泰国、俄罗斯都有S县人。到处都有，亲戚朋友带出去。”②

第五阶段：“工（农）商”

90年代中期的突出特点，是大批商贩转向经商办厂或综合经营开发性农业，过去批发来的产品转为本地生产，原有的传统产品业上了一个新的档次，已初步形成“商业城、工业镇、专业村”的新格局。因而这一发展阶段可称之为“工（农）商”阶段。高速增长的GDP使S县的综合实力跃居全省县级前5名，并被作为湖南第一个“民营经济试验区”。伴随而来的如潮赞誉，把这个湘中小城炒得沸沸扬扬。先是“S现象”，继而“S模式”，偏僻的县城一下子成为湖南县域经济发展的亮点，被称为“湖南的温州”。先后被定为湖南省民营经济改革发展试验区、湖南省农村专业批发市场改革试点县、湖南省综合改革试点县、湖南省小城镇改革与发展试点县、国务院县域经济综合调研

① 摘自访谈记录第111号。
② 摘自访谈记录第101号。

基地县。

20 世纪初，S 逐渐衰落。S 县市场大流通、大辐射的强劲优势，已随着自身发展的滞迷不前和外地市场体系的不断建立和完善而显得脆弱无力。还凭借过去“中转站”的老经验、老套路来巩固和维持市场的优势，已经显得势单力薄。冷静分析 S 目前的市场形势，S 市场建设还存在许多较为突出的问题：

一是，S 没有形成自己的产业化优势，市场缺乏持续发展的支撑力。主要表现为“低、散、小、乱”。低，即市场内商品档次低；散，指的是市场建设布局散；小，即规模小，辐射面逐步缩小；乱，指服务设施不配套，如托运这样附属市场的服务项目游离于众市场之外，建立所谓“托运城”。S 市场基本上是商品“中转站”，进出商品大多是外地货，本地的工业产品不多，更缺少知名的品牌。对于一个地理位置相对比较闭塞的县域来说，做“中转站”本不适宜。

二是，S 市场的商品缺少信誉。S 人并不忌讳自己的冒牌仿制行为，也能容纳外地的假冒伪劣商品，S 人正是经销低质低价如处理、积压的、冒牌仿制的商品，才实现了原始积累。所以，有着与富裕县并不相称的工业状态和科技水准，S 经济的衰退自成必然之势。

> S 县政府没有超前意识，没有发展意识，得过且过。S 县工业品市场内每个经营户只有一平方米的经营场地，93 年搬过来，就没有变过。只顾眼前利益，没有长远发展。①
>
> 这个工业品市场越来越差了。这个城、那个城把工业品市场拉垮了，造成 S 县的生意越来越差。前些年，整个 S 县都靠这个工业品市场，一个最早、最出名的市场，S 县扩散，把工业品市场里的拉走，没以前旺，以前就靠工业品市场生意不好做了。S 县没有自己的工业，只起中介作用，以前经济差，大家都到 S 县进货，现在市场发达了，信息多了，见识多了，就不会到 S 县来让

① 摘自访谈记录第 107 号。

你多攒一道钱,自己到厂家进货。①

总的来说,S县的生意也不好做,为什么呢?因为S县的名声不好,做生意的人多,竞争力比较大,有些人从外地拿回来的产家的处理品,再通过一下加工,也很便宜,其次呢,S县呢,基本上社会上治安也不好,社会环境、交通也不太好,(工业也不太好,就是没有工业基础咯)水资源条件不好。另外就是党风也不好,所以S县纯粹是小商品市场在振兴S县,其它没有什么工厂。比如说,S县有些人来这里办工厂,这里的一些社会渣子,敲这敲那的,要钱太多了。政府部门啦,社会治安啦,这个不太好讲,社会治安呢,社会流子捣乱啦……②

在我们查阅的官方资料中,地方财政收入的变化可以更直观地反映S近几年的发展状态:1994年1.1亿元;1997年翻了一番,达2.2亿元;但是到2001年,四年时间仅增长到2.4亿元多一点。

问:S县是以民营经济发展为主体?

答:每界领导为了表明政绩,所谓的民营经济是口号,是唱出来的。民营经济主要是工业,但工业发展慢。③

当地政府也意识到这种特殊的县域经济结构存在着明显的优势,同时也存在明显的劣势。

优势就在于有众多的市场经济人才、充足的民间资金、快速准确的市场信息,有众多辐射面广的专业批发市场,有发展后劲较强的小城镇,有历史悠久的加工业传统,有良好的基础设施硬

① 摘自访谈记录第104号。
② 摘自访谈记录第112号。
③ 摘自访谈记录第206号。

件等等。但S县也存在明显的劣势，那就是资源相对缺乏，市场信誉度低，品牌意识差，管理体制严重滞后，产业基础薄弱，再加上S县县域经济的主体是民营经济，而民营经济对经济环境的反应尤其敏感和快捷，因为民间资本总是朝着利润率高的地区流动。①

由于"7·7"事件发生在这个中南地区最大的小商品集散中心——S县工业品市场，因而，我们有必要对它进行简要的介绍。

S县工业品市场，坐落在县城经济技术开发区黄金地段（如图2-2所示），S县县城的主要繁华通道将市场紧紧围绕，县城建设也以工业品市场为轴心向由周围辐射。

1981年，S县工业品市场从城关综合市场分离出来。1983年，工商行政管理部门投资100余万元，建成一栋4层楼室内商场和一座钢架塑料顶棚交易场共13 400平方米，固定营业摊位1 850个。1989年，又增加摊位1 400多个，经营针织、毛线、鞋帽、服装、塑料制品、文具、五金、渔具材料及制品等2 800余种商品。1991年，工商管理等部门集资3 000多万元，在县城西侧冒家牌征地72亩，新建工业品市场，建主、副两座经营大楼，营业摊位近万个；经营大楼东西二端，建经营门面80间，及医疗、治安、邮电，幼儿园、招待所等配套设施。②目前市场建筑面积10万平方米，经营摊位1万个，经营门店580间，有注册经营户5 672户，日上市客商近5万人，场内经营品种20余大类，20 000多个品种，商品销往全国各地，还远销到俄罗斯、泰国等周边10余个国家和地区，年成交额达40亿元，上缴国家税费2 500万元，2001年被评为"全国百强工业品综合批发市场"，连续4届荣获"全国文明市场"称号，是S县经济龙头和命脉（如图2-3所示）。

---

① 参见S县委书记所做的《在"7·7"群体性事件有关情况通报会上的讲话》，2002年7月15日。

② S县县志编委会. S县县志[M]. 北京：中国城市出版社，1993：252.

图2-2　S县工业品市场外景

图2-3　S县工业品市场内经营状况

在S县这两个特定的地域和经济背景下，本文将从发生冲突的特定地方社会之时空坐落出发，通过对经验材料的把握和分析，以把握非常态下问题之所在。

2.2 案例分析：事实与问题

2.2.1 个案梗概

由于S县商贸活跃，商品流通发达，自然也刺激了当地相关运输托运行业的迅速发展。但由于托运市场长期非常混乱的局面，2002年6月，当地管理部门从整治社会乱源、遏制干部腐败、促进公共安全的角度出发，做出整治托运市场的决策[①]：将邻近市场分布的托运站点集中到城郊距市场1.5公里处，另设立一个专业的托运城，实行"一点一线"的经营模式（即每一处货物发往目的地只设立一个托运站），还规定该县各市场的货物流通必须通过托运城，要求经营业主们交纳一定的管理费用，并采取强制性措施严禁直接到市场运货。然而，由于货运成本上涨、市场内货物进出不方便而导致利益受损等原因，引起了以工业品市场内的经营业主们为主及相关利益群体强烈的反感情绪。

7月6日下午4时许，在H市经商的曾某租用一台车辆到S县工业品市场购货后，停在城郊某车站前，被托运城H市托运站李某等5人，以该车装载的货物未经其托运站托运为由，强行把车扣押至托运城，并将车上两名货主和司机打伤。这几人曾到政府寻求一种公道或庇护，但政府管理部门间却相互推诿。该货主负伤逃回工业品市场后，激起了工业品市场广大经营业主们强烈的不平感。他们一致认为，托运站和运管所不该无故扣车并行凶打伤外地商户，这样会直接影响到市场的客源。于是，他们欲向托运站讨回"公道"或进行报复，对运管部门愈加不满。

7月7日上午9时左右，县交通局一名干部开车到县工业品市场购物，引起曾对规范整顿托运市场有不同意见经营业主们的反感，他们误以为那是货运稽查车，他们一直为昨日打人事件愤愤不平，认为

① 参见相关管理部门的文件和说法。

运政的人又来滋事，于是他们强行将车推出市场后掀翻，并与车上人员发生冲突，逐渐引起其他经营业主们及街上过往行人的围观。此时，有人趁机将市场四面通道大门挂锁，制造罢市态势，致使市场内经营者蜂捅而冲向场外，不久即围聚近万人，又一齐涌向县委、人大、政府、政协联合办公大楼，还将沿路交管站车辆、警车拦截掀翻多辆。11时30分，人们涌进县治机关，打、砸其部分公共设施和办公设备，掀翻或打坏地下车库停放的车辆多部。几乎与此同时，县公安局、武警驻地、交警大队、托运城都受到不同程度的围堵或冲击，并伴有财物受损。

此次事件规模影响很大，许多媒体包括一些国外媒体都予以了报道。7月11日，该县县委书记被调职离任[①]。

事后，该县管理部门将此次事件称为"群体性恶性事件"，并将工作目标集中在"确保县治机关的安全、实施交通管制、维护以工业品市场为重点的各大市场的经营秩序、处置打砸抢活动、制止非法游行示威活动、劝阻群体越级上访"。同时，按照"五调整"的方针进一步调整规范托运市场[②]。

然而问题并没有解决。"7·7"事件发生之后，该县还不断发生因托运问题而引起的打人、杀人等事件[③]。同时，亦有多起集体上访事件发生。

2003年2月，有人组织并发动万人签名的《请求停止对S县托运市场实施垄断性经营报告》[④]，酝酿第二次"7·7"事件，但最终被遏止。

2.2.2 问题梳理

S县"7·7"事件，其实质是一宗因利益分配问题而引发的一起群

---

① 中共S县委办公室，《县委2002年6—7月份大事记》，2002年8月19日。

② 参见S县委书记所做的《在"7·7"群体性事件有关情况通报会上的讲话》，2002年7月15日。

③ 参见附录四。

④ 参见附录五。

体性冲突案例，其间充满着矛盾、冲突甚至大规模抗拒的过程。相关的研究问题在于：

（1）通过它观察社会冲突基本形式及其表达方式，认识多元利益群体的分歧是如何表现的以及利益冲突又是如何表达的？

（2）面临冲突时，人们通常最关注什么？又是怎样做出解释和选择？社会行动者参与公共事务的边界和方式是什么？共识性协议是如何形成的？

（3）政府管理部门在社会冲突关系中扮演何种角色？当权力介入利益分配格局时，权力是如何分配资源的？

（4）如何确定市场经济发展过程中的政府作用边界，以及如何克服市场经济发展过程中的政府缺陷？

（5）调解冲突、制造妥协的一般性制度原则究竟是什么？社会冲突如何构成秩序？

个案研究的首要功能是反映与揭示鲜活的生活，在生活中抽离与提出问题，而非用现存的理论框架去搜索与裁减材料，如果对此没有自觉，势必影响到个案本身的价值。

现代化过程是一个现代性与传统相互交融的过程，人们的生活、观念和意识不是在一天之内形成和转变的。个案研究就是要尽力去展现这一复杂的过程。我们格外强调“过程”，相信因果关系由过程所决定。只有将过程挖掘出来，因果关系才有可能被不失真地分析出来。同时，忠实地跟踪记载事件的全过程是防止遗漏部件的最好方法。因此，一个成熟的个案分析应拥有尽可能完整的过程。对于冲突个案进行“全程再现”的研究在当今中国社会转型具有一定层面上的代表性，有利于发现并试图解决真实的问题所在。

本文拟借助对该个案的观察和研究，分析在社会转型过程中小城镇的经济发展与地方政府、周边村镇、私营企业主等利益群体之间的互动关系，观察当他们面临社会矛盾、冲突、危机时所选择的行动对策，考察各相关利益群体间因冲突而得以凸显的微妙关系，试图揭示隐秘在日常情境之下各自多元选择的逻辑解释以及被综合成可操作的临时性行动方案，从而对多元利益群体冲突的构成因素和整合逻辑进行探讨，力图解释社会冲突与社会结构变迁之间的内在关系，进一步认识影响社会冲突的微观社会结构基础。与此同时，本文还希望通过个案研究，认识和理解社会群体的分化组合、制度设计间的相互作用和多元的冲突演变过程、新制度形式的产生和运作等问题。

2.3 "边界冲突"的分析框架

在对此案例进行调查分析的过程中，我们始终在思考着如下问题：如此一个群体性冲突事件，它们构成冲突的因素及其发生作用的主要、次要等因素，究竟是什么？在这个冲突事件之中，各种利益的交汇、矛盾，为什么没有得到应有的安排和调整？那么，各种利益之间及各个利益群体之间，是否存在着一个合适的边界呢？

为此，本文试图提出"边界冲突"这一概念，作为该事件研究的一个研究路径或概念。

在利益分化的现代社会，"也许在各种个人之间以及在各种群体之间的大多数的关系里，界限的概念在某种程度上是重要的"①。"恰恰因为在这里，变动、扩展、入侵、融合更加易于理解得多，……它是两个邻里之间的那种统一的关系在空间上的表示，也许可以把这种统一的关系称之为防御和进攻的紧张状态。"②"由于社会的存在空间被一些明显意识到的边界所包围，一个社会的特征在内在上也具有共同归属性。反之，发挥相互作用的统一体，每一个要素同每一个要素在功能上的关系，在框定着的边界之内得到空间的表现。"③"在空

---

① 齐美尔. 社会学——关于社会化形式的研究[M]. 林荣远译. 北京：华夏出版社 2002：467.

② 齐美尔. 社会学——关于社会化形式的研究[M]. 林荣远译. 北京：华夏出版社 2002：466.

③ 齐美尔. 社会学——关于社会化形式的研究[M]. 林荣远译. 北京：华夏出版社 2002：464.

间里的一条线上研究这种事件，相互关系在积极面上和消极面上都会变得十分清楚和可靠。”①

受齐美尔有关边界概念的启示，同时借鉴达伦道夫有关权威关系的论述②，我们试图以变动发展着的边界为理论视角，探究社会冲突发生的领域，搜索现有社会冲突理论所未凸现的冲突因素，为考察利益、权力和权利等社会冲突构成要素与社会冲突之关系提供合理性判据，以期找寻一些可能把握社会冲突问题的方式或手段。

边界，即存在或事物的边缘、界线，是一事物区别其它事物的分界线，也是事物、结构之间相互区别的分界规定。自然与社会之间、社会结构之间存在着边界，整体与部分之间存在着边界，系统与系统之间存在着边界，至于不同质的结构、功能或行为的集合之间当然也存在着边界。任何存在及其结构的形成、变化皆有边界，边界的模糊、移动或者被突破，就会促使该结构、事物发生变迁；甚至是存在的结构或者系统之间的边界是刚性还是柔性，都将影响到结构或系统的变量。

因而，本文用“边界”这个术语，来描述的既不是各个国家在空间或地域上的中断，也不是以之譬喻社会和文化上的中断，而是指区分相互冲突的某些群体、组织或结构之间的自我规定，也是形成它们之间相互活动、彼此作用的重要中介，同时也是特定时空、历史时期的各社会结构、系统的存在范围和活动领域。它突出地体现了各个社会主体、结构间冲突的综合特征。边界问题并非绝对，不是出于天然，也难以认为它们理所当然，而是相对的、人为的、事出有因的。无疑常起限制作用（不管是否通过它们），但有时反而成为一种资源。

---

① 齐美尔. 社会学——关于社会化形式的研究[M]. 林荣远译. 北京：华夏出版社 2002：468.

② 达伦道夫构建了以“权威关系”为基础的辩证冲突论，他认为冲突起源于对权力和权威等稀缺资源的争夺，社会冲突完全是结构性的，而不是心理性的。社会秩序是通过各种组织群体在社会权力关系体系中处于一定的位置来维持的，因此各组织群体都要为此而竞争与搏斗，这是社会冲突与变迁的主要原因。

划分边界的目的，是为了掌握作为一定自组织系统的对象，它的内部条件、外部条件以及两者之间的关系如何，据此掌握它们演化的机制、过程与趋势。

冲突的构成及其边界，是否能够类似于自然边界、行政边界、社会边界、信仰边界、符号边界、文化边界、功能边界、经济边界①那样作为一个对象来加以把握，则是冲突研究中所应当致力解决的问题。在一个转型社会中，这些边界是否能够真实存在并发挥作用，边界之间的界限是否能够清晰存在，彼此之间互定规则，既有机互动亦自成结构；抑或是处于大一统的社会形式之下，所有的界限可有可无，既可出入自由、随心所欲，让界限成为画饼，亦能够随意性地再度计划、重新界定。这就是社会秩序的维系以及对冲突问题所要进行论述、释读和解构的主要问题。

我们设想，社会主体与环境之间存在着边界，子社会主体与整个社会主体之间存在着边界，一个子社会主体与其他子社会主体之间存在着边界，不同质的结构、功能或行为的集合之间也存在着边界。边界的重要性一点也不亚于社会主体本身，没有一条完整的边界就不会有完整的分类，就不会有完整的社会主体。

根据整体性原理定义一个全系统，它是由系统、环境以及系统与环境之间的共同边界三部分组成。为了便于区分，称原系统为本体系统，并且把环境也看成是一个系统，称为环境系统。本体系统和环境系统都是全系统的一级子系统。在全系统中，本体系统完全被包容在环境系统之中，也就是说本体系统与环境系统以外的外部因素不发生任何联系。环境系统是一个非常特殊的环状系统，它是由影

① 行政边界是基于政治权力或国家权力的管理体制；文化边界是基于共同价值规范的心理和行为认同；信仰边界是宗教成员对于自己宗教信徒身份的认同、是否看重自己的宗教身份；符号边界是使用某种符号在进行社会整合时所应当具有的功能限制；自然边界是构成社会共同体成员自然交往的空间基础、活动场所；社会边界是社会成员对自己身份的社会确认或法律确认、社会关系结构及其人际交往圈子；功能边界指该社会共同体的主要功能、次要功能、潜功能和显功能、正功能和负功能等等；经济边界则是基于社会经济活动和社会经济、财产分配的领域和制度。

响本体系统生存和演化的各种不可忽视的因素及其关系所组成。因为对本体系统来说，不可能也没有必要把所有的外部因素都视为自己的环境。环境系统中存在着两种不同性质的边界：一种是他与本体系统之间的共同边界，另一种是他与其他外部因素之间的共有边界。全系统的框架结构如图2-4所示。

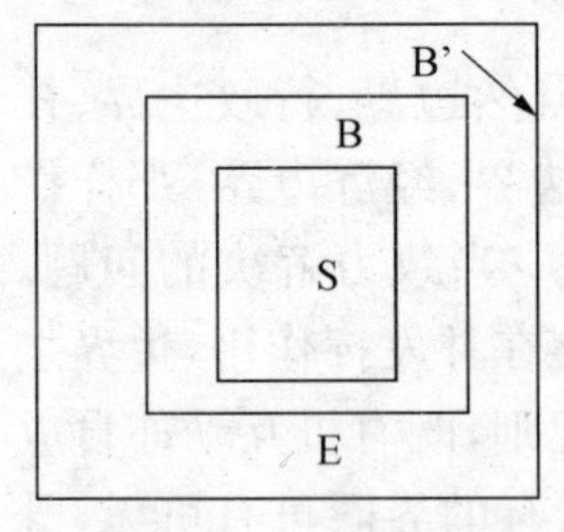

图2-4　边界系统的框架结构

如果将S视为社会主体；E为环境系统；B为社会主体与环境系统之间的共同边界；B′为环境系统与其他外部因素之间的共同边界；那么全系统W可形式地表示成：W=S+E+B+B′。需要指出的是，在全系统的表达式中包含了边界B而没有包含边界B′，这是因为考虑到了B和B′这两种边界在本质上的区别，我们注重将社会主体与环境系统的边界B列为相对独立的一部分加以研究。许多重要的行为、功能和特性的产生都是根源于社会主体与环境之间的相互作用，此时对边界研究就显得越来越重要，甚至是不可避免的。因此，如果改换一下思路，采用一种逆向思维方式，即以边界的设定及其制度安排的研究为中心，兼顾社会主体的内部研究和环境研究，那么我们将发现有新的研究思路和途径。

问题的复杂性是由社会主体与环境之间的相互作用关系产生的，而这种互动作用关系最集中地体现在相互间的边界上。由于社会主体与环境系统之间会产生各种各样非常复杂的相互作用关系，因而社会主体的边界就成了一个具有丰富层次的“色谱边界”，边界的扩张或收缩，促使结构重组，要素以突变的不可逆的方式在临界点附近变化，社会主体也成为边界移动的实体。

因为，处于冲突过程中的社会主体能够在一定时空范围内输入什么、输出什么，关键取决于该主体与其外界环境之间在不同范围内各自在调整、控制能力等方面的对比关系。这种渗透在相互作用过程中不断变化着的对比关系，实际上决定着其整体调控作用范围的一定限度的变化,即决定着其边界的变化,这些变化亦真实地体现着各组成要素作用和范围的相对界限。

随着社会冲突以及由此而引发的结构内外部边界关系的变化,各社会主体间的边界也可能变得越来越模糊。同时,由于在边界内不仅可能引进新的要素,而且可能引进新的结合规则。因而,它不是一条清晰的曲线,而是一个动态的空间,加之相互间边界空间的模糊性或缺失状态,而导致新的社会冲突和紧张之发生。

由此推论,边界冲突的特征主要表现在以下几个方面:

(1) 差异性。边界就是讲求差异,我们可以用一条斜线"/"来代表边界,以示边界两边各有一种情境存在的状态,哪里有质的差异哪里就有边界出现。由于任何两者之间都有可能产生差异、分歧和冲突,社会冲突通过主体的实践而发生,其所以发生是由于有差异和分歧,行动是意见有差异和分歧的人们的集体选择。差异主要存在于利益集团与政府之间、市场与政府之间、各利益集团之间,表现为边界冲突的一方依据一定的规范或理由公开或私下、直接或间接要求对方修正某一观点或某一行为,边界冲突的另一方则依据不同的规范或同一规范的不同理解实行反批评。边界冲突双方都坚持己方观点的正确性,并以此为出发点建构自己的策略。

差异性组成的联合体在结合或摩擦时能释放出巨大的能量,事实上这种能量的产生不是由不同的组织在联合时聚放的,而是由构成组织的人所形成的差理念在聚合时形成自己的理念并转变成集体的行动所聚放的。正因为如此,将群体差异性、社会多样性及其他分散的亚系统综合进一个平衡性的、整合性的、功能性的整体,现代社会冲突主体如何完成这种综合和整合?边界承担着艰巨的任务和巨大的功能,即恰到好处地完成冲突边界两边的信息,有效地、及时地控制边界两边的冲突能量的释放和流动,为决策系统提供可靠的决策依据。

(2) 变动性。由于各社会主体与环境都处在不断的发展演化过程中,因此,各社会主体的活动边界也不可能是固定不变的,而是动态的、弹性的，它的扩展需要有一个发展过程。随着人类社会历史的更替，它始终处于动态演变过程中，是连续区间且无固定边界。对于许多复杂的组织系统而言，其边界有可能会变得极其复杂。有的时候边界是模糊的，相对不确定的；有的时候边界本身也可能会有层次性；有的时候甚至还可能出现分形特征。只是不同社会主体的边界各有其特点，有的模糊，有的清晰；有的规则，有的不规则。边界冲突不断发生的一个重要原因就是边界线不清楚，处于模糊的状态。由于边界可能不断地变化，穿越边界往往终究不完全是某个个体的事情。因此，当某冲突主体跨越某种社会分界线时，边界冲突就将产生，新的集团便会形成，并且由此明确他们之共有某种与众不同的性质。

(3) 互动性。边界冲突具有交叉渗透的相互作用性，冲突不是单方面的行为。在冲突局面中，冲突各方的行为具有明显的针对性，一方的敌对性行为会引起对方形式不同的敌意性反应。冲突的复杂性是由各冲突主体之间的相互作用关系产生的，而这种相互作用关系最集中地体现在边界上。因此，必须以边界研究为中心。由于各主体之间会产生各种各样非常复杂的相互作用关系，如政府与企业、市场、社会及公民等的交互关系中的透明度、参与度和互适度等，因而相互之间的边界就成了一个具有丰富层次的边界。边界上的要素在相互作用下有可能产生感知反应，反应的结果导致了边界的扩张或收缩，促使社会结构重组和演化。

(4) 开放性。一个社会主体若想成为具有不断发展趋势的、具有不断适应环境变化的一定活力的自组织系统，一个必要的前提就是它与其环境之间存在着不断的大量的物质、能量与信息的交换。因而，社会主体的边界就必须具备一定程度的开放性。一个社会主体，如果完全处于封闭状态，与外界全然没有任何交换，那么，这个社会主体就只会自发地走向混乱、冲突、无序，并最终走向死亡。可见，没有开放的边界，社会主体是不能存在和发展的。因此，边界能否通过建立一个开放合理的反馈机制，把社会主体产生的熵输出给环境，又从环境中引入负熵，使得各主体间的冲突因子能像氧气畅通无阻地渗透有机体内各种隔膜——边界一样，从而使社会主体保持动态的稳定和平衡，就是一个十分重要的问题。

（5）对抗性。亨廷顿认为，“只有当我们知道我们不是谁、而且常常只有当我们知道我们反对谁的时候，我们才知道我们是谁”[①]。边界冲突是矛盾双方有意识的对抗，矛盾双方认识到了相互利益的对立性，并且认为需要削弱、损害对方以保障自身利益，冲突才会发生。这些行为都是社会冲突双方有意识的对抗，目的在于削弱、打击对手，确保己方的优势，有意识的对抗还具有博弈性。对每个冲突主体来说，其采取对策的最佳行动方案取决于在他看来其他主体将要采取怎样的冲突行动，各自要不断地调整自己的目标和行为，以便获益最大、损失最小。冲突对立的标志就是：在界限的这边所存在的某种特征，恰为界线之另一边所缺乏。

综上所述，边界作为各行为主体相互作用中的调整、控制作用范围的一定限度，作为相互间作用的中介，既是复杂的、相对确定的，又是现实的。正因为发生在边界的冲突具有上述几方面的特质，我们才可以说它始终是开放的，与其说它是个固定的概念，不如说它是个动态的过程。

本文试图提出“边界冲突”的概念，将注重下列有关现象、问题的讨论：

第一，边界冲突是社会主体之间的一种相互对立的行为。

第二，边界冲突发生的领域在于各社会主体的边界空间。

第三，边界冲突是社会主体之间根源于利益、权力、权利、价值、观念等方面的差异和对立的互动行为。

第四，边界冲突是指发生在边界空间的以获取利益、权力、权利等为目的，以打击或削弱对方为目标而进行的各社会主体之间矛盾

① 亨廷顿. 文明的冲突与世界秩序的重建[M]. 周琪等译. 北京：新华出版社，2002：21.

和对立的互动行为，但其中亦有可以协调的一面。

针对“边界冲突”的特征，我们做出了上述研究假设。既然边界问题能够突出地体现着各社会主体之间及其与环境间关系的复杂特征。那么，社会冲突是否发生在某种特定的边界情境或状态中？以下几章试图从四个方面进行考察：利益冲突及其边界、权力冲突及其边界、权利冲突及其边界、制度边界。希望通过有关冲突在各个层面上的研究，能够对中国社会转型变迁的冲突与稳定问题形成一个比较清晰的梳理，试图能够将社会冲突的内涵、层次及范围予以界定，把历史、社会变迁的过程经验化、把冲突的构成层级化、把冲突的边界制度化，最终在各类冲突之间大致划定一个比较易于识别的边界，把握当下中国社会冲突如何构成秩序的经验。

第三章　分化：利益冲突及其边界

人们对利益的认同、维护和诉求是基层社会民主得以内生和发展的动力基础。“7·7”群体性事件发生的前提，是利益分化[①]以及利益群体的构成。因此，本章将从利益及其利益表达的角度来分析群体性冲突事件的缘起，将主要围绕以下几方面的问题展开讨论：

第一，利益群体是如何构成的？而构成的标识和结构究竟为何？多元利益群体的利益分歧又是如何表达的？

第二，当面临利益冲突时，利益群体的共识性协议是如何达成的？利益组织的存在形态及其作用是什么？

第三，是否存在利益边界，而利益冲突就发生在各个利益群体相互争夺的边界范围内？利益边界冲突下的利益又将如何整合？

3.1　多元利益群体间的分歧

3.1.1　非正式利益群体的构成

社会的主体是人，社会只有在人的行动中才能被理解和解释。任何群体行动都存在着行动之间的某种协调，离开了行动的协调，便不成为群体行动。对行动协调的过程就是组织过程，协调的结果便是“组织”的结果。从行动的角度去理解和分析组织，把组织的发生看作是对行动领域进行构造和再构造的过程，把组织看作是一种普遍的社会现象，从而认识社会秩序和社会行动的协调。从某种意义

---

① 利益分化是指社会成员的利益状态、利益实现和利益关系由同质走向异质、由均一走向差异的一种过程和状态。

上而言,集体行动是一种非正式组织的行为,它自发形成,没有正式的结构,没有等级,边界模糊不清。因此,我们将人的集体行动作为研究的出发点,探讨非正式利益群体的形成过程。

在对"7·7"事件进行了大量的追踪访谈后,我们已了解到,其中业已形成了独立化和多元化的利益群体①,主要包括基层管理阶层、市场经营业主群体和托运业主群体三方面的非正式群体。每个利益群体都为各自的利益追逐不同的对象,并且试图保护各群体自身不同的利益取向。下面,我们将对"7·7"事件中行动者的行动的分析,探寻他们如何通过竞争、协商、合作、谈判和交换等形成各方的游戏规则,借此观察利益群体的形成过程以及利益群体间冲突发生的基本脉络。

1. 市场经营业主群体

工业品市场的经营业主是参与"7·7"事件的主体。由于具有同质的挫折感,他们相互之间建立的是以直接或间接物质利益为基础的私人朋友关系,经营业主们在这种利益繁复的交易和谈判过程中,逐渐形成趋于一致的解决问题的心理特质和行为取向。我们请某市场经营业主回忆当初商议的情景时,他毫不讳言地告诉我们:

> 当托运城搬迁之后,因对经营户的影响,有很多做生意的老板,大家经常在商议关于托运费用的事情,不方便。然后,很多人在一起商议,煽风点火,大家情绪都比较高涨,打算到县里去"请愿"。因此,常常讨论和协商与政府交涉的问题。②

从表面上看,市场经营业主们相互商议的是托运费用涨多涨少的问题,这对他们而言,是非常关心的切身利益问题,直接影响他们

---

① 利益群体是指建立在共同的利益基础上,并试图参与政治过程,以实现其共同利益的群体。具有自发性、不稳定性,无明确结构和形态,侧重于人们相互接触的心理侧面、非理性侧面等特征。

② 摘自访谈记录第211号。

的个人经济收益。托运费用的多少是由托运业主说了算,要多少就得给多少,但他们希望有机会“讨价还价”。然而,在实际操作层面上,以经营业主个人的能力显然难以与托运业主或政府有关管理部门形成平等、合理地“对话”。于是,利益趋同的他们相互讨论和商议着如何争取他们的权益,在相互商议的过程中,逐渐自发地形成了一个临时的松散型非正式利益群体,欲借群体的力量来表达自身的利益需求。托运城开业前后,市场经营业主们就以口头或书面形式多次向S县委、县政府和有关部门反映运价上涨、托运业主擅自扣车扣货等问题,也先后采取过罢市、到政府群体上访等过激行为①。随着利益冲突的升级,组织性趋严密,并出现体制外的代言人:

> “7·7”事件都是有集体开会,有人专门策划这个事情,有计划、有目的,背后有人操纵。②

这个“集体”实际上就是我们所称的非正式群体。据我们调查,参与集体开会的是威望较高、能力较强且乐于公共事业的市场经营业主。这些领头人是自然形成的,并不一定具有较高的社会地位和公共权力资源,他们或是能力较强、经验较多,或是善于体恤别人、笼络人心。但他们具有实际的影响力和权威、威信,大都是在幕后出谋划策,能左右和控制其他成员的行为。

当正式制度无法满足人们的利益需求时,制度性权威就会逐渐丧失,体制外的地方权威也就相应地产生。他们一旦发现包括自己在内的利益受到侵害,就有强烈的表达欲望。由于他们能够清楚意识并有条理地表达人们的利益所在,并敢于批评某些管理干部加重人们负担等失范行为,自然而然地在经营业主中产生影响,成为社会

---

① 参见S县委、县政府,《关于对S县“7·7”群体性事件的检查》,2002年7月27日。
② 摘自访谈记录第224号。

舆论的中心。而其它经营业主们在许多方面希望借助于他们的"见识",并自愿接受他们的影响和指导,这样在他们周围逐渐聚集了集体性组织力量。而一旦发生诱导性事件,这些事实上存在的地方权威人士就会成为组织领导者,率领相关利益群体与基层管理阶层展开对抗。

因此,我们发现,利益群体产生之初就是被作为一种方式、手段来争取自身利益的,群体自身就是利益冲突的一种表达渠道。为寻求国家权威的保护,单个的社会成员会意识到集体行动的重要,体制外的对抗性群体力量就会产生。尽管如此,群体性事件爆发需要有一定的启动因素,这些启动因素主要依赖于具体的诱发性事件。一个偶然事件的出现都可能触发人们积蓄着的不满,并会以难以预料和难以控制的方式突然爆发。这个偶然事件就是 H 县进货司机的被打。

这次被打事件的起因:由于 S 县到 H 县距离很近,只需 1 个小时的路程。做生意的人为了省这个托运的费用,在 H 县做生意的人自发组织起来通过自己包车的方式托运货物。这样可以节省许多托运费用。然而,另一方——承包 S 县到 H 县托运线路的 H 县托运站就不乐意了。"我们花钱买了这根线,现在你的货都不送到我们这里托运,怎么办?政府也不管,那就自己打。"①

2002 年 7 月 6 号上午,在 H 县做生意的人,自己包了一辆车,他在 S 县有个店,把 S 县的货卖到 H 县去零售。这个 H 县老板把货从 S 县直接从车上带回去了,H 县托运站知道了此事,他们就在路上直接将这个车拦截下来,冲上去就打人。当时,车上有很多的客人,H 县托运站的人将车子砸烂,专门打那些 H 县的商人,将零担货运车砸烂(如图 3 - 1 所示)。

> 被打只是导火线,主要原因是他们(纠察队)不公。他们早就有矛盾了,只是因为这个事情才起了冲突。②

---

① 摘自访谈记录第 118 号。

② 摘自访谈记录第 104 号。

图 3-1　零担货运车

H县老板被打的事件虽然只是个突发事件，但对于矛盾积蓄已久的市场经营业主们而言，无意于"火上加油"。当得知他们客户被打的事后立刻"炸了锅"，因为这直接影响到经营业主们的生意来源，他们之间产生了强烈的认同感，并迅速达成共识："全部起来罢工，必须去政府闹一闹，不闹不能解决问题。"① 当有一个共同追求的目标和行为对象，形成统一思想，并自在自发或自觉自为地采取取向一致的集体行动，还要"把影响搞大点"②。

作为非正式群体，他们有组织的行动一般较为隐秘，没有明确的组织规范，大都以口头的方式表述意见，不许做文字记录。因为要做到"口说无凭"、"免得让人说在搞非法组织"③。但事实上，"7·7"群体性事件具有一个最突出的特点，即是非正式群体的有组织性对抗。正如该事件刚开始那样：

① 摘自访谈记录第302号。
② 摘自访谈记录第103号。
③ 摘自访谈记录第103号。

这个事件是有人开始组织搞起的。他们从这里出发，沿×路，到县政府啊，托运城那里有个指挥部。他们分为几组，很有组织的。基本上是同时，事情就这么爆发了。[①]

当运政在工业品市场稽查时(如图3-2所示)，正为昨日之事愤愤不平的经营业主们以为运政的人又来滋事。于是，经营业主们群起将运政的车掀翻，运政叫来110，冲突就此发生。公安局有人被打得头破血流，但工业品市场的领头人也被公安局抓走。工业品市场的业主们群起往县政府要求放人，人越聚越多，大概有一万多人。这时，某公安派出所干警驾车前往某广场出警，途经邻近闹事地点的市场北端路口时，闹事者将警车拦截掀翻。此后，仍围聚在HL路上的人们涌向县治机关，沿路又掀翻4台警车。

图3-2　货运稽查车

人们看见(警察)就打。公检法的人都躲起来了，应该是以

① 摘自访谈记录第118号。

> 工业品市场的业主为多，其实还有很多外面的人混在里面，1万多人，街上到处都是人，闹事的人，看热闹的人也无形地加入队伍，一个警车在这路过，也被掀翻了。①

由于当天是星期六，县政府无人上班，就只有几个门卫和保安。人群推倒了电动栅栏门，后群聚于县委、人大、政府、政协联合办公大楼(如图3-3所示)门前的草坪。部分人冲进了县治理机关办公大楼一楼大厅，砸烂地弹门、挡风玻璃、办公室木门等部分设施，并冲进了一、二层的办公室，将办公室的门砸烂，进屋打砸(未携带专门工具，就利用大厅里的铁制垃圾桶等充作工具)。而另有一部分人则聚集在县政府的地下车库，掀翻并打坏地下车库停放的车辆4、5部。县政府领导到场后，用电喇叭喊话，希驱散闹事人群，“不管有没有砸县政府，先都给我回去”，效果似乎不明显。政府有关部门准备了两辆消防车，以防群众放火烧车，而公安局方面则因为在工业品市场就已发生了冲突，就没前往县政府。从人群聚集到打砸后人群基本散去大约有3、4个小时。几乎与此同时，县公安局、武警驻地、交警大队、托运城亦受到不同程度的冲击，并伴有财物受损。

表面上看，此次群体性行动类似于“乌合之众”无组织的混乱行为，但这些行动都呈现出利益趋同与一致性。每个理性行动者都是利益最大化的追求者，在得到其他利益追求者的共鸣后，就易于形成非正式群体。素日，他们在有组织的利益商议过程中逐渐磨合，并达成利益共识，我们可以看到他们目的明确，矛头指向当地垄断权力机构。从他们的行动中，隐性地体现出非正式群体的组织对抗和冲突。

> 政府说“三个代表”，群众的基本利益根本没有做到。那几个人都还没有定罪，政府的人下不了台。闹事也没有伤害商人

① 摘自访谈记录第105号。

的利益，只是针对政府里的保护伞。①

图3-3　S县政府联合办公大楼

他们试图通过“7·7”事件这样的趋同性集合行为，对正式行政行为产生一定影响，以满足他们的利益诉求，借此巩固其群体生存需要的利益存量，并尽可能地扩大其群体发展需要的利益增量。因此，凡涉及其中的人，不论年龄性别，都竭尽全力，积极参与，从而形成较为紧密的共同利益群体。他们总希望通过提起利益争端得到一定的收益，认为“争比不争好，集体争比个人争要强，适度的偏激行为有助于事情的解决”②。在某种暗示之下的情境当中，经常表现为无个性化，由于群体成员的无个性化，个体差异就越小，行为方式就越无责任性。

在这种情况下，利益群体就有可能越出固有制度载体的承受边界，转向制度外渠道表达这种诉求，向政治体系施加外部压力，从而形成“输入超载”，造成对政治稳定的冲击。特别是社会上的非正式

① 摘自访谈记录第201号。
② 摘自访谈记录第303号。

群体,因为缺乏正常的利益表达渠道,往往会采取一些体制外的方式来表达这种意愿,这使得集体行动易于到达冲突的临界点,最终导致群体性冲突事件的发生。因而,我们可以得出一个观点,"7·7"事件是非正式群体的非组织冲突,冲突本身是没有组织性的"乌合之众",但集体行动的前提是有组织性的。

2. 托运业主利益群体

由于当地托运流通行业的发达,黑白两道都参与其中。每个托运站都有自己的保护伞,大多是相关管理部门的要员。面对S县有关政府要实行划行归市的策略,他们所保护的托运业主的利益自然受到威胁。这时,一部分组织管理人员对整顿托运行业的持相类似的反对看法时,他们往往会自觉或不自觉地联结起来,组成一个小群体来维护自己和"自己人"的利益。

此时,利益型非正式群体大多因具有一致的利益取向等因素来维系,更能满足个人及他人的利益需要,并自觉地进行互相帮助。S县传统文化网络(如血缘、业缘、地缘派系)成为体制外的主要力量,并与体制内进行利益和权力的互动。据了解,当地许多政府官员的亲属朋友大多从事托运行业。非正式群体成员在交换和信任关系中产生了"人情信用卡",带有自我取向标准。成员关系局限在一定圈子里,有一定的秘密性,交易成本低,在与"圈外人"交换时,不信任感较强。我们在调研过程中,一位托运业主得知我们是来调查有关"7·7"事件时,马上变得十分敏感:

> 托运城的事我不能说,其它的什么情况我都可以说,因为这个事件影响太大了……①

调查中发现,有的托运站中的黑恶势力和政府部门中的个别官员相互勾结,仗着有后台和保护伞,才如此胆大妄为。有些托运站只

① 摘自访谈记录第113号。

有一块招牌，一部电话，一把称，不交任何费用，也不服任何人管。有一个托运站，五年以来，没有交一分钱的税费。有一次运管部门去收费，他们二话不说，拿刀就砍，把收费的人吓走了。据统计，127个托运站一年托运收入为1.02亿元，应交税收513.6万元，而实际只征收50万元，造成大量的税收流失。①

因为托运行业是个暴利行业，其实也没有那么夸张地把它合法，反正归根结底就是政府的腐败。腐败可以分为几种形式：第一腐败就是组织腐败，就是人事腐败，拿钱能买到官，所以人事混乱；二是执法腐败，主要是公检法，在执法的过程中牟利。很多社会上的东西不看不知道，一看吓一跳。现在政府部门的人，十个里面有九个就可以判刑。②

做托运行业比较大的，S县街上拳头的"响当当"的人。"7·7"事件就是有些人把价格哄抬上去。有人专门说："谁不提价，谁就从S县出去。"有的人在家里有土枪、刀，至少可以武装十个到二十个人。那天，我看见抓了十多个人，他们那些人本来是放风，准备要打人，有人抢他生意，他准备整人，在开会，得到消息，公安局就去抓啦。公安、检察院、治安大队都去了，抓了三、四把刺刀（前面是刀，后面是一个铁棍。）有的老板平时就养着一批人，平时不要做什么事情，每个月给你五百块，我有事的时候就打电话给你，你就来给我打人，养了一批打手。③

这部分托运业主是指在托运城内经营的业主群体，他们希望借托运市场的建立来获得更多的收益。一旦市场内经营业主不愿合作，他们也开始积极活动起来。一方面，加强与政府某些官员的联

① 参见S县人大常委会，《关于全县经济环境的调查报告》。
② 摘自访谈记录第220号。
③ 摘自访谈记录第224号。

络;另一方面,也采取集体行动的方式来表达群体的利益取向。

2002年7月9日,原定的到农林城(结合点)的托运户不收报验税,但税务还在收,对此事业主反响强烈。[①]

7月11日零点40分,托运城周边村民及托运业主三五成群策划于11日上午到县委、政府游行示威,并欲制造更大事端,县委、政府掌握动态后,马上出面做工作,上午与托运城代表进行了座谈。

7月12日,托运市场整顿出现反弹。继宁远托运站搬出托运城后,又有两家搬出。据查,另有20余家托运站到原址组货,而且一些旅馆、饭店又开始超范围经营货物托运。托运城内部分业主人心思动。托运市场指挥部一些工作人员对整顿工作感到困惑,想退出回原单位工作。[②]

7月13日,县委督查室根据新任书记的批示,对托运市场停止稽查、被扣车辆与罚、押款项的退还、被扣货物被哄抢后的赔偿等工作进行督查,并对托运市场停止稽查在当地电视台公布。[③]

7月14日,托运城内经营省内短途线路的业主准备在近期内搬出托运城;各大承包经营线路的业主非常关注县委、县政府整顿托运市场的新举措,部分业主情绪非常激动,扬言闹事。[④]

7月15日,新任县委书记发表"在'7·7'群体性事件有关情况通报会上的讲话",其中将"7·7"事件定性为S县有史以来发生的最为严重的一起冲击党政机关、掀翻警车、毁坏公共财物的群体性恶性事件[⑤]。政府有关管理部门也随即出台有关调整规范托运市场的政策,工作方针为"三坚持五调整":

---

① 参见S县《要情专报》,第154期,2002年7月9日。

② 参见S县《要情专报》,第160期,2002年7月12日。

③ 参见S县委督查室,《关于托运市场规范整顿有关工作督查情况的汇报》,2002年7月13日。

④ 参见S县《要情专报》,第163期,2002年7月14日。

⑤ 参见S县委书记所作的《在"7·7"群体性事件有关情况通报会上的讲话》,2002年7月15日。

"三坚持"即：坚持打黑除恶，规范托运市场不动摇；坚持规范托运业主合法经营不动摇；坚持培育以托运城为龙头的托运市场体系不动摇。"五调整"具体为：一是废止"一线一点"管理模式，由原定的一站经营一条线路改为允许"一线多点"，鼓励公平竞争，打破垄断局面。二是立即停止货物稽查行动，取消对未进托运城交易的车辆实行的罚款项目，已经收取的罚款如数退还给托运业主。三是允许客户自备车辆到S县各市场直接进货，营造一个比较宽松的交易环境。放宽对托运场地的限制，允许今后在托运城外设点托运。四是停止征收报验税。五是在深入调查研究、遵循市场规律和尊重群众合理要求的基础上，重新出台《托运市场管理办法》，调整托运市场布局。①

S县委、县政府根据这些处置"7·7"事件的方针，拟将"一线一点"的固定经营模式调整为"一线一点"与"一线多点"自主选择、鼓励公平竞争、打破垄断局面的经营模式。但这些措施触及了托运市场建设老板和城内买断线路搞垄断经营的托运业主们的利益。从7月16日起，托运城内部分业主和周围两村的部分村民认为县委、县政府已经作出了暂停托运城集中经营的决定，因这些措施直接影响他们的房屋出租和到托运城搞装卸等利益，受部分托运业主和托运城建设老板的指使，约50余人于7月16日上午11时10分，打着"实践'三个代表'"、"保护托运城"、"揪出'7·7'事件的幕后黑手"的横幅，到县委、县政府集体上访。县级领导及有关单位的领导立即赶赴现场，接待上访群众，面对面地做群众工作，经说服教育、疏导解释，上访群众于12时10分离去，事态得到平息。②

7月18日9时左右，托运城部分业主和周边部分村民陆续来县

① 参见S县委书记所作的《在"7·7"群体性事件有关情况通报会上的讲话》，2002年7月15日。

② 参见《S县连夜采取措施化解托运城部分业主和附近村民上访苗头》，第168期，2002年7月17日。

委大院上访，要求维持托运城原来的集中经营模式，来访人员12时左右达到最高峰约100余人。他们静坐在县委办公楼大厅，要求县委、县政府对托运城继续实行原来的集中经营模式。整个上访过程以静坐为主，没有过激行动。①

7月22日，S县人民政府向全县发布了《关于进一步整顿规范货物托运市场的通告》，县四大家领导和有关部门分成三个组到县城重点部位宣讲了《通告》精神。

从托运业主群体的行动脉络中，我们可以发现，个人必须通过一定的社会联系才能实现自己的利益，利益个体基于一定利益的结合形成共同利益的集合体——利益群体。利益群体具有追求和维护本利益共同体成员利益的强大力量，在利益冲突和利益角逐中，它具有比个人更为强大的竞争力和追逐力。个人往往以参与利益群体的方式来参加利益竞争，也往往是通过利益群体实现个人利益。

由此可见，在"7·7"事件发生前后，不仅工业品市场内的经营业主们结成了非正式利益群体，部分托运城内的托运业主们也形成了自己的非正式利益群体。

3. 基层管理阶层：机构性利益群体

机构性利益群体存在于行政机构正式组织②之中。正式组织本质上是一种科层制结构。无论正式组织的设计如何完善合理，都无法规范组织成员在工作中的所有活动，都无法将所有活动都纳入所规定的体系中。行政组织一旦产生，其内部成员因为在工作中的频繁交往和接触，使他们相互了解，如果相互间存在着相同或相近的利益和观念等因素，这促使他们进行工作以外的非正式交往而增进彼

① 参见《托运城部分托运业主及周边村部分村民来县上访》，第171期，2002年7月18日。

② 正式组织是指人们为有效地实现特定的社会目标，执行一定的社会职能，并根据一定的程序构成的进行共同活动的社会团体，它是一种通过正式规则和合理化方式实现组织目标的团体，就其结构而言，一般由职位、规范、权威与角色等因素构成。正式组织是经过精心设计与规划而建立起来的权责关系和地位关系，它的建立有合法的程序，它按照明确的规章制度运行，组织成员具有法定的职位和权责，依据法定的规章行事，组织成员相互间是职责、层级关系。

此间的利益认同，形成与行政组织既相联系但又独立于行政组织之外的具有同质性心理状态的小群体。并在小群体中形成了一些被大家接受并遵循着自有的一套不成文的行为规范，从而在行政组织内部产生了隐性的非正式利益群体。这些非正式利益群体既可能是隐性的，又可能是显性的。隐性之处表现在，它是内含在科层制中不公开的暗中行为，然而，在实践活动层面上，都能明显地被人们所感知。由此可见，非正式利益群体是自然形成的，这种群体中成员间的关系是与正式组织有联系的但又独立的私人关系。同一个体可以同时成为若干非正式组织的成员。而且由于加入某一非正式组织没有明确的章程规定，也无须规范的程序，因此，非正式利益群体的成员构成具有重叠性、流动性和不确定性。

政府办事就不要本钱啊？要钱啊。政府也是独立的利益群体①

政府能成为独立的利益群体？这话表明一种不合理的存在。政府作为社会公共利益的代表，显然不能与民争利。然而，政府及其所属职能主管部门一方面追求和维护权力阶层利益和公众利益，另一方面也极力"合法地"保障权力拥有者自身的私利。相对于分散而又数量众多的利益群体，权力拥有者们处于绝对的强势地位。在不对称的信息状况下，他们将权力和组织力量暗箱操作并运用到极限的条件。因此，地方权力组织行为在很大程度上，是一个以自我权力扩张为后盾、动员辖区内的资源，为机关工作人员尤其是权力核心成员谋取个人私利最大化的相对独立的利益群体。

部分干部在工作中考虑得更多的是个人利益、部门利益和小集团利益。②

① 摘自访谈记录第 118 号。
② 参见 S 县委内部资料，《整顿工作中存在的问题》。

调研过程中，曾有知情人透露，“7·7”事件的背后主角就是某些政府管理部门的官员。他们在托运行业中占有一定的“干股”，几乎每家托运站点都有自己的“保护伞”。在托运行业中“占干股的一般都是副职，大多是主管某一条线的官员，年纪一般是四十多岁，不可能再怎么爬上去了，他就趁着手里有点权，就往自己钱包里塞。当领导，你给他钱，他就帮你办事，这就是人事关系”①。

托运没有“保护伞”是开不下去的。这是社会真实的内核，政府官员不投资，他们只收利，他们参股。如果你没有“保护伞”，那你就玩完了。②

你没有“保护伞”，你这个托运站就会被人挤出去。正因为有这个“保护伞”，他是给你撑腰的，其他新开的，我就不给办手续，你也就搞不成。如果说政府有关部门，你没给他好处的话，他可以让这家开，或者另外一家开，一样可以得到好处。他不会放弃，哪怕是规范一线一站，他也不会放弃(收取好处)。规范一线一站，有钱，肯定政府的人都已经喂得饱饱的，不喂得饱饱的，他不会冒着风险给你担这个险。③

托运站的问题主要都集中在利益上。托运站都是分成，分成实股和干股。有些是出了钱的，而有些人是干股，干股就是不要钱直接分红。有什么问题就告诉他，他就凭借手中的权力和社会关系(隐性的)帮你打招呼，工商所管理部门一般不敢管理，这些人一般都是政府官员。④

分享托运干股的他们并不希望S县的托运行业划行归市，因为“一线一站”式的管理模式将使他们的既得利益大幅减少。有些政府官员

① 摘自访谈记录第224号。
② 摘自访谈记录第118号。
③ 摘自访谈记录第225号。
④ 摘自访谈记录第224号。

通过托运站集中能赚取私利,但其它许多政府官员因为整顿,使得原来受他保护的那个托运站无法继续开下来,因而他就无法获得利润。从他们的个人利益出发,显然不愿S县政府整顿托运市场。“因为他占了干股,他有利益在里面,你一整顿就影响他的个人利益,就不希望你整顿。”[①] 面对利益的受损,这些“保护伞”们私下开一个小小的“常委会”。

那个小常委会的主要内容就是针对整顿,你要规到一起呢,我就不想到一起来,你说要规范市场,我就不按你的做。[②]

我们可以发现,通过私下的或幕后的协商、交涉和谈判,行动者之间交换着利益,也交换着行动的可能性。

托运行业内部的纠葛使他们的存在有价值,因为机构性非正式利益群体可以通过设租和寻租活动来获得更多的收益。而从基层政府这个正式组织的目标而言,它希望通过整顿托运行业规范市场的发展。由此可见,机构性非正式利益群体的某些行为目标和正式组织目标没有必然联系甚至存在着矛盾冲突的现象。机构性利益群体无论作为整个机构性结构,或是作为次级利益群体,由于组织基础为其提供了许多资源和接近权利的机会,都可能是强有力的,其作用和地位非同一般,特殊化的利益群体享受特殊化的利益。机构性利益群体直接产生于政治过程中,与社会权威价值的分配与再分配息息相关,因此也是参与政治活动最频繁的利益群体。“担任政府公职的是有理性的、自私的人,其行为可通过分析其任期内面临的各种诱因而得到理解[③]。”

当然,S县政府整顿托运市场的初衷是合理且正当的,但在整顿托运行业的过程中,少数领导干部或管理人员接受新托运城投资方和某些托运业主的各种“好处”,按照投资方提出的解决方案来强迫

① 摘自访谈记录第224号。
② 摘自访谈记录第224号。
③ 布坎南.自由、市场和国家[M].吴良健等译.北京:北京经济学院出版社,1988:280.

经营业主们服从整顿托运城的决策。采取公布搬迁告示、成立托运城指挥部强行执行搬迁方案等措施。

由于实际上社会结构是以“有计划的市场经济”定位的，这就给这个非正式利益群体预设了“权——钱交换”的活动空间，使之成为唯一一个最有条件保持地位一致及其地位优势的利益群体。这样，由设租到寻租，便产生了具有因果关系的腐败现象。

> 政府可以涉及市场运作和干扰市场，这全部跟政府官员的个人利益和政绩纠结在一起。这个地方没有空地给工业品市场服务发展的地方，就得去找空地，托运城的老板就跟政府官员有关系，这个官员收了这个老板的钱，这个老板又在银行里贷款了1 000 万，如果你不把这个托运城给建起来的话，这个钱就烂掉。一，官员拿了老板的钱；二，老板贷了国家的钱。老板说如果你不把我这个城建起来，一，我举报你受贿；二，这银行的钱我就不还了。你看，官员敢不敢不搞，但一搞成之后，这个问题全部暴露了。这是慢慢积累出来的矛盾，不可能一开始就会爆发的。①

S县委、县政府在《关于对S县“7・7”群体性事件的检查》中提及，近年来，S县少数干部作风存在着突出问题：有的不是以保护绝大多数群众的利益为出发点，而是以一己之私利为出发点，以保护少数人或个别人的利益为出发点，损害绝大多数群众的利益；有的单位有禁不止，有令不行，部门利益至上，甚至与民争利，造成干群关系紧张；有的不服务，只收费，以罚代法；有的工作态度粗暴，工作方法简单，伤害了群众的感情；有的对群众的呼声麻木不仁，对群众的要求充耳不闻，严重挫伤了群众的积极性。②

作为基层管理阶层的官员及一般公务员是否适用经济人的假

① 摘自访谈记录第206号。
② S县委、县政府，《关于对S县“7・7”群体性事件的检查》，2002年7月27日。

设,长期以来为人们所讳言。新政治经济学特别是公共选择学派明确将经济人理念纳入政府领域,认为政治家和政府官员都是追求自身效用最大化的经济人,都有其自身的经济利益和行为目标,以公济私、以权谋私等现象就会大量存在。在曼库尔·奥尔森的利益集团模型分析框架中,作为分权后的地方行政管理集团亦是符合经济人假设的,决策者在决策过程中更多地追求自身收益与成本的均衡而不是社会收益与社会成本在边际上的均衡。政府系统的各个部门和不同层次,包括政府各官员都具自己的特殊利益取向。既然这样,政府系统及其子系统就会有谋求自身利益实现的自利性。然而,政府作为专门从事社会公共事物的管理机构。在广大民众心目中,政府应当代表全民的利益,它的政策取向应当是基于全社会和整个国家的利益考虑。但在现实生活中,由于政府自身利益的存在,政府作为公共利益的代表者、利益冲突的调节者、社会秩序供给者和维护者的地位和作用并没有真正到位。

由于非正式群体都是柔性结构组织,其存在和发展不但受内部相互作用的影响,而且外部环境也可以对其产生举足轻重的作用。领导者的权力不仅包括附着在其职位上的法定权力,而且包括那些由于领导者的个人因素所取得的个人力量,这是非正式权力,但是法定权力的有效实施程度却是受这种非正式权力制约的,正如正式组织和非正式群体交织存在一样,领导者的法定权力和非正式权力是交织在一起的。

正如加里·沃塞曼所描述的那样,“社会包含着许多互相冲突的、同政府官员有联系的群体。这些群体争相对政策的决定施加影响。虽然作为个别的人对政治不可能有太大的影响,但他们可以通过在各种群体中的成员地位获得影响力。这些群体相互之间讨价还价,也同政府讨价还价。讨价还价达成的妥协就成为公开的政策”①。

① 沃塞曼.美国政治基础[M].陆震纶等译.北京:中国社会科学出版社,1994:29.

因此，我们可以从中发现，政府利益中也确有一部分是政府机构自身的集团利益、个人利益发生了错位，它们与社会公共利益的取向偏离，甚至是背道而驰。在这种情况下，政府利益的错位，政府行为的超越冲动，将会逾越本身的职能边界、利益边界。政府利益冲破必要的约束和边界就会扭曲变形为部门利益、地方利益、官员利益，以致成为改革和发展的障碍。

公共政策的终结总是会直接或间接地涉及到各种相关利益群体的利益，利益群体在面临这个问题时，通常都会权衡利益得失之后做出相应的回应。

通过对“7·7”事件中各非正式群体行动过程的分析，实际上不过是参与主体所谋求的一种有限度的利益表达和追求方式。这个行动过程的实质是一种关系性合意的建立。关系性合意就是指政治参与中的主客体，在现实政治经济环境下所建立的一种非正式的利益关系。在这个行动过程中所发生的一切，在一定意义上都是双边或多边力量调和交易的结果。它是具有不同地位、权力、资本和资源的组织或个人，对于各自利益的追求及满足所采取的一种切实的行动安排，亦即在行为利益方面所达成的某种一致取向[①]，从而在行动中体现了非正式利益群体的形成。

---

① 需要指出的是，在对关系性合意进行讨论的时候，我们必须要提及一个与此有关的重要研究，即美国当代著名契约法学家麦克尼尔于1980年所完成的一项“新社会契约论”的研究（The New Social Contract，1980，Yale University）。他在此项研究中，不仅将社会学中的社会网和关系法学原理导入契约法领域，给现代契约关系作了全新的概念诠释，而且还深入浅出地提出了“关系性契约（Ralation Contract）”的概念。他认为，“所谓契约，不过是有关规划将来交换过程的当事人之间的各种关系”（麦克尼尔，1994：4），换句话说，就是对未来交换过程的当事人所进行的一种统筹安排。在这一定义中，最关键的词语是“交换”和“过程”，它包含着时间维的扩张、当事人的相互依存性、在承诺和期待基础上所进行的规划，及非一次性结算等因素（中译本序：2）。但是，由于在中国目前尚不具备法制规范的市场经济体系，人们不仅从社会传统上缺乏契约观念；而且，公民与政府在权力义务方面也存在着许多实际的不平等因素。所以，在此基础上所建立的政治、经济和社会关系，还远不是一种严格的契约要求，而只是具有关于未来合意性质的非正式规定。这种非正式性决定了当下合意的存续和履行，通常不是共同协议的结果，而是由等级结构中的某种权威要求形成的，它会受到行政——官僚行为的强大影响。

3.1.2 各非正式群体利益取向的分歧

分歧指的是在共同展开的社会行动中社会成员的不同选择。社会运作的基本元素是多元选择和协同行动,并非每项分歧均由社会变迁所引发,但社会发生转型变化之处却必会产生分歧。分歧行为的级差跨幅甚大,从倾向不同到观点相异,直至发生冲突。一个事件的发生过程中,暗含着分歧各群体的背景和利益取向、及社会行动者对各方行动的描述和解释。各方均在尽力证明自己的选择或行为具有更大的合理性,其间的互动性交涉关系十分微妙。我们试图从他们之间的矛盾和冲突行动中,发现非正式群体存在的内在逻辑。

3.1.2.1 经营业主与托运业主群体间的冲突

随着S县民营经济的发展,相关货物运输行业也特别发达。S县原有170多家托运站点,零星分布在县城各条街道,但以工业品市场和农林城附近居多。基于托运行业早已存在的各种问题①,政府有关管理部门试图改变其混乱的状况,出台"划行归市"整顿托运市场的决策,在县城的东北角重新规划建立一个专业的托运城,并实行"一线一站"的经营模式。即采取竞标的方式承包线路,一条托运线路由一家托运业主承包,原经营此线路的其他托运业主获得部分分利。据托运城某业主透露,一家S县至昆明托运站承包款高达125万元,一家怀化站68万元,吉首站、凯里站承包款40万元等等。一人经营,十人分红,这么高的承包费,只能摊派在市场经营业主身上。

于是,在失去自由竞争的前提下,一些托运业主为追求利润最大化,趁机抬高运价,这客观上增加了货运费用,而增加的费用由经营

---

① 托运行业存在的突出问题主要表现在:一些托运业主非法运输假冒伪劣商品、黄色政治书籍、盗版音像书刊等其他违禁物品;一些托运业主开展不正当竞争,豢养黑恶势力,危害社会治安;一些托运业主骗货、盗货、损害经营业主们的利益;一些托运车辆乱装乱卸、乱停乱摆,影响城市道路交通和市容环境;少数党政干部、政法干警插手托运行业,牟取非法利益,损害党和政府形象等等。参见S县委书记所做的《在"7·7"群体性事件有关情况通报会上的讲话》,2002年7月15日。

业主一方承担。据工业品市场经营业主反映，托运市场整顿前，他们发往某邻县的托运价格是每件货物10元，整顿后达25元，上涨了150%，整顿前后的价格比大约为1∶2.5，这种价格差明显损害了所有经营业主的利益。在调研的过程中，我们以买卖人的身份与工业品市场内一些经营业主攀谈，他们告知我们：

> 托运原来是搞市场竞争，现在集中到托运城。一是便于管理，二是很多乱七八糟的东西集中到那里，便于监察管理，像一些录像带、磁带、黄色书等东西，要查的。原来是竞争，现在是垄断。原来发一包货是3、4元，顶多5、6元就可以了，现在是7、8元，有时10元。[①]

对于如此过高的托运费，经营业主们自然是难以承受。S县个协的理事给我们算了一笔账：现工业品市场周边送货的板车费最高3元/次，如搬迁到新建托运城，最低不低于每次6元，按工业品市场6 000个体户，市场周边2 000个体户计算，每人增加3元的托运费；按每人每天送一次货计算运费，每天要增加24 000元的托运费，每年要增加8 760 000元的托运费；如按每人每天两次计算，费用惊人。[②]

价格的提升，使得工业品市场内许多经营业主和外地进货的商人，采取自己带车进货的办法，以降低其到专门托运站点进行托运所带来的利益损失。货物运输量的减少，自然引起了新建托运城内托运业主们的不悦。为保护他们经营的"唯一性"，托运城货管办对外地到S县进货的车辆实行稽查，以此方式来推动整顿措施的到位。一些托运业主也自行上路稽查、非法扣车扣货，如果与对方交涉无果，就以阻挠运输等手段挑起事端，寻找种种借口和理由要求对方补

① 摘自访谈记录第103号。

② 参见S县个私协会工业品市场分会，《关于托运站联营和托运站搬迁的情况反映》，2002年6月2日。

偿，威胁甚至殴打经营业主，时常引起事态扩大、矛盾激化的打人杀人事件[①]。

1. 有几个江华客户带一农用车到S县进货，在当天回家的途中被几个不明身份的人拦截，声称江华托运站的，强行收取每件运费2元，对方不从，遭到这几个人迎头猛击，毒打一顿。

2. 几个江永客户带一小车来S县进货，不敢进城装车，把车停在周关桥地段，所进货物叫三轮车送过去装卸，从那以后，再也没有来S县进货。

3. 某客户赵××，自己带车进货被托运站派人把车打得稀烂，并威胁不能再带车进货。

4. 5月21日YY客户李××自己带车来进货，停靠市场路唐老板仓库前装货，被声称托运指挥部几个年轻人发现，找到司机和客户，威吓并谩骂，使得他们整个YY地区的老板现在都怕来S县进货。

5. 贵州大客户徐×和黄×自己带车进货，×托运站在大家说情的情况后收费几百元。

6. 客户周××等带车进货，货暂时放在饭店，亦被托运站拉走几十件货。

7. 5月31号4台零担车和2台货车停在工业品市场前后坪，被几个身份不明的人强行收取每件货大包10元，中包5元，小包2元托运费，司机客商强烈抗议下，还是被他们收取1 000多元现金。客户表示再也不来S县。[②]

诸如此类的行为限制了外地车辆进入S县进货的自由，经营业

---

① 参见附录四。

② 参见S县个私协会工业品市场分会，《关于托运站联营和托运站搬迁的情况反映》，2002年6月2日。

主的生意量急剧减少,自然损害了大多数经营业主们的利益,激发了他们心中更多的愤懑。

> 这个一线一站的问题主要在于,在市场里做生意的人自己不干,路途太远。工业品市场是S县的灵魂所在,灵魂里的人不肯干,其它的行业都会出问题。①

S县工业品市场是S县民营经济发展的龙头,整个城区的发展都以它为中心,其核心地位显而易见,市场内经营的业主们亦认为自身"具有一定的实力可以发出自己的声音"②。随着与托运业主之间种种矛盾和冲突事件的频繁发生,越来越多的经营业主感到"非得连在一起不可"、"必须联合起来,否则他们(托运业主)老是捣乱"③。他们认为统一管理不符合市场发展规律的托运市场,而且该行业不能垄断,要求全线放开。因而,他们选择了统一集体行动的方式来发泄心中堆积已久的不满情绪。

3.1.2.2　托运业主群体内部的纠葛

> 当利润达到百分之百时,人们就不顾一切,而托运就是这样一个暴利行业。几张桌子几个本子就可以做运输。④

由于托运行业是个成本低获利高的暴利行业,加上管理不规范,托运业主们为获得各自更多的收益,导致行业内部矛盾突出和竞争非常激烈。我们在对S县托运协会会长进行访谈时,他如是说:

> 托运行业就像是以前的镖局,是特种行业,里面黑道、白道、

---

① 摘自访谈记录第118号。
② 摘自访谈记录第306号。
③ 摘自访谈记录第303号。
④ 摘自访谈记录第210号。

商人等都参与其中，因为托运行业利润比较高。托运行业最初的状态，是一种恶性竞争，多家经营，烂价，就算低于成本、亏了也要搞。托运行业发展了二十年，从2000年12月22日开始整顿。①

作为商品中转站，S县每天的货运量很大，这样很多人都想参与其中，逐渐做的人越多，竞争也越来越大。在政府没有管治前，这个行业里面秩序很乱，内部存在恶性竞争的现象：

你开托运站赚了很多钱，我为什么不能开呢？你开这条线，我也开这条线，我就要想办法整你，我把你整下去了，我的生意就好了，这就叫内讧。②

托运行业之间为了抢客户，打打杀杀的事情经常发生，像很多人都有枪有刀，那些装备比公安局的还好。③

在暴力之后，资本小的托运站点总是被整掉关门。因而，在站点托运的货物常常莫名丢失。因为没有交风险抵押金，这对社会秩序造成不良的影响，减少外来客商进货的流量，同时，S县的治安也十分差劲。为使托运行业有序经营和竞争，政府有关管理部门花了一年的时间进行规划，想通过联体组织整顿，走集约化、股份制的道路，实行公司性质的股份制。

然而，此路不通。这是因为，面对政府对托运市场进行整合的策略，一方面，工业品市场经营业主们的反对行动；而另一方面，托运业主作为非正式群体仅是一个松散的组合，他们之间虽然存在着无法协调的矛盾，但为了对外的一致性，他们形成了短暂的利益组合群体。

---

① 摘自访谈记录第226号。
② 摘自访谈记录第118号。
③ 摘自访谈记录第226号。

事实也证明,政府管理部门对托运行业进行规范管理,受到多方面的阻力影响,新建的托运市场并没有按照市场规则组建真正意义上的公司经营,业主的经营方法、管理模式都比较落后,"一线一站"的经营模式与S县自产商品量少、市场占有率低的实际不相适应。同时,沿用个体经营的老套路,致使原170多家托运站业主组合进入"一点一线"集中经营的只有70多家,余下的托运业主之利益亦受到冲击。而留在新托运市场经营的部分托运业主为了保持巨额的利润,继续变相经营,与未组合上的托运业主争夺货源的矛盾依然没有得到合理的解决和处置。

托运站的问题是很多很多矛盾纠缠在一起,怎一个"黑"字了得,解决了这部分的问题,那个部分的问题又出来了,一环扣一环,根本搞不清楚。托运成本小,但拉关系、买线路牌都是无形的成本,很高。不了解不清楚,一了解吓死人,太"黑"了!①

3.1.2.3 经营业主群体与基层管理阶层间的矛盾

当初,县政府下定力气坚决要搞这个新开的托运城。但是,主要的角色——做生意的商人,从商人的利益,他们肯定不愿意搬,因为他们省钱啊。这个情况就为难了,县政府全力就要搞这个,与做生意的老板之间产生了矛盾,问题主要是做生意的商人。②

在各种利益调整的过程中,当地政府及有关职能部门的官员,对托运整顿工作未做充分准备,没有进行深入细致的前期调查研究,征询各方意见较少,责任心不强,且缺乏应有的预见能力和分析能力,致使一些政策的制定不够合理,也不切合当地的实际状况。

① 摘自访谈记录第216号。
② 摘自访谈记录第118号。

按照常理思维，托运市场应围绕经营市场而建，为何规划离经营市场如此之远呢？据我们了解，S县的开发区是以工业品市场为中心，随着工业品市场的发展，市场周围的土地也得以充分的利用。我们看到，市场周围大多是密集的民居，而这些土地大多为当地政府官员私人所拥有。

"7·7"事件引起的矛盾本来可以协调的，但现在不能了。规划已经错了，托运城建立太远了。工业品市场周围已经满满当当了，根本想不到，周围的土地全部成为私人老板和领导私人的了。工业品市场升值，周围土地也升值了，可以操纵这个土地的人，有人就把这个土地买去，那个老板买去就送钱给这个官员，这里面有层层利益勾当。如果托运市场在工业品市场附近的话，那多好。没有这么长远的规划，一方面和个人眼光有问题，第二是个人私利有千丝万缕的关系。①

据调查统计，S县有关管理部门向经营业主收费项目有三十多种，粗略统计的收费名目有：工商管理费、门店摊位租赁费、交易费、防空防洪费、保险费、防疫费、检疫费、身体检查费、计生办证费、绿化费、治安管理费、统计费、路灯费、排污费、会费、换证费、验证费、卫生费、报杂费等。这些费用最少的一种一年收费15元，最多的一年是数千元。② 部分官员在执行政策中的走样，特别是一些干部违法行政，使经营业主们对政府政策产生抵触情绪。

S县相关管理部门的官员也认识到了自身存在的问题：

我们在决策过程中，对规范托运市场后将会出现的新情况、

---

① 摘自访谈记录第206号。

② 参见S县委政策研究室，《对我县经济发展环境现状的调查和思考》，2002年8月20日。

新问题，尤其是对工业品市场个体业主利益的损害分析研究不够，没有制定相应的配套措施。如将货物集中定点经营，客观上造成了短程货运不方便，增加了货运费用。但在方案中，未能出台解决这一矛盾的办法。[①]

当利益双方矛盾激化时，这些管理官员往往是消极应对、相互推诿、存有等待和观望的想法，最后导致事态进一步扩大。

县委、县政府对群众反映的这些问题没有从根本上去研究措施加以解决，虽然就一些问题作出了规定，但措施不硬不实，执行未能到位，从而使矛盾尖锐化。[②]

从这些矛盾问题中，我们也可以发现科层制下存在着隐性的非正式利益群体。作为政治系统组成要素之一的利益群体无疑对公共政策有着十分重要的影响。因为利益群体不仅是公共政策的主体，也是公共政策的客体，同时还是政策环境的组成要素。他们为了自身的私利，因此，当某项政策的推行符合他们自身的利益需求时，在执行的过程中会显得比较的积极和配合；反之，其可能会出现不合作的态度，从而导致“信息匾乏”或“信息失真”现象的出现，使得政策难以在实践层面上得以执行。

3.1.2.4 托运业主群体与基层管理阶层间的失衡

市场经济社会，在政府设租的利益引导下，有独立经济利益的群体都愿意主动参与寻租活动[③]。然而，由于政府的租金总量有限，只允许少数人参与寻租，哪家能获得优先进入权，这取决于群体内部之间的竞争以及他们与相关管理部门人员之间的相互勾连。

---

① S县委、县政府，《关于对S县“7·7”群体性事件的检查》，2002年7月27日。
② S县委、县政府，《关于对S县“7·7”群体性事件的检查》，2002年7月27日。
③ 有关政府设租和寻租的问题将在下一章详细论述。

政府收了托运城每个托运老板十万块钱，作保险金。①

现在不准所有的人都做托运行业。大家来投标，发往昆明一年是125万，你当老板，你就得出125万出来，我们这六家就分你这125万，我们就不管，你一个人开。据说125万当时交给县政府20万，分给其它老板每个10万左右，要不是这些开支，一年的赢利是一两百多万，因为货太多了，差不多是一天一车。一线一站是你不能收我的货，我也不能收你的货。②

虽然政府花了大力气力图将托运市场进行规整，但一些经营业主仍然用自己包车的方式托运货物，这降低了托运业主的收益，自然也引发了一些托运业主的不满：

原整顿过程中实行“一线一站”，他们中相当一部分买断了经营线路，现实行“一线多站”，其他站点又恢复经营，而买断成本又没有回收。这些业主强烈要求有关部门出面制止，其中个别人扬言，如果有关部门不出面制止，他们将自行组织力量进行制止。③

H市托运站就不干了，我花100多万买断了这根线，现在你的货都不送到我这里来，自己带回去了，那就自己去打，反正都是黑道的人。④

托运业主是否参与向政府的寻租，是要以投入产出效果来衡量。当他们觉得进入政府的设租领域所花费的支出大于租金收入，就会放弃对政府设租的进入；当进入政府的设租领域的支出小于租金收入，他们有可能进入政府设租领域的竞争。

① 摘自访谈记录第112号。
② 摘自访谈记录第112号。
③ 参见内部资料第180期，2002年7月23日。
④ 摘自访谈记录第118号。

政府可以涉及市场运作和干扰市场，这全部跟政府官员的个人利益和政绩纠结在一起。这个地方没有空地给工业品市场服务发展的地方，就得去找空地，托运城的老板就跟政府官员有关系，这个官员收了这个老板的钱，这个老板又在银行里贷款了1 000万，如果你不把这个托运城给建起来的话，这个钱就烂掉。一，官员拿了老板的钱；二，老板贷了国家的钱。老板说如果你不把我这个城建起来，一，我举报你受贿；二，这银行的钱我就不还了。你看，官员敢不敢不搞，但一搞成之后，这个问题全部暴露了。这是慢慢积累出来的矛盾，不可能一开始就会爆发的。①

从这些利益的纠合中，我们可以看出，正式的政府行政机构作为管理阶层，与托运业主非正式利益群体之间存在着千丝万缕的利益绞合。当其对某项政策持肯定的态度时，他们通常会输入有利于该项政策制定与实施的信息，以维护该项政策；相反，当其对某项政策持否定的态度时，则往往会输入不利于该项政策推行的信息，以阻碍或反对该项政策的推行。因此说，利益团体对政策监控起着至关重要的影响作用。

3.1.2.5　其他相关利益者的不满

市场周边原托运站址出租户因托运站点的搬迁，从而失却了其房屋出租和到托运站搞装卸等收益来源。政府管理部门对于给他们造成的空房损失，只强调了规范，没有找到相应的解决途径，致使他们也产生了强烈的不满情绪。有一些知情人介绍道：

原来托运站都是比较分散的，现在都要集中到托运城去了，附近农民的房子原来租给托运站，他们租出去的房子就空出来了，所以他们对托运城都有意见。他们的房子租不了。他们有

① 摘自访谈记录第206号。

损失,有意见,“7・7”事件都是附近农民去做的。[①]

原来附近的农民靠租房子给托运站,现在都集中了,损害了他们的利益,所以他们比较反感。这个工业品市场养活了差不多20万人。[②]

S县工业品市场周围的一位房屋出租户也谈及他们切身的感受:

托运站搬了,我们的生意就差了很多。当时托运站的人不准外面的车子到这里来,他们还骑车到处看,一看是外地来进货的,就把它扣下来。后来公安也派车来巡逻,很多人看不惯。政府把托运站强制搬走,经营户费用提高,装货不方便。老板不直接来S县了,所以我的生意也差些。[③]

由于“7・7”事件的发生,新建未完工的托运城处于停工的状态(如图3-4所示)。新托运城的投资方和当地农民又有了异议:

托运城是当地农民(本地老板)起的房子,然后租给开托运站的老板。原来在立项时,只有那里有地盘,搞开发了有钱就可以建起来了。当时那个“7・7”事件,房主就到县政府去闹,你把我们的田推平了建成房子了,这些房子有些是外地人建的,有些是当地农民建的,有些是当官的建的,有些是商人建的,四面八方的人都有。有些人认为既然在这开托运城,我就开饭店做生意,房子租给开托运站的老板。后来,这些农民也到县政府去闹,你起了个空城放到这里,房子我们修起来了,空在这里,托运站又不搬到这里来。[④]

① 摘自访谈记录第103号。
② 摘自访谈记录第111号。
③ 摘自访谈记录第208号。
④ 摘自访谈记录第118号。

图 3-4　停工的新托运城

另外，还有一些人借此事端，发泄不满情绪。"7·7"事件涉及人员众多，其间关系复杂，他们情绪高涨，难以理智地对待问题。在这种情形下，部分被政府及有关部门处理过的人员，则试图利用这种时机，积极参加组织、策划、怂恿一些不明真相的人们参与行动，致使原本可合理解决的途径偏离正常轨道，导致冲突事件的发生。

3.1.3　群体性冲突的利益根源

通过分析调研访谈的资料，我们认为，各个群体行为的出发点皆可归结为利益二字。对利益的追求是人类一切社会活动最深刻的根源和动力，"大量聚集在一起的人们会有大量的冲动，他们几乎总是受着同情心的左右或正义感的约束，但这是因为他们为自身利益而行动"[①]。英国思想家霍布斯在他的名著《利维坦》中也曾说："在所有的推论中，把行为者的情形说明得最清楚的莫过于行为的利益。"[②]

① 贡斯当. 古代人的自由与现代人的自由——贡斯当政治论文选[M]. 李强译. 北京：商务印书馆，1999：81.

② 霍布斯. 利维坦[M]. 黎思复等译. 北京：商务印书馆，1985：557—558.

> 关键是利益问题，都是为了自己的利益。“7·7”事件是利益冲突，是各种社会矛盾的产物。①

利益驱动即人们为了追求利益最大化而采取某种行为以达到特定的目标。人与人之间的利益关系实质上是一种对能够满足自身需要的、稀缺的客观对象的占有关系。谁对这种与需要有关的稀缺对象占有得越多，谁的利益就越大。然而，在不同的社会历史条件下，由于利益实现方式的不同，利益所产生的实际驱动作用也不完全一致。

造成社会冲突的因素是多元复杂的，它与转型期剧烈变革所迅速引发的全方位社会变动密切相关。其中，最直接的是利益冲突②。正如许多学者所认为的那样：“利益冲突是人类社会一切冲突的最终根源，也是所有冲突的实质所在。”③利益关系从根本上维系不同阶层、不同群体成员间的相互关系。当前的社会矛盾与冲突概因利益关系失衡所引发，而经济利益失衡又是最基本的起因。S县有关管理部门也认为引发“7·7”事件的主要原因是利益问题：

> 从表面看，“7·7”事件发生的直接原因是县委、县政府整顿托运市场，造成工业品市场与托运市场经营业主发生激烈的利益冲突，而引发群体性事件的是一起突发性偶然事件。但是，从深层次看，这次事件的发生并不是偶然的，而是当前经济发展调整、干部作风、社会治安、经济环境和规范市场秩序等多方面的问题长期积累下来的一次矛盾总爆发的必然结果。④

---

① 摘自访谈记录第220号。

② 本文所讲的“利益冲突”，主要是指改革过程中由于制度安排不合理、不完善而致有碍改革深化、经济发展甚至危及社会稳定的重大利益冲突，而不是泛指基于不同利益群体的不同偏好和选择所引起的一般的利益矛盾。当然，在实际分析中要把这两者完全区分开来是不容易的，但把前者与社会转型和制度变迁相连则是易于观察的。

③ 张玉堂. 利益论——关于利益冲突与协调问题的研究[M]. 武汉：武汉大学出版社，2001.

④ 参见S县委书记所作的《在“7·7”群体性事件有关情况通报会上的讲话》，2002年7月15日。

任何一个社会都不可能完全消除社会冲突，利益是或隐或显的诱发冲突的根源，它在不断地发挥着对社会凝聚力的离散功能①。从“7·7”事件中，我们发现，各利益群体都有明确的利益取向和意识，了解自己的利益所在，并采取行动保护各自的利益范围，其间不可避免地存在着程度不同的冲突趋势。“冲突是社会上不同利益群体，特别是支配群体与被支配群体间对立的产物。”②

达伦道夫曾经从权力和利益分配等方面分析了现代工业社会的各种群体及其冲突。他认为，“在每一个团体中都有两种权威地位的群体：一个是统治群体，其特征是此群体的利益在于维持一个可以让群体传递权威的社会结构；另一个是隶属群体，它的群体利益是改变一个社会环境，因为原有环境限制他们拥有权威。结果就造成了这两种群体的对立和冲突”。③ 某一个利益群体极力维护某一权威体系，也就是要维护某一制度，维护该制度给他们带来的利益；某一群体努力改变某一权威体系，实质上是要改变某一制度，从而获得在该制度下得不到的潜在利益。

首先，基层管理阶层倾向于社会整体目标，企图建立一种现代理性的普遍性的制度体系，而非正式群体的目标指向则更倾向于具有个体性的私利，带有利益本位的特点。

其次，基层管理阶层以理性形式出现，而非正式利益群体多以非理性形式出现，尽管就其个体意义上而言也是理性的。非正式利益群体在行为方式上具有明显的传统特点，缺乏普遍的制度化、组织化，因而在远离传统社会背景的现代行动领域中，它也很难发挥一种文化规范或伦理性制约作用。相反，在个体利益驱动下，他们有着化解社会正式目标、正式制度体系及其领导的职能。

---

① 离散功能主要表现在：① 空间上各要素的无序或失序的分布；② 系统内各种力量、要素、动能放射状释放或相互对抗或相互抵耗；③ 系统内各要素间、要素与系统间的矛盾冲突和分裂。

② 郑也夫.代价论——一个社会学的新视角[M].北京：三联书店，1995：37.

③ 刘玉安.西方社会学史[M].济南：山东大学出版社，1993：418.

最后，基层管理阶层的整合方式是自上而下的等级控制，而非正式利益群体的运作方式是自下而上的、分散的，有着很强自发性，民间组织十分复杂，有很大的异质性，更近于私域，同传统行为方式也有着很大的亲和关系，在行为上更趋近于互惠性交往、亲缘的或拟亲的纽带，在规则上他们更受制于习俗、协商等非正式制度的制约。非正式利益群体缺乏自律性和自我整合能力，缺乏一种普遍性制度把他们联系起来，这样，社会组织多元化必然造成社会失序和冲突。

在社会转型过程中，基层管理阶层领导力量削弱之后，非正式利益群体力量尚无法成为一种自下而上的自律的力量，同社会正式制度相互支援，结果必然使社会出现双重或多重秩序。被学界誉为“政治安定设计师”的美国政治学家亨廷顿就曾指出，在很大程度上，社会冲突“是社会急剧变革、新的社会利益群体被动员起来卷入政治，而同时政治体制的发展却又步伐缓慢所造成的”①。

3.2 利益冲突的认知与表达

改革前我国社会的封闭性、资源的国家垄断性和高度的意识形态化决定了社会群体对自身利益的认识分析还缺乏自主性，表达意愿的要求不旺盛，加之社会硬体分化程度较小，使得利益群体的利益认知、利益表达和利益实现方式分化的程度都相对较小。然而，从“7·7”事件中，我们看到，利益群体已经在利益认知、利益表达和利益实现方式等方面都在发生转变。

3.2.1 公众利益观念的变化与公众行为

公众利益观念是指公众在认知利益、利益事物和利益关系的过程中产生的利益思想和意识。它主要包括下面三层含义：1. 公众对

① 亨廷顿. 文明的冲突与世界秩序的重建[M]. 周琪等译. 北京：新华出版社，2002：64.

利益及利益范畴的理解和认知;2. 公众对利益存在形态和利益流动方式的理解和认知;3. 公众对获取利益的途径、方式和手段的认知和经验总结。下面,我们以S县人为例,分析公众利益观念的变化过程:

第一阶段:公众利益观念的萌生阶段(20世纪70年代末至90年代初)。在这一阶段,S县人的思想刚从计划经济体制下解脱出来,开始思考利益问题,但此时他们还谈不上具有完整的利益思想,有的只是单纯的物质利益意识。人们从怕谈利益、不敢追求利益到开始关心利益的得失,头脑中萌生了追求利益的思想,但由于利益思想单纯、不完整,因而诞生了许多冲动性的单纯追逐物质利益的行为,其中一些行为不免带有盲目性。如当初他们加上改革开放初期,社会设置的相应约束机制还比较软弱,因而一些不规则的求利行为和短期性的急功近利行为相继出现,S县人曾以制假货等方式来实现资本的原始积累。这个时期,人们追求利益的行为主要围绕着如何获取基本生存物质而展开,社会人群之间的利益矛盾主要集中在如何分配有限物质利益问题上。

第二阶段:公众利益观念的形成阶段(20世纪90年代中期至21世纪20年代初期)。在这一阶段,S县人的利益思想将逐步摆脱单纯的物质利益意识,而把文化利益、政治利益等提到议事日程上来,并成为追求目标之一。单纯利益目标下的求利行为可能很单纯,但当人们的利益目标扩大、所追求的利益内容扩展时,人们将采取不同的方式和手段追求不同的利益目标,在缺少约束机制的情况下,各种求利方式和手段的过度使用则造成社会秩序的混乱,同时使相关社会人群之间的利益矛盾和利益冲突加剧。"7·7"事件中,政府管理阶层和其它利益群体之间的冲突,只是社会各方面利益矛盾的一个集中体现。公众利益思想形成的标志是:公众具有全面的利益思想和明确的追求多层次利益的倾向。为此,他们将在更高的层次上关注利益的存在形态和流动状态,并为获得公平、合理待遇而向社会管理者——政府提出越来越高的要求,要求政府对利益进行公平、合理分配。

第三阶段：公众利益观念的成熟阶段（21 世纪 20 年代至 21 世纪 50 年代）。我们设想，在这一阶段，公众的利益观念将完整、系统地确立起来，人们能够在广义利益概念上对利益及其关系加以理解和认识。公众利益观念成熟的标志是：公众系统地追求完整的利益目标，并采用成熟的方式和手段求取相关利益。由于成熟阶段公众利益观念已步入现代化和社会化轨道，人们的利益思想趋于一致，并相对稳定，因而求取利益的行为将秩序化，且多使用法律手段。因此，从整体上看，公众的求利行为将是规范的和有序的，对社会秩序的冲击力不会很大。

目前，我国正处于公众利益观念的形成阶段，人们不仅会密切关注社会利益格局和分配方式的变化，而且会采取相应的行为争取有利的利益地位，其间的利益矛盾冲突问题更值得我们关注。

3.2.2 利益群体表达的渠道或方式

将“7·7”事件放在我国这个特殊转型的背景下，将会发现，随着公众对利益存在形态和分配方式认知水平的提高，人们对政府的期望越来越大。但由于具体利益目标的差异，相关社会群体对政府的期望在内容上往往是背道而驰的。这也正是每一利益分配方式下总是至少站着两大对立群体的原因。对立群体的利益认知水平越高，他们之间的利益期望差异越大。“7·7”事件中，部分群体（如新建托运城内的托运业主群体）对政府的利益分配或调节方式持理解、接受态度，而另一些群体（如某些市场经营业主群体）则可能持否定、反对态度。一旦某个群体感觉到或认为本群体的既得或应得利益受到了损害，那么，他们就可能奔走呼号对政府施加压力，企图迫使政府改变分配方式，以便改变他们的利益地位。利益表达即是利益群体为实现其特殊利益而进行的活动，它的实质是把利益群体的态度、意见、观念等转变为向社会、向国家表示要求的方式。

一个阶层或群体对国家政策的影响力主要取决于利益表达的力

度和有效性。人们要实现其自身利益及保护自身利益不遭受肆意侵害，关键在于利益表达。“进行利益表达的主要目的是通过国家和政府保护和增进自己的利益。”①下面，让我们来仔细分析在“7·7”事件中，各个利益群体是如何表达各自利益的。他们进行利益表达的方式大致可以归结为两种：

3.2.2.1　非强制性利益表达方式

大多政治体系都程度不同地具有一定的开放性，这就使利益群体表达利益、实现其政策调控功能成为可能：

第一，个人关系网络。即利用家族血缘、同学情谊、老乡情结和其它社会关系等为纽带，直接接触相关决策者，表达其特定利益诉求。一些利益群体往往通过请客送礼、拉关系、走后门以至贿赂政府官员，使之成为自己的代言人，以便将小群体的利益取向复合到行政决策中，从而获取政策可能带来的潜在收益。

“我有个叔叔就是我们这×局的局长，我们出了什么问题，直接告诉他就行了，没问题。”②

第二，求助于精英人物。即通过本群体中的党代表、人大代表、政协委员、政府成员或群体内有广泛社会影响力的成员，代表本群体的意愿，直接有效地接近相关决策者。或者以人大、政协提案的形式，将本群体的利益诉求直接输入地方政府决策体系。据S县工业品市场的个协副主席告知我们，该私营企业主协会每年都通过组织会员中的人大代表或政协委员，以提案的形式反映相关的利益要求。如九届全国人大代表、S县工业品市场个私分会会长邓××提出的《关于工业品市场两起排外事件的调查》。

第三，通过主管部门及其领导。一方面，合法存在的利益群体，一般都有其业务主管单位或上级主管部门，它们之间存在着事实上的上下级关系；另一方面，政府决策机构和人员又实行分管制度，分

① 朱光磊.当代中国各个阶层分析[M].天津：天津人民出版社，1998：238.
② 摘自访谈记录第212号。

管领导既可以直接有效地接近、影响相关决策者,也可能直接参与制定政策决策。而主管部门及其领导,既可以通过批示、批复、召开现场会、协调会、列入会议议程等形式回应利益诉求。围绕托运城的建立问题也召开多次商讨会议,与会人员包括各类利益群体的代表。

领导和我们一起开过多次座谈会,表达各自看法,共同商讨S县经济发展和托运站的规划,到底要不要放开,放开的好处在哪里,不放开的弊端在哪里,那时还在"7·7"事件之前。①

我们在会上一直态度比较坚决,提出你这个规范对S县经济不利,规范没什么好处,我们的观点很明朗,这个东西不管怎样,政府已经决定了。"不管前面是地雷阵,哪怕前面是万丈深渊,我们也要往前走",有那种决心,我们就在想既然政府、县委已经决定了,你何必还拿来给我们讨论?这个事情我们还能说些什么?没有必要征求我们的意见。②

第四,影响公共舆论。即借助媒体呼吁,请求其向社会广泛公开信息,以争取尽可能多的民众的关注、支持或同情,从而对相关决策者形成强大的舆论压力,使本群体所面临的问题,被提上决策日程或重新考虑。"7·7"事件在国内是不允许公开报道的内容。当我们就此事问及当地的媒体记者时,他们大多缄默不语,顾左右而言他。显然,S县人无法采取这种方式进行利益表达。

3.2.2.2 强制性利益表达方式

利益群体通过非强制性利益表达方式,并不一定能够取得比较理想的结果,特别是对于一些相对弱势的利益群体而言,通过非强制性利益表达的方式很难有所作为。利益群体如果不能有效地表达利益,影响决策,就不能实现自己的利益目标。因此,在非强制性利益

① 摘自访谈记录第222号。
② 摘自访谈记录第225号。

表达方式达不到目的时，利益群体还会采取强制性利益表达方式来影响政策调控，以实现他们的利益要求。

第一，施压性集体行动①。这种方式的具体表现形式有：在政府机关及主管部门门前聚集、静坐、请愿，集体上访，游行示威，非法举行集会游行，围堵和冲击党政机关，甚至打伤政府工作人员等。作为一种外部压力的方式，示威抗议对于一些利益群体来说，经常极其有效。

第二，恐怖策略。利益群体影响政策调控最极端的强制方法是使用恐怖策略，这包括蓄意杀人、对其他群体或政府官员进行袭击以及制造流血事件等。我们在S县调研期间，曾有一人被杀害于我们所住的宾馆内，传闻是“黑吃黑”的后果，当时公安部门未给出任何说法。

在“7·7”事件中的各个利益群体往往并非只采用单一的方式，对地方政府决策施加影响。利益群体影响地方政府的方式，有以下几点值得注意：第一，利益群体影响方式的正式性、合法性、公开性、透明性程度不足。第二，非正式利益群体影响地方政府的资源有限，合法渠道不畅，导致他们有时被迫采用施压性集体行动。第三，利益群体往往在利用非制度性方式影响地方政府获取正当利益的同时，也利用一些合法手段实现不当利益。第四，一些利益群体对地方政府的渗透，往往与权力的寻租相结合，甚至直接利用基层政权的力量，来谋取本群体的特殊利益。

这种影响既有消极的一面，也有积极的一面。正如安德森所言，在所有国家，利益群体都履行着利益表达的功能，即他们表达了对政策行动的要求和提供了可供选择的政策方案；他们就政策意见的性质和可能出现的后果，向政府决策者提供众多的信息。当他们从事

① 以集体上访为例，2000年，全国31个省仅市县级以上党政信访部门，受理的群众集体上访批次、人次分别比1995年上升2.8倍和2.6倍。国家信访局受理的群众集体上访批次和人次，分别比上年上升36.8%和45.5%，2001年，同比又上升36.4%和38.7%。可参见中共中央组织部课题组.《2000—2001中国调查报告——新形势下人民内部矛盾研究[M].中央编译出版社.2001：23.

上述活动时，有助于公共政策的合理化。换言之，利益群体的存在为公共政策做出了不可或缺的贡献，履行着特定的政策制定功能，澄清和明确表达了部分公民的需求。利益群体的同时存在和相互制衡，事实上起到了有效的纠偏作用。

3.2.3 利益表达的困境

从国家宏观来讲，随着社会的发展，我国的民主建设取得了巨大成就。人们利益要求不断地得到实现或满足，存有一定的表达渠道，利益表达获得一些政策环境和法律保障。但从“7·7”事件中，我们发现利益表达仍然存在一定问题：

(1) 利益表达与实现脱节。S县在“7·7”事件发生的前后，几乎每天都有“要情专报”，将每日各群体上访的情况统计汇报。地方管理部门把上访率看作社会稳定的指标之一，把上访少甚至没有上访视为政绩。人们要求进行合情合理合法的利益表达，而地方相关部门却“上有政策，下有对策”，使得正当的利益得不到保护。显性的利益要求如是，隐性的利益要求更得不到表达与保障，或与现实大相径庭。

(2) 无法表达及不愿表达。由于受自身力量和素质的限制，只能逆来顺受，忍气吞声，使得部分利益群体无法表达或不愿表达利益要求。“如果公民在自己的利益遭受到侵犯和损失的情况下，缺乏足够的表达意识，不去积极进行利益表达，那么他们的利益就难以从政府得到保护和增进。”①

(3) 利益表达过盛与利益表达渠道缺乏的矛盾。利益表达是利益群体争取利益的一种手段，各种社会利益的独立发展使得利益表达迅速发展起来，这就同我国长期以来缺乏利益表达渠道相矛盾。当他们的意见和利益要求，不能通过正常渠道表达出来，就可能以非制度化的手段或不正常的方式来表达，实现利益机会较大，有很大的社会影响和传染力。

---

① 徐士兵.农民利益为何难以表达[J].中国改革，1999(1).

(4) 利益协调机制不完善。社会成员进行利益表达的愿望,常常受到利益表达渠道不畅通和利益综合协调机构解决答复迟缓等限制。政府部门作为正式组织没有起到应有的作用,无法代表和表达人们的利益所在。非正式群体的利益和秩序不受正式制度的约束和制约,容易导致越界的产生。

3.2.4 地方性社团:利益表达的功能缺失

各利益群体的利益需求透过什么机制组织、集中、表达和实现?社会利益的冲突需要寻找其它的组织化形态、表达机制和影响渠道承担协调职能。在西方制度变迁理论中,诺思非常强调组织的重要性,他认为,“如果说制度是社会游戏的规则,组织就是玩社会游戏的角色”①。S县地方性社团本应在此次冲突事件中扮演重要的组织角色,但事实上,它们的组织功能处于缺失的状态。

随着民营经济的发展,S县经营业主、部分托运业主等不同的利益群体和利益阶层开始在法律允许的范围内独立自主地从事各种经营活动,逐步形成了国家集中控制之外的社会资源、社会空间。这些新兴的群体试图寻找归属和利益代表——参与政事和影响决策的地方性社团。

到2003年7月为止,S县共有注册登记的社会团体49个,其中学术性社团20个,专业性社团19个,联合性社团5个,行业性社团5个。包括工商联合会、个体私营协会、托运协会、各类行业协会等。在机构改革中,S县委、县政府批准民政局新增了民间组织管理股,使民间组织管理工作有了正式机构和编制,定期召开社团负责人、秘书长会议和培训班。②

下面,我们具体分析在“7·7”事件中,本应扮演背后组织角色的

---

① 诺思.制度变迁理论纲要[C].经济学与中国经济改革.上海:上海人民出版社,1995:2.

② S县民政局民间组织管理股,《S县民间组织管理工作情况汇报》。

个体协会和托运协会是如何“无力”将分散的社会利益整合并进入决策影响范围的。

3.2.4.1 个体协会

1983年5月,S县个体劳动者协会组成,会议讨论通过了S县个体劳动者协会章程,组成县个体劳动者协会①。个协代表大会选举,比较正规。业务挂靠在工商局,会长是工商局局长,理事都是个体工商户。

个协依法登记,在法律允许的范围内开展活动,谋求特定社会群体的正当利益并实行自治自律。它具有这样一些基本特征:① 体制性(合法性、正规性),即由法律规定,经一定程序组建,具有法人资格,独立承担民事责任,有完整的内部管理制度和组织系统,承担一定的体制功能。② 非政府性(民间性),在组织、资产、人员上与政府机构相分离,具有独立性。但也可以接受政府委托,代行某些公共管理、服务职能。③ 非营利性(公益性),即不以营利为首要和根本目的,主要从事非营利性活动。但也可以开展各类有偿服务,可以有营利,不过其营利不得分配,组织解散时必须转入公共部门,用于与该组织宗旨相一致的社会公益事业。④ 自治性,自愿联合组建,自主管理,自我服务,自求财务平衡,自治自律,按章程规定独立运作,不受制于政府、企业和其它社会组织,具有相应的自我规范、自我整合功能。

> 个协、市管办(市场管理办公室)对我们有好处,维护我们的利益。②
>
> 为个体户争权,不正当的收费,不规范的部门进入我们市场,与有关部门协商解决实际问题。个协是群众性团体,通过群众选举。③

---

① S县县志编委会. S县县志[M]. 北京:中国城市出版社,1993:386.
② 摘自访谈记录第112号。
③ 摘自访谈记录第115号。

在“7·7”事件中，经营业主们都要求一个能反映利益要求的独立组织，或能进行利益综合的组织。当前政府转变职能意味着要把一部分职能转交出来，这就必须有个载体来承接；而这个载体的适宜角色就是个协。个协的性质应是由群众自愿参加的具有法人地位的民间自治团体，是带有自我服务性质的组织。经济性质是主要的，但也应有一定的政治性质，应成为沟通政府与经营业主的中介组织。有了利益表达的承载体或渠道后，就可以通过该渠道进行自身的组织建设，确定章程，对利益表达的程序进行制度化、规范化。要借助各种有效形式，向信访部门上访、通过向权力机关递交“准提案”表达，也可以通过一定形式与政府形成“对话机制”，借助各种方式进行利益表达。一个协理事告知：

> 当时政府在搞规范市场之前，就请我们个体协会个体代表一起开了四五个会，个协的观点认为，根据当时经济发展的现状，以及当时市场发展的实际情况，我们提出很多建议性的问题，但是政府一直不采纳我们的意见，才酿成这么大的灾难。
>
> 作为我们个协有责任也有义务，这个“7·7”事件很敏感。针对这个事情我们个协曾经写了一个报告，详细反映这个业主的想法啊，有可能发生什么后果啊，都比较清晰的，详细地向上级反映了，但是没有引起领导的关注、重视。①

个协是政府主导型的合法社团，自主性较弱，具有十分明显的官办性。

> 协会一般是自发形成，但基本都有政府的扶持，协会的目的主要是规范行业内部生产经营行为，人多力量大，就可以形成一个势

① 摘自访谈记录第115号。

力团体。这样形成了行业垄断,有的协会也向政府争取权力。[①]

这一特点导致的后果是,在社会利益冲突中,本应居于各利益群体之上的政府,却因为社团等组织所应承担的中间环节功能的缺失,变成矛盾冲突的一方,成为矛盾的焦点,直接承担政治压力和风险。因此,在实践过程中,具有"半官半民"双重角色的地方性社团并不能成为利益群体进行利益表达的载体或渠道。其独立性未得到充分张扬,垂直控制和对政府的依赖仍然存在。行为受到行政机制和自治机制的双重支配,往往要同时依赖体制内和体制外的两种资源,还必须同时满足社会和政府的双重需求,因而社团的活动领域也只能是社会和政府所共同认可的范畴。另外,地方性社团的组织化程度较低,所拥有的资源较少,利益表达渠道不畅,告状难,反映问题难,利益诉求不被重视。当一个社会中各种成分缺乏有组织的群体,或无法通过现存的组织(如个协)充分代表自己的利益时,经营业主们只能通过自身形成的非正式群体的力量来进行利益表达。

3.2.4.2　托运协会

S县托运协会是S县道路运输协会下属的一个分支机构,它是托运业主们为争取政策和保护权益而成立。通过S县民政局审查注册发证,公布其为合法社团。没有法人代表,但有会长。会长是民管所所长,业务主管隶属于交通局。实际上,它是一个有公司性质的管理机构。会长具有特殊性,会员一般都是有钱有地位的托运业主。他们实行分级管理体制,而不是垂直领导的模式,非常重视选举。托运协会以董事会为领导核心,设办公室处理日常事务。但我们在调研中,发现托运协会设立在托运城内一个空房里,办公室仅两三个小房间,除了几张办公桌之外几乎无他物。

2003年7月,我们在S县第二次调研期间,正遇见政府有关职能部门召集各托运业主代表开会,商讨全线放开托运行业的事情。事

① 摘自访谈记录第211号。

后，托运协会会长和我们谈论了有关托运市场的整顿，以及托运行业和政府的关系问题。

问：托运行业的发展前景如何？

答：应该是一个符合市场经济规律运作的托运行业，像现在开放托运行业，应该做到有序的放开，适量适度的批准，政府进行宏观调控。而现在政府是打算完全彻底地放开托运行业，一旦放开的话，整个托运行业就回复到整顿前的状态，也就是以前的托运市场，那么这几年对托运行业花了那么多的人力、物力、财力全部化为泡影。

问：既然如此，为何政府还要全线放开？

答：因为政府为了保持平稳，每一届政府领导不想在他的任期内出现什么状况，发生什么问题。因此，他也不会想这对这件事情负责任。像一般出了什么问题，政府就偏袒势力大的一方，至于势力的小的一方，他就不管，尽量避免闹事。

问：政策岂不是不稳定？

答：政策是不稳定，而且人心不定。这么搞来搞去，把环境也搞差了，那些上访告状的风气盛行，治安也不好。托运行业大体经过了几个发展阶段，最开始是自我发展阶段，1999 准备开始整顿，一直到 2002 年，2002 年到 2003 年再次整顿，而现在准备全线放开。政府对托运市场到底怎么办没有具体的思路。现在干脆就顺其自然，等到它发展到一定阶段，公司化是自然的趋势，而像现在政府全线放开是不能解决根本问题的。①

为调和托运业主群体内部的矛盾纠葛，托运协会常常召开托运业主们的商讨会议，讨论有关托运市场整顿的问题。然而，由于多重利益矛盾纠缠在一起，形成多元利益取向，加之黑社会力量的参与，

① 摘自访谈记录第 226 号。

托运协会无力平息内部的冲突问题。我们查阅当地政府部门关于“7・7”事件的调研材料时,发现:

> 托运协会成了官商勾结的幌子,成了垄断经营、哄抬物价和搞“三乱”的“杀手锏”①。

由于地方性社团仍需进入政府指导的运行网络,其独立性未得到充分张扬,垂直控制和对政府的依赖仍然存在。当然,它们同时也在利用体制提供的方便促进民间的沟通,并且为自己的组织牟利了。政府和商人保持距离,各取所需。据当地人介绍,如果不借助当地政府的力量,托运协会没有能力突破壁垒获得潜在制度收益。“分灶吃饭”的财政体制使地方政府在资源配置中转变了角色,商人的目标成了政府的目标。为了创造更多的利润,扩大地方政府的收益分享额度,地方政府与商人组织在制度创新过程中,合作多于冲突,政府甚至容许了公共权力在某些方面的退出。

> 托运协会太复杂了,把它放到利益集团干预政治,影响了政府的决策,像“7・7”事件就是这样。②

“7・7”事件中的非正式利益群体,没有也不可能具有正式组织的严密性,其各项利益要求难以得到充分体现。此时,他们希望社团承认各利益群体的合理要求,并以一定的规范化形式给予利益群体作为组织主体的地位。

通过以上分析,我们容易理解个体协会、托运协会等社团组织名义上虽然是各群体利益的代表,但其主要资源的供给还是由政府垄

① 参见S县委政策研究室,《对我县经济发展环境现状的调查和思考》,2002年8月20日。

② 摘自访谈记录第218号。

断的，它们的职能主要是政府职能的延伸，社团存在的物质基础非常脆弱。根据现行的《社会团体登记管理条例》规定，每一社团需挂靠一个行政单位。行政权力便不同程度地渗透到各社团中来，使得这些社团变成了代表行政机构管理或协调团体内利益矛盾和纠纷的"准政府组织"，而不能很好地履行独立表达本社团利益诉求的功能。

另外，个协和托运协会并不能发挥应有社会功能，社会缺乏监督其健康运营的内在要求，使得利益群体内外部都普遍存在着冲突的状况。目前利益冲突最明显的表现之一，就是社团组织和政府组织各自角色的错位和职能的紊乱。许多社团组织，是变相的政府性机构或准政府机构，而政府则因为社团组织功能的缺失，变成利益矛盾冲突的一方。

一直以来，社会学的研究兴趣之一，在于认识社会冲突构成秩序的不同政治方法，人们发现，一些社会成功地运用政治安排避免了大规模的社会冲突，一些社会则时刻处于群体冲突的紧张中。而在不同的社会，这些政治方法显示出极大的差异，但已经有越来越多的人认识到，社会利益冲突的组织化方式和秩序关系密切。利益群体作为社会冲突的结构性来源，在于利益分布不均衡的广泛现实。组织化利益群体出现，将社会组织成不同的政治单位，而这些政治单位之间的力量，又取得了大致平衡的时候，方才能有社会的基本稳定。否则，可能是一种极端混乱的、因而有利于极端权力控制的局面。

类似于S县个协和托运协会这样的社团发展，并不是如西方国家社团那样是一个自组织过程，它们本身正处在从官办性的准社团组织向自主性社团组织转变过程中，处在从自在的利益群体向自为的社团转化过程中，无论其组织形式还是功能发挥，都还没有定型。社团典型特征，如非政府性、自愿性、独立性、自主性等，还不十分明显。这决定了这些地方性社团在利益冲突过程中缺乏组织的功能和作用。因此，各非正式利益群体只能通过强制性利益表达方式来进行利益诉求。

3.3 群体性利益冲突的博弈分析

3.3.1 利益冲突过程中的行为博弈

各利益群体对利益的博弈和较量，由此而产生的利益纠纷和矛盾冲突难以避免。各群体之间利益关系的一致与冲突在很大程度上是利益博弈的过程。我们试着构建一个关于"7·7"事件的博弈分析框架，运用动态博弈模型来分析各利益群体之间的利益关系选择，以寻求对群体性利益冲突的解释。

3.3.1.1 博弈框架的构建

构建博弈框架，需要确定动态博弈的扩展式表述，即确定博弈的参与者集合、参与者的行动顺序、参与者的行动集合、参与者的报酬函数等。

1. 参与者集合

这场博弈的参与者主要包括政府 P、托运业主群体 E、市场经营业主群体 M。

我们从众多的相互竞争的群体分类模式中选择这种三元分类模式，主要依据是各个利益群体与现实社会政治秩序的利益关系，及其影响现实政治秩序的动机和能力。而且，这种划分方法也适合下面将要展开的分析的需要。

关于参与者有两个重要前提：第一，参与者都是追求自身利益最大化的理性经济人。第二，参与者拥有关于这场博弈的"完全信息"。这意味着，每个参与者都知道大家都是"理性经济人"，都会按照同样的逻辑思考和选择，都知道其他参与者的行动顺序和行动集合，都知道每个参与者过去的选择情况，也都知道博弈的报酬函数，只有那些将在以后发生的情况除外。

2. 行动顺序

假定参与者的行动顺序为，政府首先做出选择，然后托运业主群体做出选择，最后市场经营业主群体做出选择。无论是改革之初，还是在整个改革过程中,在力量对比格局中,政府始终处于绝对优势地位,所以,假设政府最先出牌是正常的。

设G1为按照"政府→托运业主群体→市场经营业主群体"顺序行动的博弈模型,G2为按照"政府→市场经营业主群体→托运业主群体"顺序行动的博弈模型,而且G1与G2的唯一区别是参与者的行动顺序。下面我们仅仅对G1展开分析。但是,只要对G2重复同样的分析,就可以发现两种分析结果并没有实质性差异。所以说,在我们的模型中,托运业主群体和市场经营业主群体谁先出牌并不重要。

3. 行动集合

为了定义"剥夺",需要确定一个基准状态。为维持这个状态,社会必须向政府提供必要的利益。但是,在"必要利益"之外,政府还有可能追求更多的利益,即"额外利益"。为了追求额外利益,政府需要剥夺市场经营业主群体或托运业主群体的利益。政府共有4种可行的行动选择,即S1={不剥夺托运业主群体,不剥夺市场经营业主群体}、S2={不剥夺托运业主群体,剥夺市场经营业主群体}、S3={剥夺托运业主群体,不剥夺市场经营业主群体}、S4={剥夺托运业主群体,剥夺市场经营业主群体}。暂时不考虑"贿赂"行动。

托运业主群体和市场经营业主群体的策略包括"反抗"或"默认",C={反抗},A={默认}。

4. 报酬函数

设T为政府获得的必要利益,Ta为托运业主群体的收益,Tm为市场经营业主群体的收益。

设Tp为托运业主群体或市场经营业主群体被政府剥夺的政治利益。政府获得的额外政治利益等于托运业主群体和市场经营业主群体的损失之和。一般来说,在权威主义政治中,Tp是政府的"当然权利",所以下面的讨论局限于对经济利益的剥夺。

设Te为政府追求的额外经济利益。

Ca为托运业主群体遭到政府剥夺时进行反抗的代价。Cm为市场经营业主群体遭到政府剥夺时进行反抗的代价。Csa为托运业主群体单独反抗时政府付出的代价，Csm为市场经营业主群体单独反抗时政府付出的代价，Ci为政府采取行动Si(i=1,2,3,4)时托运业主群体和市场经营业主群体共同反抗时政府付出的代价。

注意：第一，只有在与“被剥夺的额外利益”进行比较时“反抗的代价”才有意义。第二，Ca、Cm、Csa、Csm是“政府的镇压能力”和“被统治者的反抗能力”的函数。当其他条件相同时，政府的镇压能力越强，被统治者反抗的代价(Ca、Cm)越大，政府为镇压而付出的代价(Csa、Csm)越小。同样，当其他条件相同时，被统治者的反抗能力越强，其反抗的代价(Ca、Cm)越小，而政府的镇压成本(Csa、Csm)越高。

假设托运业主利益群体与市场经营业主利益群体无法事前达成可信的私下交易。

首先，考虑政府选择{不剥夺托运业主群体，不剥夺市场经营业主群体}时的报酬函数。如果托运业主群体和市场经营业主群体同时反抗，则反抗成功，政府不但得不到“额外利益”，还要付出代价C1，所以政府的收益为T－C1。同时，由于托运业主群体和市场经营业主群体都未受到剥夺，但要为反抗付出代价，所以两者的收益分别为Ta－Ca和Tm－Cm。如果托运业主群体反抗而市场经营业主群体默认，则反抗无效，政府剥夺两者的政治权利2Tp，同时付出代价Csa，收益为T＋2Tp－Csa；而托运业主群体丧失政治权利Tp，并付出代价Ca，收益为Ta －Tp－Ca；市场经营业主群体则仅仅丧失政治权利Tp，收益为Tm－Tp。同理，可以得到托运业主群体默认而市场经营业主群体反抗的报酬函数值。如果托运业主群体和市场经营业主群体都采取默认，则政府不负任何代价剥夺两者的政治权利2Tp，收益为T＋2Tp；而托运业主群体和市场经营业主群体也仅仅失去自己的政治权利Tp，收益分别为Ta－Tp和Tm－Tp。

在讨论政府选择S2的报酬函数之前，先讨论一下托运业主群体和市场经营业主群体各自的“反抗”行为。假设托运业主群体的反抗能力远远大于市场经营业主群体，市场经营业主群体不可能成功地单独反抗政府，但只要托运业主群体“全力反抗”，即使没有市场经营业主群体的配合，政府的剥夺行动也将失败。再假设托运业主群体只有在自己的额外经济利益受到剥夺的时候，才会“全力反抗”，而当市场经营业主群体受到剥夺时，托运业主群体的反抗将会“打折扣”。

市场经营业主群体的消极反抗手段极为有限，非经济性手段包括上访、静坐、罢工、游行、盗窃、破坏等，经济性手段包括罢工和怠工。但是，政府可以轻易制服市场经营业主群体的非经济性手段。市场经营业主群体危害经济业绩的能力也极为有限。他们是个体经营业者，必须千方百计出卖自己的劳动力以求维持生存。但是，托运业主群体就不同了。托运业主群体大多有政府官僚或地方权威的背景，另外他们还受到黑社会的干预和支持，这强化了他们的实力。如今，官方意识形态已经失去了提供合法性的作用，政府的合法性严重依赖于经济增长业绩。这意味着，托运业主群体的消极反抗可以给政府造成极大的损害。

其次，考虑政府选择{不剥夺托运业主群体，剥夺市场经营业主群体}时的报酬函数。如果托运业主群体和市场经营业主群体同时反抗，则反抗成功，政府的收益为 T－C2，而托运业主群体和市场经营业主群体的收益分别为 Ta－Ca 和 Tm－Cm。如果托运业主群体反抗而市场经营业主群体默认，由于托运业主群体自己没有受到剥夺，所以不会“全力反抗”，其结果是政府只能从市场经营业主群体那里夺得一部分 Te，如 λTe，$0<\lambda<1$。当然，政府会成功地剥夺托运业主群体和市场经营业主群体的政治利益 2Tp，但要付出代价 Csa，其收益为 T＋λTe＋2Tp－Csa。相应地，托运业主群体丧失政治权力 Tp，并付出反抗代价 Ca，收益为 Ta－Ca－Tp。市场经营业主群体丧失政治权力 Tp 和经济权利 λTe，收益为 Tm－λTe－Tp。如果市场经营业主群体反抗而托运业主群体默认，则反抗失败，政府成功地剥夺市场经营业主群体的 Te，同时还剥夺市场经营业主群体和托运业主群体的 2Tp，但要付出代价 Csm，其收益为 T＋Te＋2Tp－Csm。而托运业主群体仅仅失去 Tp，收益为 Ta－Tp。市场经营业主群体不但失去 Tp 和 Te，还要徒劳地付出反抗的代价 Cm，其收益为 Tm－

Cm－Te－Tp。如果托运业主群体和市场经营业主群体都放弃反抗，则政府同时剥夺两者的政治权利2Tp，并从市场经营业主群体那里剥夺经济利益Te。

再次，考虑政府选择{剥夺托运业主群体，不剥夺市场经营业主群体}时的报酬函数。S2与S3的区别在于被剥夺的是托运业主群体而不是市场经营业主群体。如果托运业主群体和市场经营业主群体同时反抗，则反抗成功，政府、托运业主群体、市场经营业主群体的收益分别为T－C3、Ta－Ca、Tm－Cm。如果托运业主群体反抗而市场经营业主群体默认，注意此时托运业主群体自己受到剥夺，所以它将"全力反抗"，其结果是政府的剥夺行动失败。在这种情况下，政府得到2Tp，但付出代价Csa，收益为T＋2Tp－Csa；托运业主群体保住了Te，失去Tp，付出反抗代价Ca，收益为Ta－Ca－Tp；而市场经营业主群体仅失去Tp，收益为Tm－Tp。如果托运业主群体默认而市场经营业主群体反抗，则反抗失败，政府得到2Tp和Te，但要付出代价Csm，收益为T＋Te＋2Tp－Csm。托运业主群体同时失去Tp和Te，收益为Ta－Te－Tp。而市场经营业主群体将失去Tp，并付出代价Cm，收益为Tm－Cm－Tp。如果托运业主群体和市场经营业主群体都选择默认，则政府的收益与S2相同，但是与S2相比，托运业主群体将多失去Te，而市场经营业主群体则少失去Te。

最后，我们考虑政府选择{剥夺托运业主群体，剥夺市场经营业主群体}时的报酬函数。假设政府分别剥夺托运业主群体和市场经营业主群体各自规模为Te的经济利益[①]。按照上述逻辑，我们可以得到这种情况下的报酬函数值。

在此，讨论一下T－C1、T－C2、T－C3、T－C4的关系。可以合理地假设，在不同的情况下，政府为应付反抗而付出的代价是不同

① 本文不讨论政府分别剥夺托运业主群体和市场经营业主群体总量规模为Te的经济利益的情况，因为很难确定政府所剥夺的总量为Te规模的经济利益是按何种比例在托运业主群体和市场经营业主群体之间分配的。

的，这种代价应该与反抗的强度成正比，而反抗的强度又应该与被剥夺的强度成正比。所以有 T－C1＞T－C2＞T－C3＞T－C4。

3.3.1.2　求解模型

我们所构造的博弈模型是一个有限完美信息博弈，而一个有限完美信息博弈有一个纯战略纳什均衡。对于有限完美信息博弈来说，逆向归纳法是寻找子博弈精炼纳什均衡的最简便的方法。

在动态博弈过程中，在每一个决策结上，参与者在权衡各种可能行动的成本和收益的基础上做出自己的选择。具体来说，托运业主群体将根据 Ca 与 Tp、Te、Tp＋Te 的关系进行决策，而市场经营业主群体则根据 Cm 与 Tp、Tp＋λTe、Tp＋Te 的关系进行决策。为了寻找子博弈精炼纳什均衡，首先，以 Ca 为横轴，以 Cm 为纵轴，做一个二维笛卡尔坐标系。然后，用水平线Cm＝Tp、Cm＝Tp＋λTe、Cm＝Tp＋Te 和垂直线 Ca＝Tp、Ca＝Te、Ca＝Tp＋Te 把第一象限划分为一些小区域。最后，运用逆向归纳法分别寻找每一个小区域内的子博弈精炼纳什均衡。

如图 3－5 所示：

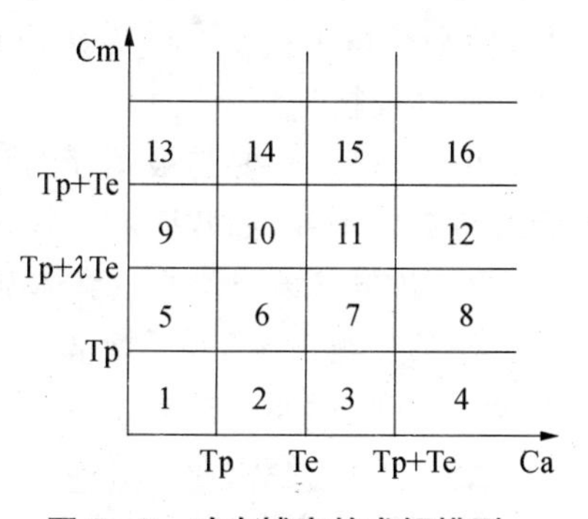

图 3－5　动态博弈的求解模型

在区域(4、8、12、15、16)内，出现第一类情况，子博弈精炼纳什均衡为{S4，A，A}；

在区域(2、3、6、7、9、10、11、13、14)内，出现第二类情况，子博弈精炼纳什均衡为{S2，A，A}；

在区域(5)内，出现第三类情况，子博弈精炼纳什均衡为{S1，A，A}；

在区域(1)内，出现第四类情况，权威主义崩溃。

1. 全面剥夺型权威

在第一类情况下，子博弈精炼纳什均衡为{S4，A，A}，即政府选择{剥夺托运业主群体，剥夺市场经营业主群体}、托运业主群体选择

{默认}、市场经营业主群体选择{默认}。政府剥夺所有人的政治和经济权利，而被剥夺者则保持沉默。我把这种情况称之为“全面剥夺型权威”。

“全面剥夺型权威”出现的条件是：$Ca>Tp+Te$，或者 $Cm>Tp+Te$ 并且 $Te<Ca$。

当 $Ca>Tp+Te$ 时，托运业主群体反抗政府剥夺的代价（Ca）高于因反抗而避免的损失（或默认政府剥夺时所受的损失）（Tp+Te），因此无论市场经营业主群体采取什么行动，托运业主群体的最优选择都是放弃反抗。由于托运业主群体放弃反抗，加之市场经营业主群体的单独反抗是无效的，因而无论市场经营业主群体的态度如何，政府都可以放心大胆地剥夺所有的社会成员。

当 $Cm>Tp+Te$ 时，市场经营业主群体反抗政府剥夺的代价（Cm）高于因反抗而避免的损失（或默认政府剥夺时所受的损失）（Tp+Te），因此无论托运业主群体采取什么行动，市场经营业主群体的最优选择都是默认。由于托运业主群体单独反抗最多可以保住 Te，但必须付出代价 Ca，又由于 $Te<Ca$，所以托运业主群体的最优选择是放弃反抗。

由此可见，只要与被剥夺的利益相比反抗的成本足够高，被剥夺者就将默认剥夺，而政府就可以剥夺。

2. 剥夺市场经营业主群体型权威

在第二类情况下，子博弈精炼纳什均衡为{S2，A，A}，即政府选择{不剥夺托运业主群体，剥夺市场经营业主群体}、托运业主群体选择{默认}、市场经营业主群体选择{默认}。我把这种情况称之为“剥夺市场经营业主群体型权威”。

“剥夺市场经营业主群体型权威”出现的条件是：$Cm>Tp+\lambda Te$，或者 $Cm<Tp+\lambda Te$ 并且 $Ca>Tp$。

当 $Cm>Tp+\lambda Te$，即市场经营业主群体与托运业主群体同时反抗的代价（Cm）大于因此而避免的损失（$Tp+\lambda Te$），所以市场经营业主群体不会与托运业主群体同时反抗政府。由于托运业主群体单独反抗既不能保住 Tp，又要付出代价 Ca，所以在这种情况下，托运业主群体的最优选择还是默认。其结果是政府可以安全地剥夺市场经营业主群体。

当 $Ca>Tp$ 时，托运业主群体反抗政府剥夺的代价（Ca）高于因反抗而避免的损失（或默认政府剥夺时所受的损失）（Tp），因此无论市场经营业主群体采取什么行动，托运业主群体的最优选择都是放弃反抗。由于托运业主群体放弃反抗，市场经营业主群体的单独反抗是无效的，因而市场经营业主群体默认政府的剥夺。

需要说明的是，在区域 7 和区域 11 中，{S3，A，A}也是子博弈精炼纳什均衡。当存在多个均衡解时，政府可以在其中任选其一。考虑到政府倾向于保持策略的连续性，因此可以合理地假设它将选择{S2，A，A}。

3. 最小权威

在第三类情况下，子博弈精炼纳什均衡为{S1，A，A}，即政府选择{不剥夺托运业主群体，不剥夺市场经营业主群体}、托运业主群体选择{默认}、市场经营业主群体选择{默认}。政府满足于剥夺托运业主群体和市场经营业主群体的政治权利，而不会剥夺他们的经济权利。我把这种情况称之为“最小权威”。

“最小权威”出现的条件是：$Tp<Cm<Tp+\lambda Te$ 并且 $Ca<Tp$。

当 $Tp<Cm<Tp+\lambda Te$，政府放弃剥夺市场经营业主群体的经济利益，即选择 S1，由于 $Tp<Cm$，所以市场经营业主群体选择{默认}，托运业主的单独反抗不能保住 Tp，反而付出代价 Ca，所以托运业主群体选择也{默认}。

4. 权威崩溃

在第四类情况下，托运业主群体和市场经营业主群体将为保护自己的政治利益而联合反抗政府，而政府又无力镇压这种全民反抗，于是权威主义政治终结。我把这种情况称之为“权威崩溃”。

“权威崩溃”出现的条件是：$Cm<Tp$ 并且 $Ca<Tp$。

当 $Cm<Tp$ 并且 $Ca<Tp$ 的时候，托运业主群体和市场经营业主

群体都愿意付出反抗的代价而捍卫自己的政治利益，所以将出现联手反抗的情况，政府剥夺两个群体政治利益的行动失败，政府权威崩溃。

5. 托运业主群体勾结型权威

当 $Ca<Tp$ 的时候，政府在剥夺市场经营业主群体的经济利益和两个群体政治利益的时候，托运业主群体可能会反抗，为了顺利实施剥夺，只要 $Te>Tp-Ca$，政府就可以从取自市场经营业主群体的经济利益（Te）中拿出一部分（Δ）分给托运业主群体，使得 $Te>\Delta>Tp-Ca$。此时，托运业主群体新的报酬函数为 $Ta+\Delta-Tp$，大于反抗时的报酬函数 $Ta-Ca$。

这意味着，{受贿并默认}要比{反抗}更好。这样一来，政府通过贿赂托运业主群体消弭了托运业主群体反抗的动机，而托运业主群体收受贿赂在之后也就会默认政府对市场经营业主群体进行剥夺。于是，{{贿赂托运业主群体，剥夺市场经营业主群体}，托运业主群体受贿并默认，市场经营业主群体默认}就是一个新的子博弈精炼纳什均衡。其对应的报酬函数的值分别为{ $T+Te-\Delta+2Tp$，$Ta+\Delta-Tp$，$Tm-Te-Tp$ }。

历史现实可以帮助我们理解托运业主群体勾结型权威出现的机制。随着市场和经济的发展，托运业主群体的势力日益膨胀。当托运业主群体的实力足够大时，一方面，他们具有较强的反抗政府的能力，或者说，反抗政府的代价较小，即 Ca 较小，另一方面，他们对政治权利的要求较强，即 Tp 较大，于是就会出现 $Ca<Tp$ 的情况。

在“7・7”事件可以体现政府与托运业主群体间的关联。通过不断推进市场化改革，实施鼓励经济发展的政策，政府为托运业主群体创造了有利的牟利环境。通过钱权勾结和裙带关系，政治腐败还为托运业主群体创造了可观的非法获利渠道。

任何一个回合的互动性选择的变异都会导致不同的结果。政策过程触动、纠缠着许多冲突对抗的利益关系。特别在转型期社会，更是充满了私人目标与社会目标、个人利益和公共利益的矛盾冲突。

事实上，许多政策的出台过程，往往是政府与各个利益群体集体博弈的均衡结果。其间，各相关参与者就利益进行博弈，每一参与者都遵循力求得到最大利益，并把损失减少到最低限度的原则①。

在这个托运市场整顿的过程中，伴随着部分权利转移和部分利益重新分配，势必会造成一部分人的利益损失和另一部分人的利益补偿与恢复。各利益群体的多层次性和利益的多重性，决定了他们必然会进行成本——收益分析，如果其实际收益与预期收益之间，或本人的收益与他人的收益之间存在差距，就会产生利益相对被剥夺的心理感受，这种利益受损的心理感受将直接导致偏离政策目标的各种行为。利益受到损失的主体，如市场经营业主群体，为了维护自身利益，或多或少、或明或暗地会反对改革，造成与政府相关管理部门的对立和冲突。但由于这个博弈过程为典型的强权博弈，即地方政府的策略为支配策略，经营业主们只能在被动地接受这种策略的前提下，适度地采取利己的措施。而在博弈过程中，力量强大、资源充裕、组织良好，尤其是与政治权力结合起来的强势利益群体，有可能损害整个地区的公共利益和广大公众的利益，特别是严重损害弱势群体的利益。

政府部门将关切到哪些群体利益的客观事实优先“制度化”为社会问题，并动用社会资源加以解决，这实质上反映了政府在不同群体间的利益分配倾向。我们可以发现，政府将倾向于采取{不剥夺托运业主群体，剥夺市场经营业主群体}策略。

当政府认识到政策的结果将是一个博弈的解的时候，规划政策目标的行为将变得更加理性和富于弹性，设计政策方案的过程也会具有更强的动态性和针对性；政府也将以一种新的视角来关注政策的执行：当政府本身就是博弈局的参加者之一时，他会充分考虑到对手的反应，不再是被动地适应而常常改为主动地调整；当政府仅仅是为局中人提供一次竞争的场所和机会时，他会以更加公正的身份出

① 陈振明. 公共政策[M]. 中国人民大学出版社，1998：311.

现，把重点放在设计和完善一个完美的博弈规则以及监督各参与方是否按照这一规则采取行动上来。这一点，特别是对于制度环境尚不健全的转型期社会，由于规则尚不完善或者常常处于变动的状态中，社会摩擦和冲突易引起较大的损耗，同时制度的间隙又为寻租者创造了较大的寻租空间，这些因素造成社会转型常常付出沉重的改革成本，在这样的环境条件下，确立和完善博弈的规则，引入良性的竞争机制，使改革在较短的时间内以较小的成本取得较大的收益，引导社会朝着发展的方向演进是政府部门义不容辞的责任，也是其出牌的关键。

在利益冲突过程中的相互作用和竞争，社会中多元化的利益要求得到了表达。其间会出现各利益群体不断的谈判与妥协，而这一切都必然会影响到自己也是经济人的国家政府决策者的利益变动与行为选择。如果利益结构非均衡性很大，各利益群体的社会成员基于自己的切身利益，就会以各种方式（组织的或自发的，冲突的或温和的）进行利益博弈，力图改变现有的制度集合，使利益结构在新的基础上达到新的、比较好的均衡态。各个利益群体和政府之间的互动与博弈，最终会使政治决策比较平衡地反映各利益群体的利益。

一个国家的各种制度安排在很大程度上可以说是该国各种利益群体彼此之间不断博弈，从非合作博弈转向合作博弈即寻找利益动态变化的纳什均衡的过程。恩格斯在描述历史实际进程时曾指出："历史是这样创造的，最终的结果总是从许多单个的意志的相互冲突中产生出来的，而其中每一个意志又是由于许多特殊的生活条件，才成为它所成为的那样。这样就有无数互相交错的力量，有无数个力的平行四边形，而由此就产生出一个总的结果，即历史事变，这个结果又可以看作一个作为整体的不自觉地和不自主地起着作用的力量的产物。"①

① 马克思.马克思恩格斯全集[M].北京：人民出版社，1975(37)：461—462.

改革本身即是一种博弈或竞赛，但是，大家都可以从中受益，期望实现合作博弈或双赢的竞赛，重要的是建立改革的制度和秩序。对现阶段的中国而言，改革建立新秩序的过程，实质上是处理和调节各种利益矛盾和利益关系的过程，是权力和利益的再调整和再分配的过程，其利益冲突的尖锐程度更是前所未有的。一方面，不改革，发展便会失去动力，社会利益冲突便得不到有效的协调与整合，因此，深化改革是进行社会利益冲突协调的根本出路；另一方面，改革的自身动力来自参与改革的不同主体对改革收益（包括即期收益和预期收益）的不断满足和损益的计算，所以，制定改革措施时必须考虑各方利益的平衡与协调。此外，从改革的实际进程来看，改革过程不过是不同利益群体相互博弈后所形成的一种公共选择。某种改革策略或方案之所以被采取或被搁置，都可以从改革背后的利益群体冲突中寻找答案。

3.3.2　社会利益结构的弹性与社会冲突

利益分化，即利益的变动和重新组合，自然会引起利益结构的变化。社会群体利益结构是指社会利益在社会群体中的分布和流动状况，可用每个社会群体占有社会利益的多少和获取社会利益的难易程度来表示。“利益结构是社会系统的深层结构，是社会和政治运行内在动力的源泉。”[①]社会利益结构的变化会给社会系统和政治系统带来巨大的影响。有学者认为，社会冲突之所以经常出现，就在于社会群体之间始终存在着利益矛盾和利益斗争，并认为社会利益关系紊乱是社会群体之间利益矛盾扩大或激化的根本原因，也是社会冲突产生的根源之一[②]。在此，考察社会利益结构关系便成了研究社会利益冲突问题的切入点。

在一定程度上，利益分化是由社会变革引起的，而社会变革带来

① 李景鹏.当代中国社会利益结构的变化与政治发展[J].天津社会科学，1994(3).
② 毕天云.论社会冲突的根源[J].云南师范大学学报，2000(5).

的结果正如法国社会学家克罗齐认为的那样："变革产生了日益提高的期望，而变革的必然有限的结果却不能够使这些期望得到满足。一旦人们认识到事情可以变化，他们就不能再像从前那样轻易地把他们现实条件的基本状况看作是理所当然的了。"[①]利益需求与利益满足之间的差距度，是判断社会稳定与否或社会冲突程度的重要指标之一。在任何一个社会里，社会成员获取稀缺利益资源的数量都是有差别的，而且这种差别还往往表现为制度性的不平等。由于这个原因，任何一个社会的利益结构都是一种层次结构。一般说来，层次水平不同的利益结构，对政治发展的影响不同。但是层次水平相同的利益结构，对政治发展的影响并不一定相同，这其中有一个利益结构弹性的问题。依据弹性大小，社会利益结构可大致区分为高弹性结构和低弹性结构两种类型。

所谓低弹性的利益结构，或者说累积性不平等的利益结构，是指社会成员所拥有的各种类型的利益资源（如收入、职业、教育程度、权力、社会声望等）具有统计学上的较高相关性。具体地说就是"个人拥有的某一种资源越多，他拥有的其他资源也就越多"[②]。显然这是一种整体性不平等的利益结构。"农业社会特别易于形成累积性不平等，因为一个人拥有的土地的价值不仅决定总的财富和收入，而且也在很大程度上决定社会地位、教育机会和政治、行政与军事的技能。"[③]由于存在着累积性不平等，低弹性结构内部各利益群体之间的分化程度比较严重，爆发社会利益冲突的频率较高、烈度也大。因此，这是一种脆性的冲突型利益结构。

与低弹性结构不同，高弹性结构内部社会成员所拥有的各种类型的利益资源，呈现出统计学上的弱的相关性。以一定类型的利益资源作为坐标轴可以构造一定的社会利益（分析）空间，其间社会成

① 克罗齐.民主的危机[M].马殿军等译.北京：求实出版社，1989：19.
② 达尔.现代政治分析[M].王沪宁等译.上海：上海译文出版社，1987：96.
③ 达尔.现代政治分析[M].王沪宁等译.上海：上海译文出版社，1987：120.

员的分布呈弥漫状态，而不是呈极化状态。高弹性的利益结构是一种弥散性的分层结构。达尔对“弥散性”的界定是“一个人在某一等级序列中的地位与另一等级序列无关(没有相互关联)”[①]，缺少某种利益资源的社会成员，可以通过获取其它利益资源而得到补偿，即社会成员在此种利益地位上的劣势，可以由其它利益地位上的优势加以弥补。因此，在高弹性的利益结构内，社会成员利益地位的优或劣具有相对性。显然这不是一种整体性的不平等结构，而是一种分散性的不平等结构。由于这种分散性或弥散性，各利益群体的分化程度和矛盾程度并不尖锐，爆发社会冲突的概率较小，即使发生也较为温和。

我国传统体制下的社会利益结构，由于受单位制、户籍制、身份制等制度因素的限制，形成了一种较大的累积性不平等的局面。改革开放以来，这种局面有向弥散性方面加速转化的趋势。目前需要鼓励的累积性关系主要是以知识、能力为基础的自致因素(人的贡献、成果、政绩等)与其所得利益的正相关关系。上述内容的实质是调整社会利益结构，缩小传统的各种利益之间的相关度，提高社会利益结构的弹性。这在客观上就要求利益结构要增强自身的适应能力和整合能力，要变单一的累积性为主的结构为多元的弥散性为主的结构。

对一个社会而言，一种合理的被社会成员普遍接受的社会利益结构的存在是社会利益关系融洽的基础，也是社会稳定的前提。然而，在同一个社会内部，各个利益群体相互联系所组成的利益群体结构存在着复杂的矛盾关系。不同的利益群体由于利益需求的不同，他们之间存在着一定的利益矛盾，甚至同一利益群体内部的成员之间也存在不同的利益差别和利益冲突。改革时期是各个利益群体之间冲突容易激化的时期，由于群际之间利益分配关系的不平衡，而不断的分化没有辅之以不断的整合，各群体之间必然会产生相应的利

① 达尔.现代政治分析[M].王沪宁等译.上海：上海译文出版社，1987：96.

益竞争和利益摩擦，并有可能发生某种形式的利益对抗，这种对抗状态一旦超出体制的承受力与容纳力，就会倾向于从体制外寻求利益的补偿，破坏体系原有的秩序和稳定，造成某种程度的结构性紧张或冲突现象。赫希曼曾指出，“在快速经济发展的早期阶段，当不同阶层、部门及地区之间的收入分配不平等急剧扩大时，社会对这类不平等的忍耐性可能很大。……但是这一忍耐就像一张信用卡一样，它是能支付到某一天，在期望的延宕实质的不平等会再度变小。如果这没有发生，就必然会出现麻烦，或许是灾难”①。

当然，这并不是说社会群体利益结构的变化都必然引起社会冲突。实际上，社会群体利益结构的变化可相对分为正常变化和异常变化两种类型：

其一，社会群体利益结构的正常变化一般是指社会群体利益结构合乎社会发展规律，与社会结构相适应，反映了大多数社会群体成员的利益愿望和要求，有利于社会稳定发展的变化。这种变化是社会群体利益结构与社会发展进程相适应，与整个社会结构变化相吻合的变化。这种变化对社会稳定发展起着积极推动作用，有利于一定时期社会稳定局面的形成。

其二，社会群体利益结构的异常变化一般是指社会群体利益结构违反社会发展规律，与社会结构不适应，违背大多数社会群体成员利益愿望和要求，将可能导致社会冲突的发生。这种变化与社会发展进程不相称，被大多数社会群体成员认定是一种不公正、不合理的变化，它促使社会群体之间利益矛盾扩大，对社会稳定构成威胁。社会群体利益结构异常变化以社会利益的不公平、不合理流动为表现形式，以异常社会群体利益格局出现为标志。它时常成为公众关注的焦点，是社会群体之间爆发社会冲突的导火索。“7·7”事件即是属于此类。

① 赫希曼.经济发展过程中对收入不平等忍耐性的变化[C].经济季刊杂志，1973(87)：545.

3.4 利益边界的冲突与整合

3.4.1 利益冲突的边界

通过对“7·7”群体性事件中利益冲突行为的博弈分析，我们可以看到，当人们在获取利益的过程中超出社会制度规范所允许的边界时，易导致不同主体之间的利益矛盾或冲突。那么，利益冲突的发生场域是否就存在于利益的边界范围内？社会主体追求利益的行为保持在共生的利益边界内是否就是整合利益冲突的方式？

3.4.1.1 利益分界的必要性

我们假定不同的利益群体基于对自身利益的追求，由于这一目标函数，求利的不同利益群体双向渗透时常有围绕利益分配而形成的各种摩擦冲突，也因对“利己”性的运用而发生冲突。这必然会驱使各方努力争取最有利于自身利益的边界条件。

(1) 从利益边界来看，冲突具有“零和”特质：一方所得，即为他方所失。这样的结果会是：更少利他，更多利己。如果权利原则缺乏，人们在追求自我利益的过程中发生利益冲突，就将由于资源配置有利于强者的时候，更易于使强者以侵犯他人利益边界的方式取得自己需要的超额实现，弱者愈益处于被剥夺的境地。在趋利的激励下，向外推移边界的渗透(强者→弱者)不可避免地具有强制性，这必然会导致它与那些不与外界“互通有无”而株守既有边界的反渗透(弱者→强者)选择间发生强烈冲突。虽然最终，在强力渗透下，反渗透失效而趋向被动或主动地接受渗透甚至转型，但其间，面对恐怕很难用成本加以度量的巨大损耗。此时，社会冲突更易于形成。

(2) 利益边界空间存在的渗透压力，其实质乃在于相互间的利益分配。这主要是因为开放求利的不同利益群体双向渗透时，常有围绕利益分配而形成的各种摩擦冲突。如果认为利益交换(交易、竞争)是双方互利的正和博弈(即一方所得为一方所失)，那么利益冲突更容易导致零和博弈(即一方所失并不一定是另一方所得)，甚至转化为负和博弈(即各方以互损告终)。但所谓冲突似乎并非解不开的死结,在不同利益群体愿意以一个多方接受的利益分配方案落实、兑现其预期利益时,他们即会在多个双向渗透中通过讨价还价达成谅解妥协。

由此可见,利益冲突的边界也许存在于显性既得利益和潜在利益的对比中。

从利益边界角度观察利益冲突与社会稳定之间的相关性,就在于:在某种意义上,当利益冲突超过边界限度或得不到控制时,势必对社会的存在构成威胁,从而也对社会稳定构成威胁。“如果完全没有社会冲突,政治制度便没有必要存在,如果完全没有社会和谐,政治制度也无从建立。”①所以,社会稳定的必然要求也就是调节、缓和利益冲突,把它控制在一定的秩序边界范围内,而不是消除利益冲突。实质上,社会稳定反映的也是利益冲突边界相对平衡和缓解的一种状态。

3.4.1.2　共生利益边界

发生利益冲突的边界是在追求利益优化的情境下发生的,包含有反映个体利益、公共利益、社会利益、环境利益等利益边界。各类利益群体的利益互动,使得利益边界移动,在一定时候出现临界现象。

正如本章前面所述,政府和其他利益群体都是各具利益取向的行动者。那么,各类利益之间是否存在共生利益边界?如有,那它究竟在哪里?也许问题的答案可以解释一些社会变迁的关键问题。

在市场化的过程中,公众作为一个市场主体,其寻利行为是一种生产和创新行为。而政府作为一个权力机构,其行为是一种分利行为。这种行为又可分为纯粹的分利行为和生产性的分利行为,前者是指在创利未增加的情况下,政府分利的增加来自个体利益的减少,这必然是一种外在于市场的掠夺性的侵权行为;后者则是指政府作

---

① 亨廷顿.文明的冲突与世界秩序的重建[M].周琪等译.北京:新华出版社,2002:10.

为市场秩序的一个内在参与者，在推动创利增加的同时，其利益也随之增加。创利者的寻利行为既是生产可能性边界的外移，也是制度可选择集合的扩大。纯粹的分利行为充其量是在原有的可能性边界和可选择集合内行动，而生产性分利行为必然是政府追随和推动创利者的寻利行为去扩大生产可能性边界和制度可选择性集合，即意味着两者共同推动市场化的进程，其结果是合作秩序的扩展。

因此，政府与其他利益群体的利益取向具有内在的一致性。政府寻求自身利益的出发点应以实现共生利益为前提，超越或侵害公共利益的政府行为得受到法规、政策的约束或制裁。共生利益的存在强化了这种内在的一致性。当然，政府利益的取向与其他利益取向可能不完全一致。出于自身利益的考虑，政府可能会放弃最佳的政策选择。但在一定的客观条件下，政府也能带来使社会利益有保障的次优政府政策。所以，合理边界范围内的共生利益往往是政府行为的内在驱动力之一。

所有群体利益的共生部分，称之为J，J是社会上一切成员所公认的有益于多数人的利益，因而是社会共同的合于规范的利益之总称。J集合是社会共生利益的集合。但我们不禁疑问，何以见得确实存在这样的集合？难道不存在这样的可能性，即社会各成员对利益的判断都非常不同，以致于他们根本没有相交的部分？如果确实这样，就意味着没有一件事是被社会公认为是有利于大多数人的长远利益。用数学术语解释，即J是空集或$J=0$。但我们认为，J作为社会对于利益的共识是存在“解”的。对于同样一个社会，如果每个社会成员彼此的利益判断很相近，则共生利益J的范围很大，社会就有比较一致的利益判断标准，这样的社会必定比较安定和谐；相反，如果各个社会成员对于利益的边界和范畴持不同见解，则共生利益J的范围很小，社会必定处于混乱状态。

社会共生利益的行为集合究竟包括哪些内容，它的边界在什么地方，可以从两个方面去逼近。一是直接从那些肯定对多数人的潜在利益有利的行为出发；二是排除那些肯定不利于多数人潜在利益的行为。形象地说，前者是从图中 J 范围的中心向外推移，后者是从图中 J 范围之外向内推移，最后可以确定 J 的边界在什么地方。确定 J 的边界就是判定哪些是合乎利益目标的，哪些是不合乎的，从不同的出发点或立场来判断，可以发现 J 的边界随时在变化(参见图 3-6)。

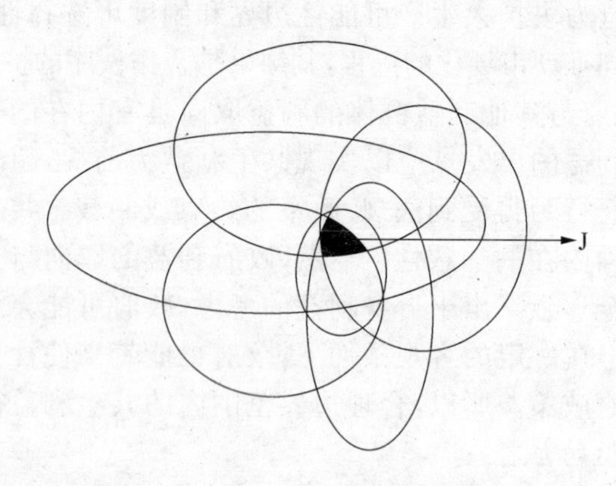

图 3-6　共生利益边界

(注：每个圈代表一个利益群体，其中阴影部分 J 表示各利益边界中共生利益部分。)

通过以上分析，我们认识到，在进入以市场经济为基本构架的社会时，利益冲突会变得常规化。问题不在于是否存在或发生利益冲突，而在于能否形成有效的社会制度安排，将利益冲突尽可能地置于理性的基础上并保持在合理的边界范围内。但多少年来，我们社会中最基本的冲突模式是，冲突双方的目标不仅仅是获得自身的利益，而是要彻底战胜对方，缺少一种理性解决利益冲突的方式，缺乏有效解决利益冲突的制度化手段。所采取的权宜性措施往往以追求表面上恢复稳定速效为特征，这些权宜性措施有时不但不能从根本上解决导致冲突产生的问题，反而易激化矛盾和冲突。同时，由于长期缺少理性解决冲突的意识形态话语和文化环境等，人们对冲突的看法较为僵硬，在利益冲突时很难进行对话和协商，这样就人为地提高了利益冲突的敏感性。

3.4.2 利益边界的划分与整合

从某种意义上说，中国的体制转轨是由政府主导的全面的制度变迁过程。这就意味着政治体系必须强化自身对利益关系分化与重组的适应性变革能力，运用自身的整合与协调功能，提供强有力的制度供给，以实现社会利益资源的合理配置，达到有效调控和适度满足各种利益要求，协调各层次利益关系的目的。还必须控制、协调和缓解利益冲突，使其保持在社会所能容纳的边界内。由此，理应在国家法律和政策基本精神的指导下，构建更加合理、科学和制度化的利益整合机制，以确保利益表达、利益竞争、利益实现的有序和社会稳定。

为整合社会主体间的利益冲突及其边界空间中派生的各种矛盾，我们认为可以从以下几个方面入手：

3.4.2.1 划分利益边界，重新确定利益关系

1. 划分明确而合理的利益边界线

如何处理好各种利益关系，是关系到主体之间的关系及主体本身的存在和发展的问题。我们认为，解决利益冲突最有效的途径就是引入对利益本身“合理性”边界的评价机制，通过利益的合理性原则去分析复杂的利益关系，使各种利益围绕合理性边界的原则组成一个平衡、稳定和有序的系统。

什么是合理性？什么样的利益才能称得上是合理边界范围内的？人的发展和社会的进步正在寻求与人的目的和利益相关的合理性。从一般意义上说，合理强调对事物存在或人的活动及其结果是否“应当”、“正当”、“可取”的认识和评价。判断利益合理性的标准主要在于，主体对利益的追求是否符合规律性、价值性和目的性，这涉及几个方面的原则：

（1）取决于需要是否合理，即利益是否符合目的性。主体的需要是利益形成的基础和前提，需要的合理与否是主体利益是否符合目的性的内在根据。

(2) 取决于利益实现手段是否正当。利益的合理性不仅表现在主体利益的实现的“有益无害性”上,即“利已不损人”和“利已又利人”,而且主要表现在获得利益所运用的手段或工具是否恰当上。由于人们在追求自身利益的时候采取不同的手段或工具,使得不同的主体有性质和结果截然不同的利益追求。判断利益实现的手段是否正当、合理,主要看人们利益获得及其途径是否符合社会规范。取决于利益的分配是否公正、合理。

政治是强势群体统御社会,要达到一种妥协,即要使得社会中大部分利益群体能够接受。但政府无法制定出完美的令各方都绝对满意的决策。因此,社会利益群体的利益边界不能直接以行政权力为基础来界定,而必须以国家权力机关的立法来确定社会各利益群体之间的利益关系。重新界定合理的利益边界线,规范利益群体的行为,能有效地协调他们之间的利益矛盾和利益关系,将利益的分化约束在合理的范围内,避免特殊化利益群体的出现和他们对利益的过多侵占及对其他利益群体利益的剥夺。

2. 遵循利益相容和共生原则

利益的社会性决定了不同利益之间有共同之处,使利益之间存在一定的共性、协调性和相容性。所谓均衡共生原则,就是注意在利益关系各方之间寻求一定的平衡,使社会利益关系的倾斜不超过社会承受能力所允许的临界点,避免不正常利益之争,避免因利益冲突尖锐而导致社会剧烈动荡乃至社会危机。均衡原则要求充分考虑各种利益愿望,对一定的利益行为给予提倡或限制,力求在全社会范围内形成合作的共生利益关系。任何社会,都必须在一定的利益秩序下才能存在下去,也就都必须遵循均衡共生原则。因为只有使中国社会各利益群体之间能够形成制衡的局面,从而使民主能实在地建立在这种利益群体相互牵制的基础上,而不是建立在一个虚幻的所谓“全体人民利益”的基础上。

3.4.2.2 平衡利益边界结构,选择理性的改革方式

各个利益群体之间存在着多元化的利益目标,这些目标之间不

可避免地存在着程度不同的冲突趋势。将利益冲突控制在一定边界范围和秩序结构之内，是解决转型期社会冲突的思路之一。

从开始为改革付出代价直至改革的收益超出成本，使其最终能够获得实际补偿即改革“见效”之前，也会存在一定的“时滞”，这种时滞会为改革带来阻力，即不是来自某些特殊利益群体的阻力，而是来自社会系统中的个人，每个人都可能或多或少有反改革动机，而且这种可能的利益受损在当时是无法通过“补偿”之类的措施加以消除或缓解的。这种阻力根源于每一社会成员自身利益的对峙，亦即潜在利益与既得利益的矛盾，因而被称为“改革的绝对阻力”。制度化结构与社会成员的利益有着十分紧密的关系。它以一整套原则、规范和机构限定了人们的利益边界空间，并保护其在结构关系中的实现。在原体制中，身份、单位和行政制度与国家政权的直接同一性和刚性特征，导致广大社会成员几乎被分割成一个个封闭性很强的地位群体。各个地位群体的活动性质、范围和程度都由国家给定，因而不同地位群体的利益空间和利益状况也是封闭性给定。不仅个人和地位群体无法相对自主地选择利益实现内容，而且利益实现的工具性手段也是严格限定的。这种刚性分割会导致产生一种结果，即社会成员对于利益差异具有强烈的感受。

无论社会选择了什么，在它的背后都存在着一系列的利益冲突，并且不会因做出了某种选择而马上使这些利益冲突得以缓解，它们将在体制变革中继续存在下去，甚至可能会随着制度变革的进展而激化，并继续影响下一步改革进程。在改革道路或改革方式上，作何种选择关键在于社会既定的利益格局或利益结构，及在利益结构基础上产生的权力结构。每个社会成员或社会群体都有自己特殊的偏好，即各自的特殊利益共同构成社会的利益格局，与此同时，在一个社会中，各种社会群体在社会事务中所拥有的“发言权”大小或“决策权”大小便构成了社会的权力结构。改革是对原有利益的调整，会引起社会成员的剧烈反应乃至冲突。应从社会利益结构出发，选择阻力较小的改革方式。

3.4.2.3 利益冲突制度规范化，实现社会公正

利益冲突的社会整合机制必须借助国家制度和法律、法规等规范性的中介得以运行和实现其功能的。任何制度的本质都是利益制度，任何法规都是为在利益关系中规范人们的行为而存在的。法律规范构成了立法者为解决利益冲突而制定的原则和原理。法律的制定和运用应在各利益群体的博弈基础上达成共识。正如美国法学家庞德指出的，法律的根本任务就在于“尽其可能保护所有社会利益，并维持这些利益之间的、与保护所有利益相一致的某种平衡或协调”①。

要把利益冲突限制在边界范围内，制度规范是必要的。利益冲突的制度规范化，包括两层含义：

一是利益冲突的表现方式和解决方式要用规范的形式确定下来。利益冲突是客观存在、不可压制的。“压制冲突的僵化的社会制度更可能分裂为敌对阵营，当敌对群体的成员最终摆脱对他们的长期压抑而彼此发生对抗的时候，他们之间的冲突可能是强烈的和感情冲动的。”②这就要求，利益冲突要以适当的形式表现出来，不能总以隐性的情绪冲突积累冲突的强度，更不能压制。同时，利益冲突又必须以适当的方式来表现和解决，不能超出秩序的范围之外。这就要求制定一些法律规范，使利益冲突能在秩序所能容纳的限度内来表现和解决。这实际上是针对我国利益冲突的情绪化特点而提出的要求。

二是政府在调节利益冲突时要有规范化的手段。最大限度地在社会中协调利益冲突，并不排除社会中不可能缓解的利益冲突通过政治权威系统来调控。在某种意义上来说，政治是价值的权威性分配，政府也是调控利益冲突的最高机构。尽管政府凭借其合法的强制力在大多数情况下也可把利益冲突压制在特定的边界范围内，但

---

① 博登海默．法理学——法哲学及其方法[M]．邓正来等译．北京：华夏出版社，1987：141—142．

② 科塞．社会学导论[M]．杨心恒等译．天津：南开大学出版社，1986：622．

其活动要具有最高权威性，还涉及到一个合法性的问题。在我国的实际生活中，由于党政干部的个人利益和部门利益的影响，在调控利益冲突时难免存在有失公允的甚至违法犯罪的情况，使本应由政府调控的利益冲突更加突出。因为这种情况造成的必然的负效应是：利益冲突中的一方通过交易不合理地巩固和扩大了利益边界，另一方则不公正地损失了利益，双方都不再把政府作为利益冲突过程中的权威性调控机构，政府的合法性就会淡化。特别是利益遭受损害的一方，他们更可能从体制外寻求利益补偿，从而既加剧利益冲突又在某种程度上抵抗政府，影响政治稳定。因此，政治权威系统以法定程序、按法定原则，来调节和控制利益冲突就十分必要。从我国目前的情况看，健全法律规范体系虽然十分必要，但更重要的是执行法律规范，也就是以规范化手段调控利益冲突，否则，规范就会失去权威性，利益冲突就会丧失表现和缓解的规则。

另外，规范化原则还有助于社会公平的真正实现。整合利益冲突所要达到的目标，应该是在社会公认的、主导的利益观念指导下确定的，为这样的目标而采取的协调措施就容易取得大多数人的认可和支持，并使人们对公平秩序的信心相应增强。当利益冲突的整合符合法律、法规、规章制度的条文时，将减少人为的不确定性因素的影响。如果这些条文本身所确定的程序和框架是按公平原则设计的，那么，遵循规范化原则的利益关系协调将以可以预测的、简单的方式，最大限度地实现社会公平。

3.4.2.4 整合利益观念，确认逐利行为的边界

连接利益群体和需求对象的是人的行为，连接利益群体和利益冲突同样也是人的行为，而影响人的行为的是利益观念、逐利动机及行为价值观，这是可以通过道德教化加以塑造的。观念协调整合的作用在于用社会认同的价值观、道德观、利益观、行为观等去影响、约束甚至塑造人的逐利行为，使之合乎社会公认的价值标准，进而使人自觉协调自己的行为与整个社会、他人的利益实现方式相一致。

（1）价值观念整合。由计划经济向市场经济转变，最终要建立起

与市场经济相适应的价值观念体系，这种价值观念体系从四个方面体现出来：① 价值主体意识的深化。即由过去以国家为单一价值主体的观念，向以国家、集体、个人分别为价值主体的多层次、多元化价值主体的转变。② 价值体系的重心发生变化。即从高度政治化、道德化向以经济为基础的社会化和全面化转变。③ 行为模式的变化。即由以行政权力为中心的行为模式向以实力能力为中心的模式转变。④ 价值体系运作机制的变化。即由过去的计划经济的单一化导致人们的价值观念运作呈现静止状态，向市场经济的多元化导致人们的价值观念处于能动状态转变。只有如此，社会的主导价值观才能成为社会成员价值取向的理想模式，并内化成为指导人们行为的原则。

(2) 道德观念整合。在由计划经济体制向市场经济体制的过程中，个人、集体与社会之间的利益关系和交往方式也有了变化，于是，在计划经济时期形成的道德观念或被扭曲了的一些传统的道德观念，与人们的现实利益活动发生了冲突。如重本轻末、重义轻利以及宗法观念、等级观念、特权思想、家长作风、平均主义等，阻碍着人们合理实现自身利益。对在市场经济条件下的利益冲突进行道德观念的整合，就必须扬弃那些传统的和错误的道德观念，提倡适应体制需要的道德观念和道德规范。

综上所述，对利益冲突进行社会整合的关键，是在利益的边界空间寻找一种利益张力平衡的机制，进而形成一个动态、合理的社会利益结构。

第四章　权力与权利的边界分析

作为一场改变生产和生活方式的变革，社会转型要求改变经济、政治和文化等社会结构，因而也涉及到社会权力[①]的格局和社会权利的获取。在本章，我们欲探究在“7・7”事件中所呈现出的有关权力和权利方面的边界冲突问题：

第一，当权力介入利益分配格局时，权力是如何分配资源的？如何确定市场经济发展过程中的政府作用边界？

第二，政府职能缺失与社会控制之间的关系究竟是什么？社会控制类型的多元化及地方黑恶势力的兴起是否阻断中国社会化、法治化进程？

第三，当“有事情发生”的前后，社会行动者是怎样做出逻辑解释和行动选择？他们参与公共事务的方式以及权利边界又是什么？

4.1　整顿托运行业

4.1.1　政府管理行为引致的问题

在经济体制转轨过程中，政府职能定位不合理和政府职能转换不到位所带来的缺陷，引致了许多利益冲突或使利益冲突没有得到有效的整合。近年来，S县有关管理部门制定了一系列鼓励经济发展的政策，但不少政策在执行过程中出现“肠梗阻”现象。由于权力本

① 权力是法学、政治学、社会学研究的核心问题之一，但是研究旨趣各不相同。法学研究的旨趣在于权力的合法性，政治学研究的旨趣在于国家和政府权力的行使，社会学对权力的研究比以上两个学科要宽泛得多。它研究的权力除了国家和政府权力之外，还包括个人、群体、组织在社会交往中的权力，因为权力存在于社会生活的各个方面。

身具有强制性、等级性、扩张性和易腐性等特性，国家公共权力的使用者都容易滥用权力[①]。S县政府在某些管理方面行为引致的问题主要表现在：

1. 政府职能的“错位”

政府职能的“错位”是指政府干预经济不当，未能有效克服市场失灵，却阻碍和限制了市场机制作用的发挥，导致经济关系扭曲，社会资源最优配置难以实现。“错位”的原因是多方面的，或源于政府的能力，或是由于政府干预超出其边界等等。与市场相比较而言，政府把持相当大的权力，在市场规则供给和实施方面却明显滞后和不力，有碍市场发育和经济增长。

S县政府在整顿托运行业的过程中，没有采取符合市场经济规律的办法去解决托运行业本身存在的问题。矛盾突出表现在托运市场布局问题上。托运市场与商品市场是相互依存、互为表里的，一衰俱衰，一荣俱荣。整顿托运市场就应当充分兼顾各方的利益，使它们共同发展，互相促进。但政府有关管理部门在整顿决策中未能充分兼顾商品市场与托运市场及其他相关利益阶层的切身利益，造成非正式利益群体之间激烈的冲突。

> S县政府为了解决托运行业特别乱这个问题，就在工业品市场的这个角上，建了一个托运市场。但是问题最大的一点就是这个托运市场立项思维，这是一个很明显的错误。第一，市场建设问题，它是重复建设；第二，它的条件不好，如果你在原来的附近建个托运城就顺理成章了。托运城就本身的条件来讲，比农林城以及周围的街道(原有散落的托运站点)要强，托运城本身的建设还是符合托运的要求，但就是太远了。如果现在的位置比以前的位置更好的话，也不会出现这样问题。

---

① 孟德斯鸠. 论法的精神(上册)[M]. 孙立坚等译. 北京：中国政法大学出版社，2003：154.

这个托运城是由县政府在专门的开发区规划和计划的。它全部操作的程序全部是合理合法的，只是这个东西我规划之后我给谁就是我的权力了。你们两个是老板，我是县委书记，现在我在某个地方建一个市场，这就看你们俩谁厉害了啦，就看和谁的关系好。当初建这个市场的时候，根本就没想到会有这么大的影响。以为凭政府的能力，应该可以想出办法。官场和商场现在联系很多的。①

托运城当时说是为市场服务的，应该是围绕市场走，不能集中，一集中之后就离开了群众，个体户的利益受损，所以他们造反。②

有关政府与市场作用的论争由来已久，政府天然的扩张权力的欲望与市场总是格格不入。“如果政府作用的结果不能达到预期社会公共目标或损害了市场经济的效率或带来自身低效率时，就产生了市场失效”③，这在我国表现得极为明显：

计划经济时代，政府把持相当大的权力，对市场强行管制，市场没有充分的伸展余地。因此，政府手中积聚了大量的行政权力，尤其是审批权和计划权。但是消除这些权力却不是件容易的事，政府权力的触角一旦伸向市场这块领地，冲突不可避免。如，政府有关管理部门在打击不正当竞争行为等方面明显缺乏归制或归制不力，致使违法犯罪现象泛滥，导致了大量的收入分配不公现象和非生产性投机活动的急剧膨胀，并最终阻碍了市场的发展。

一方面，市场调节(或市场机制)本身不能保证公平竞争，相反地只有合理和完善的竞争规则体系与实施这些规则的公正而权威的机构和有效组织，才能保证市场机制有效发挥积极的作用。否则，无序

① 摘自访谈记录第118号。
② 摘自访谈记录第218号。
③ 廖进球. 论市场经济中的政府[M]. 北京：中国财政经济出版社，1998：45.

的竞争不仅不能调动各利益主体参加市场竞争从而提高效率的积极性，反而会加剧他们之间的冲突。因此，市场机制发挥作用并最大限度减缓社会利益冲突的前提是市场竞争游戏规则的健全和有效，以及“裁判员”的到位与公正。

另一方面，行政行为的无限增长会带来公共政策执行的低效率。历史地看，行政能力的增长是社会需求的结果。但这正如奥尔森指出的，简单的满足社会需要，也就是简单满足不同社会分利群体的利益，而这正是政府职能膨胀的要因。其结果必然是：官僚主义、效率低下、浪费、挫折以及由此而来的腐化的危险，违反规章，随之是违法乱纪。[①] 在此情况下，政府的行政能力越强，其有效性就会越差。我国学者林毅夫把国家维持一种无效率的制度安排和不能采取行动去消除制度不均衡等现象都叫“政策失败”，并指出其原因：“统治者的偏好和有界理性、意识形态刚性、官僚政治、利益群体冲突和社会科学知识的局限性。”[②]诺思也早就认识到，国家（政府）一半是魔鬼一半是天使，既是经济增长的关键，又是人为经济衰退的根源，其关键就在于政府的活动和行为是增进还是损害了市场的功能和作用，是增加还是降低了市场交易和政府交易的费用。

> 后来的县委领导班子换了一班人，整顿工业品市场，托运城有个整顿托运市场管理办公室，现在农业城里面。有人利用这次（“7·7”事件）契机，认为行政干预市场过多，违背市场发展规律，政府只能搞宏观调控。[③]

2. 政府行为目标的“内在化”倾向

政府行为的内在性是指用来确定政府内的行为目标，以及用来

---

① 奥尔森. 国家兴衰探源[M]. 吕应中等译. 北京：商务印书馆，1993：75—79.

② 林毅夫. 诱致性变迁与强制性变迁：关于制度变迁的经济学理论[M]. 见诺思 等. 财产权利与制度变迁[M]. 上海：上海三联书店，1994：397—400.

③ 摘自访谈记录第 117 号。

归制和评价政府机构和人员的标准都具有“私人的”内在目标性质。由于公共选择机制本身的缺陷，使个人目标多元化为起点的公共选择很难形成一致性的集体决策，结果往往体现政治家和官员的自身利益或某些强势利益群体的利益，而社会公众又很难对此施加实质性的影响(即无能为力)。

在与城管队员和公安干警聊天时曾谈及：

> 我们是属于事业单位，一半属于财政拨款，一般由自己收的税返回75%，去年每个月是1 600元钱一个月啦。现任的县长对我们城管很恼火，本身我们很有权力，但他一上来，就把我们下放到两市镇。像这街上的广告费都是我们的，现在他把这个费用都收回去了。却增加临时机构，如工业设施管理站，来管理这些广告，把我们的权力都剥夺了。现在我们只能是搞得工资都没得发。①
>
> 在我们S县，有很多案子，公安破不出来，不是破不出来，是查不下去，因为公安系统参股，直接管理物流行业、娱乐行业、打牌、赌博、嫖娼，在里面占了股份。现在有多少案子都是查到中间断掉，查到一点线索又查不下去，政府就会来打招呼，这是我的亲戚，怎么怎么样，网开一面，公安就必须给这些政府官员卖面子，关键是还想升官。我们公安的运行经费，上面拿不出，拨下来只有一点点，就下任务给每个派出所。要罚款，所以社会治安就如此。如果不罚款的话，不行，因为你一个月的工资都拿不到。②

许多被调查的业主认为，近年来，S县委、县政府出台了一些政策措施，但政令不能统一，在管理上软弱无力，没有权威，没有威信，对

---

① 摘自访谈记录第203号。
② 摘自访谈记录第222号。

职能部门没有采取强有力的约束措施，从而产生了“政府行为部门化，部门行为个人化，个人行为利益化”的恶果，出现了“县官不如现管，政府文件不如部门罚条”的怪现象。

托运城从筹建到托运行业整顿的一系列过程中，就存在着一些腐败行为，托运行业里也存在少数党政干部和政治干警暗中参股牟取非法私益的现象。这些干部和干警充当托运业主的保护伞，干扰正常的经营秩序，群众对此十分反感。但是，我们对群众反映的这些突出问题，并没有引起足够重视，并没有引起深刻反思，也没有采取强有力的措施加以整改，从而使矛盾逐步积聚、演变，最终一触即发。①

县委、县政府对职能部门几乎没有采取任何强有力的约束措施，导致职能部门有令不行，有禁不止。对民营经济的发展不是扶持和保护，而是以执法为名、行收费之实；以规范整顿为名，行恶化环境之实。②

由于政府相关职能管理部门的管理和监督不到位，常常出现欺行霸市、强买强卖等市霸行为，导致了许多黑社会势力参与社会利益整合，甚至出现黑势力与政府官员媾和的现象，并由此加剧了社会冲突和社会团体犯罪的蔓延。一政府官员说：

这个托运利润很高，成本很低、所以，很多黑白两道集中在这里。官场的和黑道上的烂仔都想吃这块轻松饭，所以这种托运行业，竞争特别激烈。③

① 参见S县委书记所做的《在“7·7”群体性事件有关情况通报会上的讲话》，2002年7月15日。

② 参见S县委“7·7”事件处置指挥部优化环境组，《经济发展环境调查报告》，2002年7月22日。

③ 摘自访谈记录第118号。

这些在S县发生的事实说明了一个问题：我国社会控制形式和手段均产生了巨大的变化，从而改变了政府的任务和工作方式，并使地方政府和基层社会的关系发生转化。在社会转型过程中，恰好是非正式社会控制机制的作用比正式的社会控制机制（法律、政府、军警）更重要。因为“软控制”是利用说服、罚款和利益支配等手段，最容易导致社会成员思想的潜移默化。在旧的非正式控制机制丧失存在基础的同时，是正式控制机制的低效及严重变质，在不少地方中出现了权力和权威真空。在这种情况下，导致了社会控制力量的“多元化”及地方恶势力的兴起，“黑白合流”阻断中国社会化、法治化进程。

由于政府处于权力的垄断地位，具有绝对权威性，作为政府人格化代表的各级官员也居于特殊的位置，手中握有对社会某一部分人行使的大权，而各类法律、行政、舆论监督机制对官员的约束作用又不强，从而使得官员们失范行为的成本很低，收益很高，使得其“行为企业化”和“服务商业化”，机构型非正式利益群体因此而逐渐形成。由于政府利益主体的混淆，导致一些地方政府及其部门考虑问题只从本身利益出发，追求急功近利的短期行为。不考虑生产力布局是否合理和产业结构是否优化，而是为追求本届政府的政绩盲目投资，热衷于铺摊子、上项目，甚至政府管理部门直接投资竞争性项目，强令金融机构为政府项目贷“政策款”等。同时，在利益驱动下，原本是政府职责所在的，为社会公众提供的无偿服务也变为有偿服务。

> 做这个托运的都是S县本地人，外地人很少，因为本地人要有关系：一要有社会上请的打手；二要有公安可以保护你，一般都要有证才行。开托运站的人自己希望有人来管他，希望有人问他赚了钱。因为它本身生存的土壤，就是生存在一个不公正的土壤里面，需要有人保护才能够成立，然后生存了之后，就希望我能够跟你搞好关系，你问我要什么、需要什么服务：一是你不挑我的烂子（找茬），二是如还要交钱和费用，就少交一点，这个利益存在。从生意人本身看，他不希望你公正执法，你怎么办

啦。我愿意公正执法,你都不肯啦。开个托运站,连交1万块钱的税和8 000块钱的管理费,你把钱交过来了,我就不找你的麻烦了。你交来了,我政府部门该干嘛干嘛,我也不找你麻烦了。这个东西交几千几万的,当然想少点啦。①

政府的自利性一旦膨胀就意味着政府自控能力的下降,一旦政府管不好自身,就难以管好社会。一些地方政府及其部门把政府所代表的利益当作或转化为政府自身的独立利益及部门利益,实际上是混淆了两者的界限并以后者取代了前者。

由于政策执行主体即各级管理部门既是利益分配的实施者,又是利益分配的受影响者,这种双重身份使各级管理部门对政策的有效执行起着至关重要的作用。一方面,政府利益的取向与公共利益一致,使政府的内在激励与公共利益对政策的外在约束机制共同作用,使政策的制定和执行更加有效,形成类似帕累托最优的局面;另一方面,政府利益的存在使政府缺乏足够的动机和利益刺激机制将整个社会的利益作为出发点,把实现社会利益最大化作为自己的工作目标,从而对政策执行的有效性产生不良影响。

问:托运城搬迁主要的矛盾是什么?

答:肯定有,一个是利益和政策的矛盾,这一政策是对的,因为它是S县经济发展的必然趋势,但是他触犯了某部分人的利益,因此,这就是利益和政策的矛盾。我个人认为,只是这个政策不完善,不是不正确,对于这个政策的宣传和配套工作没有做好,这就是主要矛盾。每一项决策都需要调查分析,每一项决策都有反对与支持的意见,利大于弊的话,这一决策就能执行。经过“7·7”事件之后,政府对处理类似的事情,就会有计划得多。②

① 摘自访谈记录第118号。
② 摘自访谈记录第210号。

3. 政府行为派生的负“外部性”

权力的作用可以是正的，也可以是负的，可以是大至无限，也可以微乎其微。这里所指的政府行为侧重于政府的参与性经济职能[1]，它所派生的负的外部性较大，而正面效应相对较小。特别是政府对市场运行过程的过度干预，极易造成寻租行为的泛滥和新的利益分配不公，既不利于市场效率又不利于社会公平目标的实现。

由于管理不规范，S县托运行业存在着非法运输、不正当竞争等许多突出问题，整顿托运行业、规范市场管理是十分必要的。在整顿托运市场时，政府曾明文规定托运业主不准抬高运价，允许外地车辆到S县自由进货。但在执行中，有关管理部门并未认真落实，以致引发矛盾和冲突。

> 政府与老百姓的关系现在比较紧张，政府不依法办事，随心所欲，想怎么就怎么。不依法，强制交保险费，我们依法纳税，S县作为一个商品集散地，它发展成现在这种规模，它中间一定有蛮多的问题，“7·7”事件只是比较突出的一点。人民发财，环境好不好，关键在于政府的政策到底哪些是好，哪些是坏，哪些合理，哪些不合理。我们和法律有一定距离，不是法律有欠缺，而是执行过程中有些不合适。[2]
>
> 外面到处都很乱，政府到处乱收费，也没有搞什么管理，很不规范，想怎样就怎样（激动的表情）。[3]

近年来，S不少执纪执法部门的职能交叉，县委、县政府制订许多管理政策，在政府有关管理部门的具体执行中，并未认真落实，导致

① 主要指政府对市场经济的经济性和行政性干预活动。
② 摘自访谈记录第108号。
③ 摘自访谈记录第110号。

冲突的发生。例如,职能部门罚款逐年加重,根据当地收费局提供的数据:"1999 年,全县的各类罚款金额为 2 491 万元,2000 年为 3 390.81万元,增加 899.81 万元,其中工商 1999 年罚款 48.59 万元,2000 年罚款 222 万元,增幅为 450%,技监 1999 年为 67.6 万元,2000 年为 184 万元,增幅为 272%。除打假罚款以外,职能部门罚款已达到了不分时间、地点、不问缘由,不择手段的地步。"①

托运业主和一些职能部门不执行县委、县政府规定,导致① 托运价格暴涨;② 对客商自带车辆进货进行非法扣留、罚款;③ 货物运输管理办公室的货物稽查行为执法依据不足、处罚标准不一、作风简单粗暴。②

稽查货物的行政行为执法依据不足,执法方式欠妥。整顿指挥部下设的货物运输管理办公室从交通、工商、公安、交警等部门抽人组成,经常在商品市场附近稽查并扣留未入托运城经营的运货车辆及货物,且因方法简单粗暴、处罚标准不一致,常与车主和购销双方发生摩擦和冲突。其执法主体资格依法依据及行为后果都不同程度的违法违纪,引起群众不满,激发了矛盾,扩大了事端,加速矛盾的爆发。③

随着S县城规模的急剧扩大,外来人员大量涌入,县城人口急剧增加,但相应的管理工作相对滞后,预防、控制、打击犯罪的能力不足,致使县城治安状况较差。据我们的调查,一些针对个体工商户和私营业主的盗窃、抢劫、勒索和凶杀案件在该县时有发生。这些案件的频繁发生,使人们失却应有的安全感,也对有关管理部门产生不信任和不满的心理。

---

① 参见S县人大常委会,《关于全县经济环境的调查报告》。
② 参见S县委办公室,《经济发展环境调查报告》,2002 年 7 月 26 日。
③ 参见S县委内部资料,《整顿工作中存在的问题》。

S县比较乱。吸毒的人很多,所以把市场治安搞得很乱。而且S县流动人口太多,很多人到这里来玩,因为这里什么都可以做,很多人抢劫。因为很多人认为S县有钱,偷扒抢的都到S县来。[①]

现在的社会不平等、看不惯的东西太多了,你不忍也得忍。S县在政府党风方面,有些该杀的没杀,该判的没判,不该判的判了,有的有钱的可以买通人家。[②]

在社会发展过程中政府对某些重要稀缺资源实行管制与计划配给往往是有必要的。但这种管制由于限制市场竞争会形成级差收入,即超过机会成本的差价。它被现代经济学称之为“租金”。其特点是利用合法或非法的手段得到占有租金的特权。布坎南认为寻租活动同政府在经济活动中的范围或区域有关。“政府的特许、配额、许可证、批准、同意、特许权分配——这些密切相关的词每一个都意味着由政府造成的任意的或人为的稀缺。”“这种稀缺,意味着租金的潜在出现,而后者又意味着寻求租金的活动。”[③]而政府机构中那些靠“寻租”分利的官员、群体为了继续获取和增加来自“租金”的收益,总是千方百计地阻挠从旧体制向新体制转变的进程,尽可能地保留、扩大政府对经济生活的过度干预,甚至主动地“设租”和“收租”。官员们利用公共权力运行的垄断,可以在信息不完全的情况下,较容易地利用经济管制政策从事寻租活动。他们常用的手段是政治创租与政治抽租[④]。

---

① 摘自访谈记录第202号。

② 摘自访谈记录第112号。

③ 经济社会体制比较编辑部.腐败：权力与金钱的交换[M].北京：中国经济出版社,1993：120.

④ 所谓政治创租,是指官员以对某些利益集团有利的经济管制政策为诱饵,引诱这些利益集团为经济管制政策的通过,向官员们进行利益行贿。在这一点上,官员就是出卖政府政策的企业家。官员们可以将垄断政策出卖给生产厂商(前提是生产厂商向官员进行成功的行贿),也可以将价格补贴政策出卖给消费者(前提是消费者集团向官员进行成功的行贿)。官员寻租活动的另一种手段就是政治抽租。所谓政治抽租,就是官员对一些具有较高利润的产业、行业,以对他们不利的经济管制政策相威胁,迫使这些产业的利益集团拱手向官员让渡一部分利润。

托运线路是钱和关系互相纠缠在一起，不是一方说了算。一个老板想搞这个，把关系搞通了，然后向其他老板说我给你多少钱，你干也得干，不干也得干，实力不够的，自己主动退出。

不要以为当领导的觉悟就很高啦，只要在不违反大的原则之下，他都会允许的。现在这个社会，不爱钱的人是少数。只是这个钱，我要得安心或不安心的问题。如果这个钱烫手的话，他不会要。这个钱，他要得很安全的话，他就要了啦。查起来，也说得过去啦，不留痕迹。这个项目也好，我所批的东西，又不违背这个原则，又可以帮你赚钱，那你这种情况就可以了，怎么不要呢？你赚了钱，也不会告我啊。而你没有赚回100万，你肯定会说我啦。但我保证你赚到100万的话，你给我这10万块也给得大方啦，给了也不会有任何把柄啦。是不是？就这么一个情况。这是进入社会的标准。①

政府政策和国家权力本应追求社会产出和社会福利最大化，但它却被统治者用来追求租金的最大化。寻租现象的大量存在，这不仅使市场机制扭曲、生产性活动动力下降、经济活动的交易成本增大，从而损害了市场效率。而且产生了设租、寻租、护租和避租的连锁反应，导致寻租现象的权力等级化、分区切块化和制度定型化，增加了社会收入分配不公的程度和整个社会反腐败的成本与难度，也由此内在地助长了社会官本位意识的上升和政府机构人员对公共权力的非公共运用，是公共权力嬗变为私人权力的政治过程。

利用手中职权，没有好处不办事，得了好处乱办事。现在干部是三年换一届，第一年是了解情况，第二年是学习经验，第三年是经验学好了，就要花时间和精力去搞关系调走。②

① 摘自访谈记录第118号。
② 摘自访谈记录第205号。

现在这些领导都比较黑暗，我们S县早就说要立市，但每界领导来都只顾着往自己腰包里赚钱，而不会把整个S县怎么样，只要图有一个虚名就可以，而不会想把S县搞成什么样，虽然S县经济发展，但实际上财政亏了。反正我告诉你，S县领导很有钱，不是发生一件事情，叫做“7·7”事件吗？县政府想赚钱就把托运市场搬了，所以群众闹事就把县委大楼的玻璃都砸了。像一个县委领导一年至少10万块钱，坐在家里就有人送上来，不是工资。S县很多领导只顾自己，以前有个领导叫做“×千万”，有千万家产，乱七八糟地搞。[①]

4.1.2 权力异化

干部作风不实，宗旨观念淡薄，个别干部为政不廉，是引发“7·7”事件的根本原因。个别干部为政不廉，将权力异化、以权谋私、搞权钱交易，腐败堕落等等。[②]

孟德斯鸠在《论法的精神》一书中曾指出：“权力不受约束必然产生腐败。”[③]造成这些行为源于掌握并控制某种制度资源，借此可以超脱任何规范的制约，出现泛化而没有约束的权力或垄断的非正式群体。何清涟认为，中国是以“权力市场化”为改革的起点[④]。在权力欲的驱使下，不择手段争夺各种权力的行为必然产生冲突。权力滥用实质上是一种权力异化现象，必然导致腐败的滋生蔓延，引发各种社会问题。由于没有有效的制约，很容易造成对各种社会资源的垄断

① 摘自访谈记录第203号。

② 参见S县委、县政府，《关于对S县“7·7”群体性事件的检查》，2002年7月27日。

③ 孟德斯鸠.论法的精神(上册)[M].孙立坚等译.北京：中国政法大学出版社，2003：154.

④ 何清涟.当前中国社会结构演变的总体性分析[J].世纪中国：星期文萃.

和不择手段地牟利行为的大量出现，某些社会行动者可以采取一种有利于自身利益的标准或规则，使自己在不同的社会场域处于更有力的地位。

> 关系就是生产力。在官场混，30%的能力，40%的关系，30%的钱。①
>
> S县县委、县政府开个常委会，某某老板准备投资建一个托运城，这个老板打了个可行性分析报告发给这个常委，建这个市场可不可以？县委书记发一句话说："我觉得可以嘛。"其他的人还敢说话吗？你不知道县委书记有多厉害啊。你想象不到，S县的县委书记是市委常委，其它的县委书记都不可能成为市委常委。市委常委的官就很大了啦，在S县这地方来说，官就很大了啦。你是我的子民，你还想通过我把日子过得好点吧？我都说可以了，我就说一定要搞，我觉得这个方案可以嘛，就说这么一句话就行了。你能反对吗？你不知道，一个老板，搞关系这个本事有多大，你不知道，官大一点又多么有权力，有多么值钱。②

权力运行过程中，政治权力的持有与行使之间的这种分离性，就有可能造成政治权力的异化。权力异化的原因，归纳起来有：

一是所有权与执行权之间的中介容易产生权力的异化。行政权力来源于人民的授权，人民是国家和社会的主人，人民掌握国家的权力。但在现实生活中，不可能由人民中的每一个成员来具体掌握、行使权力，而只能由人民中的代表人物居于某种职位上行使权力。因此，需要一个中介来行使国家权力。当公共权力与人民分离时，权力归属上的人民性就发生了质变，蜕变成了特定职位上掌权者的特权，人民的权力异化为压制人民的力量。

---

① 摘自访谈记录第 204 号。
② 摘自访谈记录第 118 号。

获得了各种大大小小不同权力的权力者，一方面程度不同地行使着权力的管理功能或服务功能；另一方面，除非有一种严密健全的体制，否则，不管在什么制度下，都很难避免他们将权力作为一种特权，为自己谋取或试图谋取更大更多的利益。对此，著名美籍华人学者张灏通过对“幽黯意识”的系统阐述，对人的这种内在歧变性进行了分析。他认为，“所谓幽黯意识是发自对人性中或宇宙中与始俱来的种种黑暗的势力正视和省悟：因为这些黑暗势力根深蒂固，这个世界才有缺陷，才不能圆满，而人的生命才有种种的丑恶，种种的遗憾。”[①]以幽黯意识为出发点，既然人性不可靠，那么，权力在人手中就极容易变异，极容易泛滥成灾。

> 现在全国的各大政府都有这样一种意识，人们赋予自己这种权力，觉得自己了不起，也就是他们把“权力私有化”了，而不是全力为人们服务。政府没有为纳税人服务的意识，“长官型的政府”还没有转变成“服务型的政府”。权力私有化导致办企业的人也认为自己需要打通各部门之间的关系，因此，他们送礼请客。然后，就造成了腐败，实现了政府部门个人牟利。更认为自己权力私有，更形成一种恶性循环。这种体制也不是大家说说就能改变的，一般部门执行职能时，都没有具体的监督体系，都是自己监督自己。但没有人能达到自觉的境界。[②]

二是权力可交换性是产生权力异化的必要条件。权力的外部性是指权力需要获得外部力量的支持。权力的可交换性在于权力是一种外在型能力，它可以与主体相分离，使权力成为可交换的商品，使权力腐败成为可能。

因为在实际的行政过程中，一方面权力运作的透明度、公开性

① 张灏.幽黯意识与民主传统[C].市场逻辑与国家观念，北京：三联书店，1995：80.
② 摘自访谈记录第210号。

差，权力缺乏制约和监督是公共权力异化的主要原因；另一方面，制约机制不完善，对政府的监督、制约不能到位，结果造成"一切有权力的人都使用权力一直遇到界限的地方才停止"[①]。公共权力的异化导致了利益关系的失衡，如果缺乏强有力的和有效的制衡和约束机制，那公共权力就会异化为掌权者手中的特权，并被用于谋取个人私利或小群体的利益，由此就会导致个人利益和小群体利益的膨胀，挤占甚至代替其他利益。社会化权力的存在，是为社会公共利益服务的而绝非为掌权者的私利服务。

> 一些人手里有权力，尤其是当这种权力有弹性的话，当权的就有空子可钻。比如说，税务罚款额是0.5到5倍之间，这种弹性就会导致一些有关系的人罚款很小，而没有关系的就罚款比较多，这也是产生腐败的温床。像我们国家的法制规则都是一些大范围的概括，而没有具体到每一个细节。现在表面上很平静，没有什么大的冲突，但是不排除暗流涌动。[②]
>
> 关于经营环境的问题，这样最主要是执法部门素质水平低下，效率低，而且不规范，不合理，管理项目繁多，这需要建立一个公正、诚信的执法部门，像现在执法部门已成为S县发展的障碍。[③]

从某种意义上而言，权力变异是必然的，不变异是不可能的。无论何种社会，权力者试图以自己手中的权力为自己谋利的倾向，仅靠诸如思想觉悟、道德自律或舆论监督之类的软性手段是断难完全消除的，即使通过制裁等硬性手段也不可能完全根除。在现阶段，我们所能做到的只能是限制，只能是力争将这种倾向限制在一定的边界

① 孟德斯鸠. 论法的精神（上册）[M]. 孙立坚等译. 北京：中国政法大学出版社，2003：154.

② 摘自访谈记录第210号。

③ 摘自访谈记录第211号。

范围内，尽量不对社会造成较大危害，尽量不使这种由于特权而造成的不公引起广大人民的极度不满，以至引起社会的剧烈动荡和社会秩序的完全崩解。

4.2 重叠：权力冲突及其边界

4.2.1 有限行政：权力的边界

权力作为一种影响、支配和控制他人思想和行为的强制性力量，渗透于社会生活的各个领域。在权力欲的驱使下，不择手段争夺各种权力的行为必然产生冲突。权力滥用不仅会在掌权者之间形成冲突，更重要的是在掌权者和无权者之间形成对抗，引发各种社会问题。

从权力形成的社会基础来看，权力的形成在于人们的利益，政治权力形成的重要条件在于人们之间的利益关系。因此，就结构而言，利益关系实际上是各种力量的对比关系。在传统社会中，这种力量对比表现为平衡状态，而在转型社会中，由于利益关系的调整，原有的力量制约关系被打破，政治权力约束机制失去了原有的社会基础。

现有的理论分析虽然接触了权力的一些重要方面，但大多从权力主体的关系上进行考察，而很少涉及权力的边界及其总量。我们认为，各项权力必须受到限制，必须要有自己遵守的边界，而这些边界的存在也是依靠各种权力来维持。权力是权力主体对资源的控制力，权力的大小就是指权力主体所控资源数量多少和质量高低。由此可见，权力与所控制资源成正比关系，即所控资源越多，权力越大；反之，则越小。权力之争是冲突的本质动因之一，权力冲突是社会主体之间为争夺权力而导致矛盾尖锐化的一种综合态势。达伦道夫提出，“冲突是由于权力分配引起的，而不是由于经济因素引起的。因此，最好的办法是各利益群体各司其事，这样虽时常会有一些小冲突，但却限制了严重冲突的集中爆发”①。权力结构的分化和冲突发

① 达伦道夫. 现代社会冲突[M]. 林荣远译. 北京：中国社会科学出版社，2000：3.

展到一定程度就必然要进行调整，否则整个社会政治就会陷入无序状态。

史实告诉人们：现世的一切权力都应得到制约，靠自身来自我限制是无法做到的，必须在边界之外设置约束性权力。而利益群体之间的权力冲突，实质上便是对资源控制力的争夺。因此，根本问题在于，如何确定各利益群体之间的权力边界。

4.2.1.1 政府的功能边界及越界选择：以政府与市场的关系为例

我们认为，社会群体或组织都具有一定的功能，也许在正功能与负功能之间、或显功能与潜功能之间存有一道边界线，一旦越出此范围，整个群体性质就会产生变化。在一定前提之下，政府职能"越界"可以说是导致社会冲突的深层原因之一。

从某种意义上说，市场和政府作为最基本的组织体制形式，自然也有各自特有的边界。但如何区分它们各自的功能特征、效率边界与规模极限，合理界定它们各自发挥功能的适宜范围与作用空间，都仍是悬而未决的问题，尚需在理论上进行深入的研究。本文无意全面考察不同学科对于各社会主体的特殊规定性，而是把考察的重点放到作为一种社会现象的活动层面上，突出行为的伦理基础——各行为主体是如何活动的，其活动边界设置的依据又是什么。只有划分清楚各自的功能边界，才能明确各自的职能范围，降低或减缓发生冲突的可能性。

政府——市场边界的确定是政府经济职能实现的前提，它将规定"看不见的手"与"看得见的手"在社会经济生活中各自的作用范围。政府与市场的边界在很多情况下并不是明晰的，存在着越界的行为。政府职能的越界扩张，不可避免地会侵犯市场的领土，损害市场机制的作用。现代非市场缺陷或政府失败理论对政府的功能边界提出了挑战。关键是如何正确界定各行为主体的行为边界，实现优势互补，把政府与市场的功能冲突减少到最低限度，进行"两害相权取其轻"的择优。

泾渭分明的政府与市场这两种制度安排在现实中是不是很充

分，关键是如何将这两种本身又是稀缺资源的制度安排进行恰当的再配置，在边界均衡点上实现全社会效用满足的最大化。市场和宏观调控的双重资源配置方式是解决个体与个体之间、个体与整体之间利益差异、矛盾和冲突最佳的协调手段和平衡利益非一致的最有效方法。只有充分发挥宏观调控和市场各自的资源配置功能优势，并将两者有机地结合起来，才有可能使利益的非一致性达到最小。

因此，市场和政府作用的边界就取决于哪个成本最小，或者从总体上讲是社会资源综合配置的最优化和社会交易成本的最小化。要提升整个社会的经济效率，就必须在减少政府越界和政府干预过度的基础上，充分发挥市场配置资源的基础性作用，充分调动各利益主体参与市场活动的积极性；同时，应把政府的经济职能主要定位于界定和保护产权、制定并实施维护市场运作的游戏规则和维护公平竞争的市场秩序等基础性和必要的方面，建立、健全包括正式约束和非正式约束在内的行之有效的公共权力监督与约束机制，最终从经济发展和制度创新两个方面来较好地平衡和协调社会冲突。

政府职能的合理边界，既能够保证使政府有效行使行政管理职权，实现对社会、经济的宏观管理，又能够充分保证市场的内在活力，实现市场本身具有的调节功能。如何合理确定政府职能的边界，我们认为必须同时考虑两个基准，那就是政府应该做什么基准和政府能够做什么基准。对于市场当然也有这种能够和应该的区别。这就有一个政府和市场的效能区分的问题。根据这样两个基准就可以找出经济生活的四个主要的事域，政府和市场分别处理各自适应的不同的事域：

一是那些必须由政府去做而且政府也能够做的事情，这首先是政府的基本职能；二是那些必须由政府做但是政府不一定能够做好的事情，这就要具体分析，政府不能做好的具体原因，要改进政府自身的效能，如进一步提高官员的素质等等；三是那些不一定要由政府去做，但是政府能够做好的事情，这也要具体分析和权衡；四是不需要政府去做而且政府也做不好的事情，这类事情肯定就不应该由政府插手。

这样四种情况当中，第一、第四两种应该是十分明确的，政府职能的定位首先就是管好第一类事情，放弃第四类事情。第二类事情应该是一个改进政府自身的工作质量以便努力做好的问题。至于第三种情况要具体问题具体分析。我们一般所说的政府越界，最典型也最严重的就是指第四种情况，而政府缺位则是第一种情况。至于目前的当务之急应该是理清楚第一和第四两类问题，尽快把该做的做起来，该放的放出去。解决政府越界和缺位这两个当务之急的大问题。

从调节成本角度看，政府调节的范围不存在一个刚性不变的明确的边界，而是一个具有高度弹性的模糊集合。可以将政府职能与市场之间的关系用图 4－1 表示。

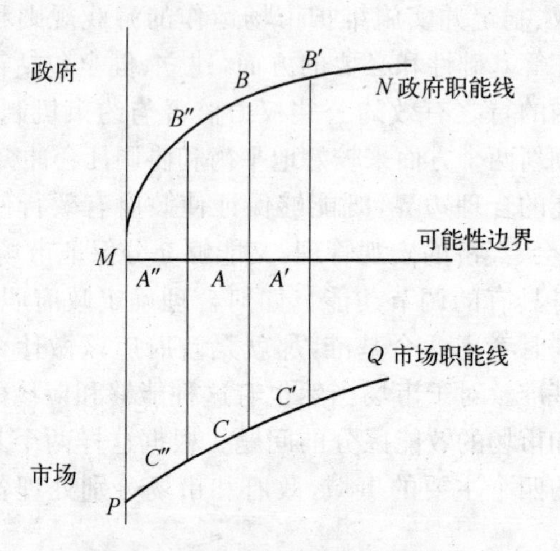

图 4－1　政府与市场的边界关系

在图中，设定纵轴的方向表示政府与市场职能并存时，政府对经济的干预渐多渐强；向下的方向则表示市场自由运作程度的增强。横轴表示政府与市场职能并存时，双方可能达到的可能性边界，一旦越过边界，双方的职能作用效果将同时递减。所以，在政府与市场作用并存的情况下，双方都不会轻易地越界，但可能不断接近或远离边界。当越贴近边界，政府或市场的作用范围就越小，反之亦然。

在该图中，我们可以找到这样一点 A，该点到政府职能线 MN 的距离 AB 恰好等于该点到市场职能线 PQ 的距离 AC，即 $AB = AC$。在这一点上，行动者选择政府与选择市场所取得的收益相等，该点向左右两边任何方向的转移都会使行动者收益减少。所以，这就是政府与市场作用的均衡点，这也就是我们所要找到的理论边界。这个边界就是调节成本等于调节收益。

就改革以来我国双重体制并存的经济现实看，在一些情况和一些领域内，政府的职能范围过大，表现在图上，就是 $A'B' > A'C'$；在另一些情况和一些领域内，市场的职能范围也过大，即 $A''C'' > A''B''$。由此不难作出判断，政府与市场都未能各尽其责地发挥作用，反而带来了综合损害效应。

我们在 S 县考察时发现，当地政府经常直接参与本地的经营活动，代行市场的职能。一方面，地方政府过多地干预市场，出现了制度供给过剩；另一方面，在公共产品的问题上却出现了制度供给不足。

政府职能的合理定位，使正常的社会秩序得到了保障。政府职能结构从“经济政府”变为“社会政府”，这是市场经济发展的必然结果。政府的作用只能限于弥补市场的不足，而不是取市场而代之：一是维持秩序职能，即有效保护产权和提供市场交易的基本博弈规则；二是解决市场本身无法克服的外部性问题，提供社会所必需的公共产品。地方政府作为地方利益的维护者和地方公共秩序的建设者，在处理政府与市场的关系上，要以制度创新去弥补市场的缺陷，实现市场化的制度均衡。

市场与政府等不同的社会主体各有其发挥作用的空间与边界，它说明，在社会经济活动中，哪些活动由政府负责、哪些活动交由市场，需要做出明确而有效的安排。体制组织的合理选择，不仅可以促进社会资源综合配置最优化和交易成本最小化，而且可以节省社会组织成本。

市场经济要求合理划分行政许可的权力边界——这个边界既能

够保证使政府有效行使行政管理职权，实现对社会、经济的宏观管理，又能够充分保证市场的内在活力，实现市场本身具有的调节功能。加速经济增长的重要任务是在扩大增长要素总量的过程中，通过权力结构的优化和权力边界的明晰，建立起促进和提高要素合力的机制。

> 要大力转变政府职能，一方面要建设“强势政府”，增强对部门和社会的控制力，确保政令畅通；另一方面，要按照“适度政府”的要求，提高行政管理效率，按照“有所为有所不为”的原则，从直接微观经营领域退出，把主要职能转变到创造宽松的环境、保护公平竞争、提供公共服务上来，努力实现由过去主要依赖政府行为向主要依靠市场运作转变，由过去的政府经济向社会经济转变。①

4.2.1.2 政府权力边界的确定

“有限责任政府”和“公共服务型政府”是一个问题的两种表述。“有限行政”，即用来指称政府行政的有限性，可看作“有限政府”或“有限干预”的代名词。从政府行为介入社会或市场的程度看，它应当介于全能政府与无为政府之间。而其有限性的具体程度则以特定国家的社会和经济发展的效率最大化为操作标准。这种有限性具体包括：一是能力限度。政府是否具备承担某些社会或市场管理的能力。如果没有能力，就最好不要干预。二是效率限度。在市场机制、社会组织和政府行政具有相同调节能力的条件下，应当有一个成本收益的比较问题，行政干预应当以效率最高为限度。三是合法限度。如果政府行政、社会组织或市场机制在技术上都有能力，在经济上都能以低成本来满足特定的需求，那么谁能更符合法律与公正的原则，

① 参见S县委书记所做的《在“7·7”群体性事件有关情况通报会上的讲话》，2002年7月15日。

就应由谁来承担。

政府作为一个复杂的社会主体，自然有其独特的边界空间。这主要包括两个方面：一是政府与非政府的社会主体，即与个人、企业、社会之间的权力边界；二是政府系统内部，主要指上下级政府之间的权力边界。

相比较而言，在现实的各项权力中，负责管理行政各项具体事务的行政权力更应该受到格外的警惕，更应该受到应有的制约。划定对行政权力的制约界限是非常必要的，而掌握行政权力的官员更容易利用其权力为这种非法行为提供方便，侵犯到人民的权利。事实上，作为具体负责行政管理的官员，他没有权力这样做，因为这是与其增进与保障每一个公民自由的职责相违背的。因此，一旦出现侵犯人民自由的情况，他们理应受到控告、调查和起诉：(1) 由于滥用或误用他们的合法权力；(2) 由于他们的非法行为损害了与特定个人并无直接关系的公共利益；(3) 由于侵犯个人的自由、安全与财产。这是行政权力应有的界限。

综上所述，一个具体的政府权力边界的确定往往受到多种因素的作用，其基本要素包括几个方面：

一是政体要素，即国家政权的组织形式。究竟是采用何种政体形式，是君主制、共和制，还是合议制？从根本上决定着该政府系统的功能和活动方式及其范围。

二是结构要素，即政府系统内部的上下左右各部门、各层次、各地区机构之间的联系方式、排列组合方式。究竟是实行集权还是放权，是统一还是分散？也直接影响到政府的权能和活动边界。

三是职能要素。在一定历史时期，某一政府究竟承担何种职责与功能，这不仅与该政府的治理理念有关，也与环境和社会发展阶段相联系。如究竟是二职能(政治与行政，或对内与对外，或政治统治与社会管理)，三职能(军事、司法、议事，或立法、行政、对外，或立法、行政、司法，或政治、技术经济、意识形态等)，还是四职能(阶级统治、社会管理、社会服务、社会平衡)？究竟是大政府还是小政府？是全能政府还是有限政府？这取决于政府系统的整个环境状况。

四是能力要素。它也是影响政府权能和活动边界的重要因素。政府系统的能力如何，取决于它所能调动和掌握的软硬资源的状况。硬资源如自然资源、经济发展水平、科技实力、地理位置等；软资源如人力资源、教育水平、民族精神、凝聚力、向心力、文化传统等等。

4.2.2 权力的交叠和分散

在转型期间，无论是权力本身还是对权力的制约、监督系统都正处于分化、转移、重组和再建的过程中，各种临时性、过渡性的体制和规范也具有不完备、不确定和不稳定的特征。这种界线不明、是非不清和漏洞百出的重叠状况对权力的制约和监督造成了很大的困难。因此，一般地谈论对权力制约和监督，并不能有效地解决转型期权力结构和监督系统尚未定位、定型的特殊困境。既要满足权力集中化的要求，又要满足权力分散化的要求，决定了权力配置不能遵循一种绝对化的变革模式，需要一种相对化的思维路径：

1. 通过权力分解和重新组合，实现权力的相对集中或分散，即权力内部的交叠和分散

(1) 权力地域上的有限分散。这既表现为中央政府与地方政府之间的分权，又表现为政府行政组织内部层级之间的分权。中央政府与地方政府之间的分权，体现为中央政府将若干权力如项目管理权、区域法规制定权等组织层次上的决策权下放给地方政府，而将政策层次上的决策权保留在中央。这就既保证了地方政府拥有相当大的自主权，又保证了中央政府对全国的调控能力。政府行政组织内部层级之间的分权，主要体现为压平层级、授权一线。这样既保证了集体行动的有效实施，又实现了权力分散化的要求。

(2) 权力功能上的相对集中。功能的分化是由专门化的政府制度与部门的出现而引起的，它们实际上是在现代化过程中对日益增

长的社会复杂性和对政府日益增多的需要所作出的反应①。但随着权力功能的逐步分化，管理主体越来越多，管理责任却越来越松弛，形成权力领域的“公地悲剧”②。这就需要将过于分散的功能部门按照同质性原则整合起来③。这种整合并不是简单的部门合并④，而是通过赋予某一功能部门的优先权和最终行使权来达到整合的目的。这样，既保持了原有的权力分散优势，又调和出权力集中化的优势。

2. 通过权力的社会化，实现权力的相对集中或分散，即权力外部的交叠和分散

权力，一旦它处于分立状态时，那么，就没有必要取消它的存在。因此，权力制约成为一个古老的话题。在长期制约与反制约的斗争实践中，人们积累和总结出不少制约权力的方式，最主要有两种：一是以德制权，即以伦理道德规范调控和制约权力，分为公共道德和掌权者自身提高德行来制约权力；二是以法制权，即建立相应的法律制度来约束权力，可分为“以权力制约权力”和“以权利制约权力”。与“以法制权”相比，“以德制权”具有不可靠性，指望人的德行通过教化达到至善至美的境界绝难做到。在“以法制权”中，以“权力制约权力”早已为人们所熟知，世界各国都不同程度地建立了“以权力制约

① 功能分化主要指行政部门的功能分化。

② 如果将环境保护权力分散于多个政府部门，就为鼓励各部门利用一切可行的机会去追求短期利益提供了便利。因为，一个部门不这样做，其他部门也会这样做。这便会导致与“公地悲剧”类似的低效率。

③ 美国学者古立克提出了同质性原则。该原则意味着手段必须有助于完成某一特定的任务。把两种或更多种异质的职能联在一起，会混合生产要素，从而阻碍净社会生产并牺牲行政的技术效率。在此，我们将其原则反向运用。如果将一种同质的职能分离开来，赋予不同的职能部门，也会剥离生产要素，同样阻碍并牺牲行政效率。Gulick, luther, and Lyndall Urwick, EDS. Paperson the Science of Adrninistration [M]. New York: Colubia University, Institute of Public Administration, 1937: 10.

④ 图洛克在其《官僚制政治》中认为：在非常大规模的官僚制中限制控制，会产生“官僚性的自由企业”，这时组织内个人和集团会着手设计自己的使命，找机会获得附加收入，包括贪污和腐败。为个人自利所激发的目标置换和风险规避会导致组织功能失调，因为他们会想出精巧的理由来防止可能的上级权威的审查。Tullock, Gordon. The Politics of Bureaucracy[M]. Washington, D. C.: Public Affairs Press, 1965: 167.

权力”的机制。应当承认,“以权力制约权力”的模式对遏制权力腐败的作用极大,但仅靠这种机制是很难从根本上制约权力的。我们认为,是该全面启动“以权利制约权力”这一机制的时候了。但因权利属性所决定,加之权力与权利相互在运作过程中的复杂关系使然,权利制约权力显得零散、盲目和疲软。

权力的社会化主要体现为私人公权利对权力的制约。利益多元化促使社会权利的兴起。社会权利削弱了政体权力对社会的控制,促使权力更多体现为社会化的控制,而非单一政体的个体控制。这种权力社会化倾向促使新型政治体制的发展,即旨在把各群体的利益与政体的目标结合在一起的富有弹性的政治制度和政治过程的发展。这种新型政治制度应“被视为把各种相对分化而又共存的利益纳入具有不同类型的社会、政治取向的共同框架,以及产生出不同层次的协同和解决冲突的程序规则”①。这种新型政治制度内生出的协同和解决冲突的程序规则,体现为通过政体赋予社会利益群体和公民在不同层次上的利益表达权和监督权②。如在政策层次上,立法机构的成员由原先作为地域楷模的代表逐渐转化为不同社会利益群体的代表。在组织层次上,公民、社会团体有权直接参与行政决策、行政立法和某些行政行为的决定与执行过程。在对组织层次决策权行使的监督方面,规定社会团体、企事业组织以及公民可以向全国人民代表大会常务委员会提出审查的建议权。通过上述私人公权利的设置,构筑起权力和权利的沟通平台,从而使政体控制和社会化控制之间的张力得以转换,合并为坚如磐石的国家权力。

4.2.3 权力配置资源

我们分析建立在这样一个假设基础上,即所有的利益主体追求

① [以色列]艾森斯塔德. 现代化:抗拒与变迁[M]. 北京:中国人民大学出版社,1988:171—172.

② 私人公权利是一种程序上的权利,而非实体上的权利。从程序上制约,而非实体上替代。这种权利设置既保持了政府权力的“集体”优势,又防止了政府权力的滥用。

的目标不仅仅是多元的而且是多层次的，但人类面临的资源是稀缺的。因此，人类在稀缺的资源上展开竞争，并因此而建立起一套引导竞争和解决冲突的规则。时至今日，人类所选择最有效的机制便是建立竞争性市场制度。

在实践中，各利益群体的权力界限不清晰，其范围缺乏明确界定。通过制度建设合理划分各群体的权力边界，明确界定各自的职责范围。从一定意义上讲，权力配置资源的重要实施机制便是制度，任何制度安排都不过是特定的权力关系的安排。市场本身并不配置资源，资源配置是在市场背后由权力主体进行的，市场失灵的根源是权力边界的破坏和结构的失衡。市场制度建设的核心便是对集权的分解，以此明晰各利益主体的权力边界。明确权威主体的职责划分，就是要通过制度化的职责分割而不仅是依靠道德和良知[①]来限定权力分配，给权力运行划定边界，使两种权力行使的范围清晰地区分开来，实现权力资源的合理配置和权力关系的法制化，确保权力体系的稳定性和权力运作规范、有序。

一个社会的稳定结构或“均衡状态”，首先表现为权力结构的相对稳定和均衡。有学者认为，转型期发生前，我国是一个政治上高度整合的总体性社会，国家力量渗透到社会各个角落[②]。行政持续实现就要对行政权力范围进行科学划界，退出应撤退的领域，强化应进入的领域。在划清边界之后，界限外的领域政府不要介入，界限内的事情要管足管好。强化权力范围内的行政权力是因为在持续发展整体社会中，既要保持效率，又要维护公平，就必须充分发挥行政机关及

① 事实上，在社会现实中，滥用权力的现象仍然存在着。单靠事后的惩处和外部的约束还不能完全阻止权力的滥用和腐败。权力的腐败实际上是人格的腐败。法律制度是制止权力滥用和腐败的外部因素，政治人格是制约权力滥用和腐败的内部条件。如果政治人格普遍腐败，法律再严明也制止不了权力的滥用。只有行使权力的人格品质的纯正才是权力合理运用的最后保证。正由于权力具有对人格的放大作用，人格又具有缩放权力效能的功用，所以在任何社会的政治生活中，都不应放弃对政治人格的高尚要求。

② 孙立平. 总体性社会研究——对改革前中国社会结构的概要分析[J]. 中国社会科学季刊，1993(1).

时、主动、效率优势，为此，必须确保合理的行政权力得以强化。可见，就行政权力而言，需要限制的是权力范围而非范围内权力的强度，范围内的权力必须强化。对行政权力的强化、弱化应注意以下问题：

1. 行政权力的“破”和“立”

历史和社会实践证明，权力一旦失去监督，失控便不可避免，权力失控的社会，轻者产生社会波动，重者产生社会动荡。从社会稳定角度讲，权力失控是社会政治体系的紊乱，它必然使社会政治利益的流动失去平衡，由此导致社会利益关系的混乱和社会人群之间利益矛盾的加深，最终使社会陷入不稳定。没有权力的社会是一种没有规范、没有秩序的社会。在那种状态下，人类的冲突会使人们无法正常生存和发展。因此，在权力必须存在的社会状态下，我们只能在认可权力的私人性的前提下，追求权力的公共功能充分发挥。

2. 在动态发展中划界

行政权力的划界应从整体社会持续发展的需要出发，以其客观要求为准，进行发展过程中的调整。这就引出一个重要的命题：通过什么途径才能建立实现经济持续增长的权力机制？

有学者认为，惟一正确途径就在于借重意识形态的力量克制非创新占有，进而在动态的进程中通过不断的制度创新实现制度均衡。[①] 不可否认，意识形态的非市场经济配置作用，是解决市场配置不足、实现制度创新的有效途径。为此，政府有必要投入公共资源构筑社会共同意识形态规范。但是，政府是否有足够的意愿和能力，有效地克服国家存在的约束集，则在于政府自身公共管理的有效性和规范性。因此，我们认为，建立经济运行中的有效政府势在必行。这应该包括以下几个方面的内容：

第一，政府决策科学化。科学决策不仅成为政府治理能力和水平的重要标志，也直接关系到一个国家的成败。因为减少政府失灵

① 诺思.制度、制度变迁与经济绩效[M].刘守英译.上海：上海三联书店，1993：47.

的产生，必须提高公共政策的质量，通过将公共政策的制定和执行纳入规范化的轨道，提高政府决策的科学化程度。措施有：① 树立科学决策的观念，要求政府必须按照程序、原则规范政府行为。目的在于建立一个灵活高效的科学决策系统及与之相应的政府决策评估、反馈机制，以追踪了解决策落实情况，检讨决策得失和分析决策投入、决策效率与效益，及时修正和改善原定决策方案；② 建立决策责任机制、知识更新机制、成就激励机制、职业道德导向和约束机制，提高政府决策者的素质，增强他们认识和管理的能力。

第二，政府行为法制化。政府行政系统合理的利益格局的建立，不能只有大致的框架或只有原则的规定，而应该以立法的形式对各行政机关、部门的利益、权力及其界限加以具体确定。法律是一种权威规范体系，它对行为的控制有着其它规范远不能及的优点，所以用法律来控制政府行为是实现政府行为法治化的最优方案，以保证其行为始终从属于人民公意。为此，① 赋予政府以法律上的人格，明确界定政府行为的施行领域，作为政府行为法治化的起点；② 建立完备的行政程序法，依法规范政府行为的实施过程，使政府行为的可控性由理论变为现实；③ 以法律形式细致规定不同监督主体对政府行为的监督权利、监督方式和处理结果，使监督真正有法可依，有法必依，从而规避“贿赂经济”，培育廉洁的政府组织，提高政府机构的效率。

第三，政府管理民主化。布坎南指出，要克服政府行为的局限性，避免政府失灵，一个关键就是不断改进政府治政过程，完善政府管理体制。为此，① 必须扩大民主参与程度，广泛吸收人民的不同意见，提高政府决策的科学性和可行性；② 建立权力制衡机制，即组织权力要相互制约(如监督权和执行权)，权力与责任相匹配；③ 建立公益性活动的效果评价机制，阻止少数人和少数利益群体将公益事业用来牟取私利；④ 强化反腐机制，对公权私用的行为必须及时严惩；⑤ 执行和决策职能相对分离。在经济转型中，社会中的利益分化可能导致政策的多变，这种多变主要表现为政策在执行中的变形。

第四,开发权力资源。社会由政治主导型向政治——社会主导型的转换过程中,政治权力的变迁是正常的。这种变迁的突出表现就是地方和部门以及群众团体的分权欲求。“权力必须被分割或分配,但它也必须被制造,它有分散也有集合的功能。”①在政治社会化过程当中,更多的社会力量卷入了权力关系之中,因此,对权力结构进行科学调整以开发政治权力资源,满足政治现代化对权力扩张的需求是必要的。这种调整应坚持两个原则:其一,执政党权力适度集中原则。中国的政治体系是执政党居于核心地位,党是现代化的启动者、推进者和组织者。权力适度集中的政治体系有利于保持转型期社会政治稳定,集中动员社会政治经济资源,加速现代化进程。但适度集权并非代表中国权力结构的未来走向,而是现代化进程的阶段性需要。其二,拓宽吸纳新的社会组织进入政治体系的渠道。现代政治系统都是开放的,它不断地与外部环境发生互动,如果在系统的输入端缺乏理性的支持与需求,政治系统就会发生不良反应。输出的政策也可能是与群众的利益相违背的。由此而引发出政治的不稳定。社会的转型客观地要求执政党增强自身对外界物质的同化功能,吸纳更多的社会组织介入政治运作过程。这样就可以缓解因政治参入渠道不畅而产生的政治压力,巩固党的执政基础,并为党的正确决策提供更多的,更为理性的政治信息。

4.3 模糊:权利冲突及其边界

4.3.1 行为策略和内在逻辑

当我们二度去S县进行调研时,发现当地仍然不断出现各类有关托运站抢货、拉货、扣货等现象,许多相关问题仍然没有得到妥善解决。

① 亨廷顿.文明的冲突与世界秩序的重建[M].周琪等译.北京:新华出版社,2002:130.

“7·7”事件之后，政府明令托运城实行“一线多站”式的经营模式，规定在不影响交通秩序的情况下，具有托运条件的可以办理托运手续。因而，在托运城外，陆续有一些新开的托运站兴办起来。但这些托运站被县委有关领导称为“非法托运站”，并将其托运货物扣留。据调查，非法与合法的托运站是没有明确规定的，政府管理部门把那些“非法托运站”扣留起来的原因，是因为托运城的托运业主们与政府曾经签订了一份协议，并交纳了押金。这部分押金并没有完全归为政府财政收入，而是流进了个人口袋。政府的有关人员在签订协议时，曾向托运业主们承诺：再不出现第二家托运站，如果出现第二家托运站，政府是要赔偿损失的。因此，政府落入“骑虎难下”的状况。当初那些押金大部分都流向了个人口袋，政府官员都不敢处理这个问题，“怕事情曝光，不敢公开说明问题，如果曝光了的话，他就不好办了”。因此，他们无力解决这个问题，“被托运站的老板牵着鼻子走”，只能将新成立的托运站定义为非法。

如此这般，市场内的经营业主们又有意见了：政府不能把新开托运站的货物扣留，因为这些都是属于经营业主的，而且这些托运站是受到广大经营业主的支持的。针对这种情况，2003 年 2 月，有人组织起草了上书，工业品市场及周围的经营业主们进行了 1 万多人的集体签名（如图 4 - 2 所示）活动，将报告送给县治机关。强烈要求县政府放开托运经营的“一线一站”，取消垄断经营，并归还扣压货物。他们声称如果不归还，就准备集体到省里去上访。某个协理事告知我们：

> 我们向政府反映没用，于是，经营业主们又开始动员把群众组织起来，向政府和县委公开进行交涉。这样一种万人签名是自发形成的，大家都有共同的信念，都认识到问题的严重性，都是关注到自己的切身利益的问题。你想想 1 万多人签名上书，政府也感到胆战心惊。①

① 摘自访谈记录第 215 号。

面临此情景，政府有关部门立即归还了被扣压着的货物，并与起草上书的人协商。

后来县领导知道了，打电话给起草上书的人，说这个事情，“政府也有难处，你们应该理解，但是对于托运站的问题，我们一定给你一个圆满的答复，但也不要写什么提案罢免副县长，这样的影响太不好了，你们这样做有点冲动”。所以，这次上书没有引起轰动效应，如果当时搞大的话，说不定会弄成类似的“7·7”事件。[①]

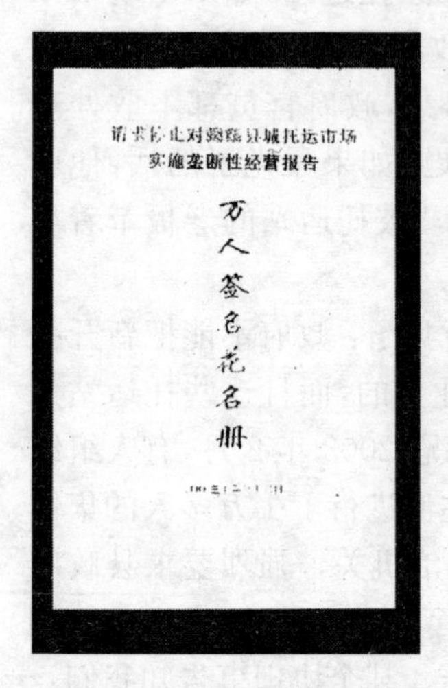
请求停止对[illegible]县城托运市场
实施垄断性经营报告
万人签名花名册

图 4-2　万人签名花名册

虽然这次行动最终未能酿成第二次“7·7”事件，但我们仍然在这第二次行动中再次看到了非正式利益群体集体行动的力量。社会转型期，各种利益、规范、准则间的冲突易导致行为的冲突，而群体性冲突事件也属于行为规范之间冲突的表现。据了解，2003 年 1—6 月，S 县呈现 16 起群体性事件的苗头，而工业品市场的万人签名上访只是其中之一。后来，县政府在托运市场整顿的事情上一拖再拖，拖到了 2003 年 7 月才真正放开托运市场的垄断，原因是政府与托运城的协议已经到期。

在“7·7”事件发生近两年后，即 2004 年 5 月，我们第三次来到 S 县，了解最新的情况。

最近县政府花重金在某高校请了三个专家，到 S 县搞三个大的物流公司，不允许个人单独搞托运，把现在零散的托运小业主都收购，对于大的托运业主要求入股。谁的资金最多，就可以

① 摘自访谈记录第 215 号。

掌握大物流公司，成为最大的股东。而现在的私人托运站都是自主经营，乱七八糟地搞。[①]

我们仔细调查后发现，这些所谓的物流公司，不是大型的、专业化的公司，而是由几家不同的线路牌组合在一起。只有称谓上的改变，性质没有改变，仍然属于私营性质。经营私人化，形式上为股份合作的有限公司，业务上各自为是，利润按股份和成本分摊。实际上，各线路还是实行"一线一站"垄断经营的模式。但由于"7·7"事件的后续影响，托运价格也有所下调。

托运行业大的事故没有发生，相对以往来说比较太平。而且在秩序上有很大的改善，尽管黑势力仍然存在，但没有很大的血腥性的冲突。最主要的是经过那年的"7·7"事件后，人们的暴力思想没有以往强烈，变得缓和，心态亦由曾经的独霸思想发展到现在的"双赢"。

这一年来托运行业也是相对平安无事，那么政府也就没有对其进行管理上的改善，制定相关政策。[②]

无论是政府还是其它社会群体，他们要知道"是怎么回事"的直接目的是"该怎么做"。在人与人之间关系越来越广泛、也越来越紧密的社会，是一个大家都在快速行动着的社会。当发生事件的时候，我们想的是：怎么在现在的情境下理解它？各个机构、各个群体分别在其中发挥什么样的作用？这个事件和"我"（或者和"我"所在的群体或组织）是什么关系？我们是靠这样的行动着的思维来理解问题的。

一个基本的常识是：人们对自己的选择是有所考虑的，他们主观

① 摘自访谈记录第206号。
② 摘自访谈记录第301号。

性的选择过程和做出此选择的理由，外人不可能比他本人更清楚。因此，我们应格外关注他们对自身行为的解释。"解释"是人的内在思维行动的间接外显，是人们将自身行为合理化、社会化的重要途径。"解释"在由冲突到达成协议时扮演着至为重要的角色。追踪、记载"解释"及"再解释"的冲突演变过程，即在描述一项冲突协议的成长过程。在研究与人的社会行动息息相关的冲突问题时，解释更是一刻也不能被忽视的，因为协议本身就是在社会行动者对于冲突状况的解释和再解释的讨论中产生的，协议的内容亦受控于解释的内容。在我们的经验中，因不得不共同行动而要达成共识的临时性协议的各方，都会通过语言将己方的要求、企图、所受限制、容忍底线等知会对方。这些解释在形式上可以是直接的要求，也可能是试探性的，但都是要传达己方信息和影响对方的决策。所以，解释和再解释所包含的信息是十分丰富的。特别是协议形成接近尾声时的解释，有着非常明确的目的：制造可操作的行动方案，因此虚构性成分会降至最低。行动选择有多种，那么，在"7・7"事件中，他们为何采用群体性非制度的方式来进行利益表达？背后的内在逻辑解释究竟是什么呢？

不同的情境各有自身的规范、行事准则库，当事人必须对情境做出选择后，才能决定到哪一个"仓库"中去挑选行动指令。人的情境选择影响其行动方式。社会转型期，各个利益群体作为参与社会行动的行动者，他们不复受单一的原则或规范的规限，他们动员多元的合法性资源来应付由社会转变所带来的新情境——1949年以前的道理、源自集体主义时期的习惯、市场经济的准则、甚至西方习俗等等都在援引之列。可以动员起多元的参照系，为情境注入意义并且设计出可操作的行动方案提供了前提。社会行动者对自身行为的解释是人们将自身行为合理化、社会化的重要途径。在"解释"中被使用的规范、道理、观念、制度等，无不是当时仍有效用的结构限制。同时，人的主动性选择也在"解释"中得到呈现。在规则的制度空间中，个体行动者为寻求小家的利益而使规则操作朝着向己方有利的方向倾斜，为自己的选择做出解释和辩护，也是常见的现象。

在社会结构转型深化带来的利益格局不断调整的条件下，各非正式利益群体表现出极为复杂的心态：

(1) 焦虑心理。随着社会的转型，人们常有一种生活在夹缝中的感觉，不同的生活方式、不同的价值观念、不同的思维方式和行为准则时常在现实生活中发生摩擦和冲撞，“相对剥夺感”或“相对丧失感”的产生成为社会不满和社会动荡的重要源泉。过去在人们心中的某些美好的情感，正在社会中游离，似乎已不具有继续存在的价值，人们内心深处某些长期培养起来的信念也正在丧失，日益激烈的竞争使人看到的是生活中更多的风险，特别是在旧的社会保障机制失去功效、新的保障机制尚未建立的情况下，人们对未来生活普遍有一种把握不定的迷惑感，常感到无所适从，处于一种希望与危机交织、成功与失败共存的心理紧张状态，这些都促成了社会心理的普遍焦虑感。而人们的这种主观感受又是一种潜在的行为可能，它一旦爆发，可能引发更激烈的行动。

(2) 逆反心理。改革的深化、社会转型的深入，已使政策初期出现的社会各层面都受益的局面不再存在，似乎所有的人都成了改革的对象，社会心理的普遍失落使社会不同层面均产生逆反心理，造成“你越提倡的，我就越不以为然”的心理定势，一方面是极端畏惧权威，一方面是渴望获得和加盟专制权威。表现在社会心态上，则是明显的“反文化”倾向，价值取向呈负面特征，这种心理定势反映在人们的社会行为方面便是普遍的对策行为。

(3) 责任扩散心理。对策行为的主体常表现为“集体”形式。集体性的决策更具冒险性，而在承担责任时，每个个体所负责任有限，其后果对个人影响也相对较小。这种责任分散心理使行为主体对行为责任持无所谓的态度。

(4) 法不责众心理。法不责众心理是许多从事群体性对策行为的社会成员的心理依据。一般来说，任何社会失范行为，只要已是大家普遍为之的，即使违法也是安全的。因为社会规范一般是力图通过惩戒少数违犯者来警戒大多数，而不会也不可能惩罚众多的触犯者。

(5) 政治功效感。主体采取一定形式的参与，必然会产生某种结果，这种结果可称为参与效能。奥勒姆指出，“人们有一种与参与相联系的特性，即有一种他们能够影响政治家和政治秩序的感觉，这种感觉有时被作为政治功效感”①。除少数参与者是受到群体压力或单纯的群体趋同外，绝大多数参与主体都是通过参与活动，试图影响政府的决策和过程，实现某种目的。这样参与行为结束，结果与期望之间就具有一定的比值关系，它既表现为参与主体的一种主观心理情感体验，也表现为参与群体的一般性认知和评价，这样就会在一定的社会范围内形成一种普遍的效能感。社会群体获得的某种效能感，既是对已经完成了的参与活动的总结，也作为一种经验和参照存在于社会之中。效能感的存在除了具有客观性外，还具有示范性效应。如果参与的结果与期望之间比较接近，主体的效能感一定较强，那么对于新的参与就是一种激励；如果结果与期望之间差距较大，主体的效能感一定较弱，那么对于新的参与就起到抑制作用。

上述种种复杂多变的社会心理条件，伴随着情绪化的冲动，是行为产生并迅速普遍化的社会基础。

> “7·7”事件对S县的影响，对当时的经济有影响，没多久就没有什么影响。但对人们的心理，胆子大了，自我保护意识的增强，如果遇到类似的事情敢于表达自己的不满，敢于向政府争权。②

研究表明，人类的可观察到的外在行动与不可直接观察的内在心理思考、决策行动是密不可分的整体，而且后者决定着前者。在一

① 奥勒姆. 政治社会学导论——对政治实体的解剖[M]. 董云虎等译. 杭州：浙江人民出版社，1993：338.

② 摘自访谈记录第201号。

定的结构限制中，不同的行动者都具有选择空间，而对某一行动者的选择做出回应时，其它行动者亦有选择空间。正是这种永不停顿的互动构成了社会变迁的轨迹：

其一，对于目前我国采取的渐进式改革而言，每一项新制度的产生往往都要经历一个从实验到推广再到完善的过程，因而现实生活中常常会出现政策先于法律、新的政策与法律因为不配套而相互冲撞的现象。在行动者的利益观念和利益普遍上升的时代，这些漏洞和矛盾，便为违背规范和主导价值不择手段谋取个人利益、分割公众利益的行为与动机提供了大量的机会和托辞。①

民营经济是市场经济发展的产物，经营业主们经历着市场经济严酷的考验。对于面向市场化的转变，大多数人都在"市场经济现象"的招牌下接受了，人们不再拿计划经济时期平等主义的理念去衡量现实，转而审视自身的条件与努力程度。日本社会学者松户武彦指出，在资本主义社会中，"人们之所以能够按照自身状况去接受自己所拥有的较少的资产、不充分的社会地位的现状，是市场现象作用的结果，正是它维系了人们的某种社会公正感"。"只要是达到一定成熟程度的社会，都将不可缺少地存在排解和'冷却'不满情绪的社会机制。如果缺少这种机制，人们的不满就会在日常生活中爆发出来，而且一发而不可收。"②以民营经济发展为象征的市场化正是促使人们转变观念的动力。

其二，改革在普遍提高生活水平的同时，诱发了社会行动者越来越高的社会期望，便在期望程度和现实生活水平之间形成了越来越大的差距。这种差距的存在，就造成了相对剥夺感的不断产生和社会不满情绪的普遍蔓延，这是社会冲突乃至社会动荡发生的一个重要的社会心理因素。

---

① 章荣君. 当前我国农民非制度化政治参与的原因探析[J]. 人文杂志，2001(1).

② 松户武彦. 中国社会的变迁与社会结构化[C]. 地域研究技法(1)——中国社会研究的理论与技法. 北京：文化书房博文社，1999：45.

经济发展使个人参加有组织的非正式群体的现象增多。经济和社会现代化在社会群体中制造紧张，新的群体产生了，业已确立的群体受到威胁，地位较低的群体抓住各种机会来改善自己的命运。结果，社会阶级、地区和社会群体之间的冲突倍增，社会冲突激化并在某些情况下在事实上制造了群体意识，这种意识又导致该群体采取集体行动来保护其对其他群体的要求。因此，剧烈或持久的冲突或者对群体生存的挑战，能加强群体认同感，产生利益表达的持久格局。

其三，转型时期游戏规则的多元、模糊或不清，可能会造成社会行动者一定程度的无序运动。同时，非制度性利益表达的增加，在一定程度上影响着权利运作过程和社会秩序的稳定。

近年来，S县经济发展步入了经济发展调整转型期，经济增长速度放慢。面对的是一个由计划经济向市场经济、不完全的市场经济向完善的市场经济的转轨过程。在这一转轨过程中，新问题不断出现。国家也逐步加大了宏观调控力度，产业调整逐步到位。在调整过程中，S县的一些产业相继被关停并转。这些年来，县政府整顿了文化书刊、音像、废旧车辆等市场、印刷等行业，触及了一部分人的既得利益。加之市场经济在其发展和成熟过程中，由自发经济向规范经济过渡，人们思想观念不能适应，发生冲撞，心理失衡，而S县市场相对低迷，导致量的扩张受阻、质的提高趋缓，更促进了这种心灵失衡，也使一部分人滋生了不满情绪。社会不满情绪日益强烈，反体制意识开始形成。由于市场分配方式，经营业主对各种负担的感受更直接，对其变化更敏感。而负担居高不下，容易使他们整体产生心理失衡，导致经营业主等利益群体对体制缺乏认同，易与社会不满情绪结合在一起。由于所涉及的问题与人们的生产和生活密切相关，所以很容易引起他们的共鸣。于是“积累起强烈的不满情绪，一旦有外部的政治动员”，或者其利益严重受损的情况，“就可能以非理性、难以控制的方式发泄出来”[①]。而且行动者之间的互动频率很快，经常

① 董郁立 等.政治中国[M].北京：今日中国出版社，1998：365.

群情激动,行为越来越不受理智的控制,“卷入其中的人自我意识明显下降,普遍产生不能自制的兴奋、狂热、愤怒、失望等情绪,最终出现一系列破坏行为”①。这种缺乏约束的集体行动最容易发生局面难以控制的情况,领导组织这些事件者又大都处于“地下状况”,无足够的组织资源掌握那些行为越来越不受理智控制的行动者。

有鉴于此,当前更有必要强调树立参与边界意识,要求民众行为参与的适度,将人们的利益表达视为一种权利。接着,就让我们来分析利益表达的权利②与社会冲突之间的关系问题。

4.3.2 权利冲突及其边界的模糊状态

4.3.2.1 权利边界模糊和定位不清

关于权利的观念,同时也是关于义务的观念,但仅凭观念,是不足以让人们承担并履行相应义务的。已经得到观念支持的权利,还必须得到社会行为规范的支持。社会规范通过规定可以做什么、不得做什么和必须做什么的行为模式以及对失范行为的制裁,迫使人们不得不承担和履行义务,并因此使相关的权利得以成为规范意义上的权利③。

然而,事实上,权利在内在逻辑上是交叉的、重叠的,其边界不是如同概念那么齐整、可以明晰地区分。哪些行为属于合理的权利范围?哪些行为属于不合理的权利范围?哪些行为貌似合理但又不是合理?对于这些问题,我们的认识很不一致,常出现权利边界模糊不清、冲突层出不穷、纷争廖无定论的现象。

> 关于权利和义务的问题必须加强。权利和义务还是要经常使用,有的人懂法懂得比较少,有的该是他的义务时,他不会履

① 丁水木.社会稳定的理论与实践[M].杭州:浙江人民出版社,1997:52.
② 本文所指的权利侧重于公民利益表达的权利。
③ 夏勇.走向权利的时代[M].北京:中国政法大学出版社,1995.

行，而且没有明确的规定来约束自己。[①]

计划经济体制下，宪法赋予了公民许多的权利，但在实践中离开了国家，公民不能主动地行使自己的权利，实际上公民权利都被纳入到无差别的公共利益中，公民个人的权利就没有独立意义，权利成了形式意义上的东西。整个制度设计过分依赖国家权力的积极作用，密尔曾指出国家权力过分增长的后果，"它（国家）不惜牺牲一切而求得机器的完善，由于它以求机器较易使用而宁愿撤去机器的基本动力，结果将使它一无所用"。[②] 在这种制度安排中，大多数人由于缺乏自主性而逐渐丧失对制度的信赖，少数人会铤而走险去违反制度，两者都会给国家权力的运行造成效率低下，甚至停滞，但又必须利用国家权力的强制力，采取行政命令的方式才能维系社会的基本秩序。结果，国家权力在监督失范的境况中运行，机构臃肿而效率低下；公民权利缺乏自主实现的激励，又在国家权力大量限制、干预之后，几乎没有什么发展的空间，既不能制约国家权力公正地行使，也不能对国家权力的行使造成的后果进行救济，甚至整个社会成员都希望国家为他们提供享受社会资源和财富的机会和权利。其主要特征是特定群体拥有社会权利的数量相对不足、获取权利的机会和渠道相对不多、现有的权利没有稳定和明确的法律保证以及权利社会认同的危机日益明显。

在这种经济体制中，权利边界一般是通过外在力量（主要是行政性约束）来规定的，每个社会成员所拥有的使用资源获得收益的权利是按照等级及社会身份来划分的，也就是一种"位置权利准则"，每个社会成员对资源的收益分配的多少，是由他所具有的权利大小来决定的，而他的权利大小是由他在社会关系网络中的位置确定的。一旦社会成员的位置被确定，社会就会相应地把一个大小与他的位置

---

① 摘自访谈记录第205号。
② 密尔.论自由[M].程崇华译.北京：商务印书馆，1959：25.

高低相适应的权利界定在这个位置上，一定的位置，几乎总是固定地拥有一个大小与之相对应的权利范围，而一定的权利范围又确定了该社会成员与财产之间的关系，即多大的位置权利只能在多大的范围内支配资源，获取收益。如果社会成员想获得更多的收益，唯一的办法就是千方百计改变在社会中的位置。因而，人们对利益的竞争就转化为对位置权利的竞争。然而位置的改变也是不容易的，因为每个社会成员并不能自由选择位置。位置在很大程度上是被外在地确定的，权利的大小也是由上级界定的，而不是下面赋予的。社会的位置权利按大小分布，形成类似金字塔式的结构，与之相对应，过去计划经济体制下，社会也存在一个类似的利益分配结构。既然收入分配的多少与区分位置权利有关，而与劳动和财产无关，这种利益格局的直接结果就是，如果没有对人的教育、纪律和约束及监督，就不会有人愿意去使用资源，生产财富。这种用位置界定人的权利制度的激励只能靠外在手段，其效率损失之大是可想而知了。

利益主体及其权利边界界定模糊不明是制度安排不合理的关键。传统的行政行为比较忽视对权力的制约，忽视公共权力与公民权利之间的平衡。制度安排从实质上讲就是对利益主体以及他们相互之间利益与权利关系的界定。但我国制度安排却没能很好地明确这一点，或者说至少没有很彻底地体现出这一点。相反地，在利益主体的确认及其权利边界的界定等方面还存在诸多不合理的认识和操作误区，对利益主体的确认带有很大的片面性，对其权利边界的界定也带有很大的随意性。

权利的发展与社会的发展是互动的。尽管我们可以坚信每个人在作为人的意义上都享有或都应该享有一些不可剥夺的权利。但是，每个人对权利的感知、要求和获享，以及道德、法律和体制对这种感知、要求和获享的承认与支持，都取决于每个人所在的社会，并且惟有通过该社会的发展才能得以增进。

社会的发展及其所伴随的利益结构、社会身份、思想观念、行为模式等方面的变化，使权利的观念、体系和保护机制逐渐进入社会意识、社会规范和社会体制。它的结果与其说是变革,不如说是引发并激化社会意识、社会规范和社会体制的内在冲突。这种冲突是旷日持久的,它的生灭消长的过程,就是社会的意识、规范和体制新陈代谢的过程,就是权利的进化过程。

4.3.2.2 权利冲突状态分析

任何权利都必须支付成本,才能确保权利界限的清晰,使权利获得安全担保。在义务不确定、权利界限不清晰的地方往往容易发生权利冲突,造成权利成本的提高,导致权利效益低下。权利的成本包括不变成本和可变成本,交易成本和冲突成本构成权利的可变成本。权利效益的提高,意味着可变成本的降低。权利效益和权利成本成反比关系,权利不变,成本不变,权利可变成本越高,权利效益越低;权利可变成本越低,权利效益越高。

权利冲突由于利益冲突的存在,在现实生活中,在法律规则所规定的权利的周边部分,往往容易发生权利冲突。“在每一件经济的交易里,总有一种利益的冲突,因为各个参加者总想尽可能地取多予少。然而每一个人只有依赖别人才能生活或成功。因此,他们必须达成一种切实可行的协议,并且,既然这种协议不是完全可能自愿地做到,就总有某种形式的集体强制(法律的、同行业的或伦理的)来判断纠纷。”①

正因为权利边界的模糊不明状态,导致各项权利出现冲突的现象。由于每一权利关系及人与社会都是具体的和历史的,所以对权利有来自各方面的限制条件。权利冲突主要由几个方面构成:其一是权利体系内各种权利之间的冲突与紧张,如经济领域的自由权利与平等权利;其二是权利主体之间的权利冲突与紧张,他人的权利便构成自我行为的边界;其三是权利与具体社会状况的冲突与紧张,一定历史阶段的生产力状况、物质生活条件、传统、风俗、法律、信仰等,具有一定自发演进的性质,不可能在短期内人为改观。这些既是权

① 康芒斯. 制度经济学[M]. 于树生译. 北京:商务印书馆,1997:144.

利主体实现其要求的条件，又构成其要求得以实现的限定。因此，权利从事实上来看，必然是具体的、历史的，注定存在冲突与紧张。

不同社会利益群体的存在，即意味着利益需要的冲突和应有权利主张的对立。由社会利益群体不同的利益需要所决定，权利冲突客观必然地存在于所有社会的权利体系和权利分配活动之中，具体地说就是社会主体各自不同的应有权利要求之间、未受法律肯定的应有权利与业已法定化了的现有权利之间的对抗和摩擦。就我国而言，由历史传统力量、现实法治状况、经济生活条件、政治体制模式、公众道德意识等多种因素共同决定，权利冲突集中地表现为社会主体应有权利与国家政治权力的冲突、个人权利与社会利益的冲突。

1. 冲突之一：权利与权力

在权利分配不均衡的社会中，由于权利分配的不平等导致了现有权利被赋予少数社会成员，这些社会成员往往正是国家权力的掌握者，而大多数社会成员的应有权利要求没有得到法律的确认和保障。于是，应有权利与现有权利的冲突外在地表现为应有权利与国家权力的对抗。

国家本应是摆脱了个体利益、超然于社会生活之上、具有独立外观的社会之外的势力，国家权力本应是与私人利益无涉的，用以调整、缓和、消弥对立着的经济利益和权利要求的公正力量。遗憾的是，在权利分配不均衡的社会里，握有国家权力的社会成员同时也是某些特殊利益和法权要求的主体。这些居于社会统治地位的成员总是或明或暗地在调整利益矛盾和权利冲突的过程中凭借手中的权力来保护自己的利益、伸张自己的权利主张，这就是人们通常所说的“权力对权利的侵蚀”。尽管如此，他们在操作权力时还竭力地把自己打扮成社会共同利益的代表，把自己的利益说成是普遍的利益。因此，凭借这些权力，统治者广泛地将自己的应有权利要求变成现实，同时扼制着他们的对立面的权利主张。于是，一定社会权利体系中未受法律确认的应有权利主张与法制化了的现有权利之间的冲突表现为应有权利与国家权力的对抗。

可见,在权利分配不均衡的时代,权利与权力的冲突的实质是权利之间的冲突,是未掌握国家权力的被统治阶级与掌握着国家权力的统治阶级围绕权利分配活动的抗争。从这个意义上说,利益为权利之本,权利乃权力之本,利益则可谓权力之根也。简言之,权力本源于权利,并最终本源于利益。

那么,公民所期待的权利与公共权力之间的合理关系究竟应该是什么样的?

首先,在任何一种外在的权利(如道德权利、习惯权利、法律权利)中,我们都能觅到权力的影踪:一方面,个体权利总是受到群体权力的支持,否则权利无法实现;另一方面,每一种权利又都能产生或具有一种权力,否则,它也无法成为现实的权利。

其次,权力本源权利和利益之后仍一刻也离不开权利,这不仅是指前面已说明的权力应始终为权利而作用,而且是指权力需要相应的权利作依托,即作为权力存在和发挥作用的物质和精神基础。无权力的权利,固然难以确立和实现,无权力作用,根本不能形成权利,因为利益未经权衡确认,它只是利益而非权利,无权力保障,权利难以实现,形同虚设;而无权利作依托、作基础,权力也无由存在,无由发生,也是虚有之力,或者虽属于力,而并非权力。

最后,权力和权利可以而且事实上经常转化。一方面,权利转化为权力,权力乃为了权衡、协调、界定、确认和保障实现权利而设置、存在和作用;另一方面,权力在反作用于权利时,调整着利益分配关系,形成和改善权利关系,使各主体权利得到界定和确认,使某些主体取得或让与某些权利,这就是权力转化为权利。这种都是正常的社会公认范围内的转化。

个人权利与国家权力的冲突和对抗是最主要的权利冲突之表现形态,权力本位乃是那个时代安排个人权利与国家权力关系的原则。1949年以后,在制度层面上,社会成员的个人权利获得了法律的保护,公民权利的主体和国家权力的主体统一于全体人民,全体社会成员的利益要求成为国家权力的基础,国家权力成为服务于个人权利和公共利益的手段和工具。因此从理论上说,公民权利与国家权力的对抗理应不复存在。然而,计划经济体制的选择和民主制度的不够完备,使得政府权力不受限制、公民权利受到侵害等现象在我们的社会生活中还相当程度地存在,权力本位的观念仍然根深蒂固。

从权利分配理论的视角而言,社会主义均衡型的权利分配模式的理想状态是权利衡平,权利衡平的具体表现形态之一就是权利与权力的衡平。所以,权利与权力的衡平乃是权力制约的理想目标。

2. 冲突之二:个人权利与社会权益

在社会主体的活动过程中,由于个人总是并且也不可能不是从自己本身出发的,因而在这种活动中形成的个人利益。因此,个人利益与社会利益的矛盾和冲突客观必然地存在于现实生活当中。尤其是在个人利益迅速膨胀的商品经济时代,人类文明的飞速进步导致了社会利益的内容日益丰富,社会利益作为一种独立的、具体的利益形态更大程度地剥离于个人利益,前者与后者的矛盾、冲突愈益显明和频繁,这一矛盾和冲突表现为个人权利与社会利益的矛盾和冲突。而且,个人权利与社会利益的冲突是商品经济时代权利冲突的主要表现形态。

均衡型的权利分配模式是近现代商品经济生产方式的产物。在以商品经济为基本生存条件的社会里,社会主体之间的合作性联系比以往任何时代都要更为普遍、频繁而又复杂,社会利益作为一种独立的、具体的利益形态日益鲜明地生成于现实生活之中,成为人们无法忽视的客观存在内容。社会利益是一定社会物质生活条件下社会全体成员对社会诸种文明要素和文明状态的共同需要,它既是广泛个体利益的集中体现,又是具体的、独立的利益现象,其内容基本上都涉及经济秩序和社会公德两方面。

在一定意义上,个人权利与社会利益的关系问题是效益与公平的另一种表达:效益以利己性倾向为动因,追求利益的最大化,关注的是个体利益和权利要求;公平则呼吁人们从只顾自我利益的私欲中解放出来,关注他人和群体的利益,以社会利益的普遍满足为价值选择。因此,个人权利与社会利益的矛盾,是效益与公平的矛盾、自由与平等的矛盾在现实生活领域的表现。这一矛盾涉及到当多种价值目标并存时,法律以何种价值目标为终极依归的问题,即是以社会利益为代价而更多地强调个人权利,还是以个人权利为代价更多地强调社会利益。

个人权利的极大伸扬和充分实现是社会整体利益实现的前提,是法律作为权利分配活动基本手段的任务,也是现代文明社会的标志之一。同时,对个人权利的考察必须放入社会整体利益中进行。社会利益是个人利益的集合,是由无数个人利益交织而成的网络。个人利益的满足和个人权利的实现有赖于社会利益水平的普遍提高,完全脱离社会的个人权利的实现纯属无稽之谈。

诚然,权利并非个别社会成员的利益主张而是部分甚至全体社会成员的利益主张。那么既然权利现象具有如此鲜明的社会性、普遍性,为什么还会与社会整体利益发生矛盾和冲突呢?我们认为主要有下列三点原因:第一,就某项具体权利主张而言,即便它已经成为法定权利,也可能只是部分社会成员的利益要求,并不与社会整体利益需要完全耦合,亦即此项社会性的权利主张不代表社会整体利益要求;第二,由于提出并实践权利主张的主体是具有主观意志自由的人,尽管其权利主张的内容来自客观物质生活,但权利的表现形式是主观的,这就意味着权利主体的主观意志不能够完全、准确地反映客观的社会整体利益需要;第三,即使某项权利的支持者和享有者是全体社会成员,权利行为的结果却可能是双重的甚至多重的,它可能对每一个社会成员来说都有利,但对社会整体利益而言却有害。

因此,个人权利与社会利益的对抗,这意味着均衡的权利体系中出现了新的不均衡。为了减轻和消除个人权利与社会利益的冲突,权利分配活动必须追求的目标是:① 努力使法律所确认的个人权利的内容与社会整体利益需要相一致;② 当个人权利与社会利益发生不可调和的冲突时,在伸张个人权利与维护社会利益边界之间寻求一个最佳平衡点。

4.3.2.3 “应有”与“应得”之权利边界

在社会生活里，几乎每个人都知道什么是他所应得的（what is his due），什么是别人不该侵犯的；同时，几乎每个人都知道什么是别人所应得的，什么是自己不该侵犯的。与此相应，还确定“应有”与“应得”之权利界限，即所谓权利义务关系的规则以及用于实施规则的公共设施和相关的程序。

社会转型期，权利存在于广大公民之中，公民将自己的一部分权利通过法定的程序授予社会管理者，形成权力，所以权力来自法律，是凝结在法律中的权利。我们在确定权力边界的同时，还需要确定组织与个人权利的合理边界。权力的边界重叠，同样意味着权利和义务关系的模糊性和不确定性。权利主体各有其追求自身效用最大化的相关权利，这就内在地要求参与组织的权利主体必须明确界定各自的主体地位与权利边界，以便合理地分享最大化利益。而通过法律合理地确定权利和义务的边界，对各种权利规范地、公正地进行调整，可减少因权利冲突而造成资源的浪费。

如果人们想要自由、共存、相互帮助、不妨碍彼此的发展，那么惟一的方式是承认人与人之间看不见的边界，在边界以内每个人得到有保障的一块自由空间——这就是权利。边界的功能是为每个人划定一块自由意义上的“私人领域”。这就意味着，个人的权利不能完全是绝对私人的，它必定是人与人之间的关系——它是边界，是只有通过对正义规则达成共识才能够予以保护的私人领域的边界。因此它不能是私有的，它只能是公共的。

任何权利都是有边界的。权利的确立首先基于对权利的限制，若权利根本不被承认，那么对权利的限制也无从说起。权利同时意味着尊重他人权利的义务。所以，权利排除了奴役的正当性，因而确保了每个人的自由。同时，既然权利属于每一个个人，每个人所享受到的权利只能是受到一定限制的权利。每个人的权利都是有边界的，这个边界由法律和习俗来划定。因此，在强调每个人权利的同时，也意味着必须受到限制。每个人在行使自己的权利时须充分尊重他人的权利。现实中，权利极易被滥用。当权利被少数人或少数社会利益群体所独占时更是如此。但就像权力会被滥用但却不能加以废除一样，也不能因权利极易被滥用就取缔权利。而且，滥用权利本身就是对他人权利的侵犯，就违背了权利的原则。所以，使每个人享受到平等的权利，对每个人的权利提供同等的保障，这些都是对滥用权利的有效限制，就像为了保障个人的自由就必须为自由限定一个范围一样。人们可以利用自身的知识和潜能来自由地追求他们的目标，而不必同他人发生冲突，条件是用结实的道德、法律和习俗的“篱笆”在各自的权利之间标出一道明确的界限。

相应于博弈均衡状态的行为关系决定、形成各自的损益结果的行为边界，在此边界范围内的活动行为就是个体的“权利”。权利边界状态可归纳如下：

(1) 多个行为人的各自偏好(及资源)之间存在分层冲突，使用或耗费资源的有用属性带来相应的损益结果；

(2) 每个行为人都具有选择以影响其他行为人损益结果的战略能力；

(3) 在外界条件一定的条件下，诸行为人总能在某一层形成都不愿改变的行为关系；

(4) 该关系决定、形成各自的损益结果的行为边界，提供相互之间稳定的行为预期。

从实践理性角度看，完全消除权利冲突的可能性几乎没有。问题的关键在于，把这种冲突控制在秩序的范围内，构建稳定、规范的良性关系模式，使两者之间保持张力平衡。首先，要给各权利间的关系定位。其次，通过法律规制合理划分权限。法律规制是一个社会的游戏规则，是人为设定的调节权利关系的约束条件，具有角色定位、划定组织行为以及权利和义务边界的功能。通过法律规制划分权限，就是要明确政府权力渗透的边界和公民权利运行的边界，在法治轨道上实现对接和协调运行，以保持公共权力体系内在张力的动态平衡。

权利冲突构成了一定社会权利体系不断丰富和走向平衡的动力基础。从社会的意义上讲，权利表示着一种社会关系，表示个人在社会中的地位。对个人需求的道德回应之转变为法律权利所面临的一个主要困难是对个人角色的社会理解。对个人权利的承认不仅意味着对个人需求和个人身份的个人性的承认，而且意味着对个人需求和个人身份的社会性的承认。因此，权利的发展，意味着社会结合方式的改进。表面上看，人们对权利的获享和行使，使个人与个人、民众与政府、社会与国家之间的分裂和对抗得以显化，但实际上，适度的现代权利制度将容纳社会共同体的分裂与对抗并将其保持在适当的边界范围内，通过权利义务关系的调整使其得以缓释。这是解决社会权利冲突的制度化方式。

4.4 权利分界和公共权利的运作

4.4.1 公民权利及其边界的界定

从“7·7”事件中，我们可以看到，人们试图通过非制度手段主动进行利益表达，以自己的权利来限制官员的行政权力。由于平等主义观念，个人被看作形成公共政策过程中的竞争性参与者，政府则被认为有能力通过使用立法机制消释社会不平等的法律后果，公民自由、政治权利观念因此甚为强烈。到了21世纪，一些新的社会、经济需求不仅仅依靠社会经济系统来满足，而且使用法律术语来设计和表达。人们普遍认为，政府应该承担保护公民免受社会生活之诸多不幸的任务，并通过积极的政策来满足新的经济、社会需求，相应地，公民则应该享有要求政府作出此种积极行为的权利。不难看出，公开性、透明度、以权利制约权力成为现代政治的基本要素和基本程序，成为人民捍卫自己权利的基本条件。贡斯当一直坚持，任何政府哪怕是自由的政府其一切行为都无法完全有益于社会和人民，不会侵犯到人民的权利[①]。因此,要确保人民的自由和权利不受任何侵犯就须在社会权力与个人权利之间规定边界,保存属于个人边界之内的一切自由及其权利不容许任何人、任何权力的侵犯。因此,我们试图以公民利益表达权利的合理边界为例来进一步探讨权利边界的合理界定。

第一,以不危及政治的有效性和合法性为边界。社会发展的现代化程度除了其民主化水平的要求外,还应体现在制度体系运作的有效性和合法性、公民政治素质的提高、国家和社会关系的正确处理等方面。社会发展进程中,社会体系承担着对社会资源进行权威性分配的职责和功能。职能的贯彻落实,需要自身机制的不断完善和发展,更需要得到社会的广泛认同和服从。因为任何统治的合法性都起源于认同,也失之于认同。李普塞特认为,"任何一种特定民主的稳定性,不仅取决于经济发展,而且取决于它的政治系统的有效性和合法性"。[②] 社会系统的有效性,即社会体系在其基本功能方面满足社会公众要求的能力;合法性是指社会系统使人们产生和坚持现存制度是社会最适宜制度之信仰能力。

利益群体的广泛参与是民主的表现,是利益表达的权利。参与是社会进步的反映,但现实表明,当参与突破政治体系所能容纳的限度时,参与要求达到的利益实现会遭受阻碍,社会体系在参与的猝然扩展下已无力认真考虑社会的利益表达和实现,这样就会使政治体系的有效性受到严重影响;长此以往,会引起社会体系合法性的动摇,并最终出现体制外的"参与爆炸"。尽管李普塞特认为社会体系的有效性与合法性没有必然的联系,但社会体系的有效性如长期得不到社会的承认,终将引起整个社会体系合法性的动摇。

第二,以不损害社会公正为边界。参与表明了社会体系对任何

① 贡斯当.古代人的自由与现代人的自由——贡斯当政治论文选[M].李强译.北京:商务印书馆,1999:386.

② 李普塞特.政治人——政治的社会基础[M].张绍宗译.上海:上海人民出版社,1997:55.

合理利益群体的尊重，是社会体系对可以形成规模的利益的承认，因而通过参与，可以更好地实现社会公正。但参与和社会公正不必然是正相关关系。由于利益实现常常具有排他性，在社会发展的特定时期，社会利益总量是一定的，当某一利益群体过度参与时，势必会影响到其他利益群体的利益表达和实现。因而，社会公正是衡量参与是否合理的一个重要指标。同时，社会体系应该对参与的规模、参与的主体及其扩展和参与的目标有清晰的认识。另外，通过逐步提高人们参政的权利意识，强化"集体行动"能力，从而改变在与政府博弈过程中的弱势地位，有效遏制政府行为的随意性。

第三，以不影响社会协调为边界。作为社会稳定体制的体现，参与应以社会协调为旨归。现代参与是社会有限利益冲突的结果和表现，但在参与的目标问题上，则以社会协调为活动指针。参与本质上是利益群体通过参与最终订立各利益群体间契约的过程。所有参与主体能对达成契约的规则有着一致认同，并能认真履行契约中的约定，接受契约的结果。这种合议的方式以及达成的结果，不应是集权式的行政命令，也不是一般的现时的多数原则，而应该"是相互间冲突的思想、权力和物质利益……通过妥协，排解利益的对立"①，参与主体须有广泛的宽容精神。因此，参与主体须以其他合法主体的参与作为自身存在的条件，以承认其他主体利益的合理性为前提。在参与群体内部成员间应形成适度的张力，即参与是利益群体内部及利益群体之间有限冲突的结果。

利益表达的权利同样受到这些原则的限制，都以不逾越社会共同体中所有人都应享有的社会权利作为最终边界。具体说，参与不可越过个人的权利与自由，参与不可越过对任何人都有权通过参与表达意志的认同，参与不可越过社会的道德准则，参与更不可越过普遍认可的法律或规范。

---

① 韦伯. 经济与社会(上卷)[M]. 林荣远译. 北京：商务印书馆，1997：307.

4.4.2 政府权利及其边界的界定

在现实社会里，全体劳动人民作为权利主体在行使其所有权能时，具有某种内生的行为能力限制，但这种限制丝毫不会影响其利益主体地位的存在，它充其量只会使利益主体的利益实现形式有所不同而已。但作为利益主体的全体劳动人民在实现其利益时是作为一个整体借助于层层委托—代理关系来达到其谋求利益的目的的。这也就是说全体劳动人民作为一个整体在谋求其经济利益的实现时，是借助于多个中介环节实现的，主要是通过各级政府来代行所有权主体的职能的。对此，我们认为应该作出相应的调整。我们知道，委托—代理是要花费成本的，委托—代理层次越多，花费的成本就越高。而利益主体的目的恰恰在于降低交易减少委托—代理层次。为此，我们比较赞同理论界的"国家主权模式"，即由全国人民代表大会(常委会)作为全国人民的代表机构代行非人力资本所有权的权利。这样就可以减少委托—代理环节、降低交易成本。而且，这种利益实现形式也更易于利益主体权利边界的界定。

在原有的国有资产管理体制下，政府作为所有权主体的代表拥有所有权主体的相关权利(即政府主权模式)，同时政府本身还有行政管理权、经济的宏观调控权等。在这种情况下，政府在行使所有权主体的相关权利时，就会凭借掌握的其他权力有意无意地放大或随意行使所有权主体的相关权利。这样就使所有权主体的权利与政府其他权利相混合，导致利益主体的权利边界不明确。相反，如果采取国家主权模式，不仅可以很明确地界定各所有权主体的利益主体地位，而且还能很容易地界定这一利益主体的权利边界。我们需要找到协调各方所有权主体利益的代表，借助于其最高立法权，通过立法及相关的制度安排等硬约束手段，明确界定各类所有者的权利边界。同时，还能借助其最高监督权与既有的监督体系，保证各自权利的落实与责任的到位。当然，我们强调对各个利益主体地位的确认，强调权利边界的延伸是有一个度的，是以其不侵犯其他所有权主体的利益和权利为限的。依据各个利益主体的权利边界赋予其相关权限，使每个利益主体能够在一个限定的约束条件内，通过追求自身效用的最大化提高整体效率。

因此，行使权力的政府，一方面掌握公民所授予的公共权力，对公共物品实施有效的管理，另一方面又要对政府自身的权利范围加以适当的规范与约束，政府权力的行使也必须严守公共领域的界限，谨守法治的原则。

第一，政府权力的行使须严守公共领域的界线，不能越过公共领域去干预私人领域。必须明确有三个领域是政府政策不能调控的范围，也就是免于政府权力干预的私域：公民基本权利领域不得被政府权力所剥夺，公民宪法权利不得被公共权力所剥夺；市场自治事务、基层自治事务、人民自治事务不得被公共权力所剥夺；政府的各种法律、条例和规章，应该以不破坏民商法的基本原则为基础，同时应以保护公民权利为根本出发点。

第二，政府权力的行使须谨守法治的原则，政府管理必须以宪法和法律为基础。政府管理权力应受到如下三种制约：政府管理的权力要受到公民平等的自由权利的限制，政府管理不得以任何形式对公民进行歧视性的分类和对待；政府管理的权力要受到民商法律体系的限制，政府必须采取保护产权、保护市场竞争的各种措施，而不得损害市场机制；政府管理的权力要受到公法的限制，也就是受到宪法与行政法的限制。政府权力必须以法律的明确授权为基础，没有授权的政府行为是无效的。

4.4.3　寻求权利边界的平衡点

4.4.3.1　权利与权力的平衡

权力本质上是权利主体的一种契约形式的让渡，权力只有定位服务于权利才能获得自身存在的合法性，合法权力是权利的有限让渡，未经让渡的权利是权力的止限。尽管权力对于社会而言不可或缺，但它相对于权利的工具理性地位是不可更改的。

应当在权力与权利的关系中来确定这样一个界限，理由是既已承认合法权力不过是公众自愿让渡出的那一部分权利，那么，未经让渡的剩余权利皆为权力的止限。这是一道鲜明清晰的轮廓线，具有逻辑上的简约性。它意味着，权力与权利都确认了各自的有限性，互相不得要求对方既定的边界。由此，它导出一条重要的权力伦理，即权力不得侵凌权利，只要它尚未在程序上被让渡，于强大的公共权力面前仍不丧失其神圣性，而权力只有在权利的授予范围内遵循程序正义的原则运作才具有合法性，否则，无论其表现为什么形式，终非宪政下的权力，不仅丧失合法性，而且是一种道德上的沦落，其行为主体必须如任何一般的侵权违法者一样承担法律后果并接受道义的谴责。权力也不得违背自己对公众作出的承诺，任意减少责任或自食其言，从而在消极意义上减损公众的利益，否则，亦为侵权。当然，为不使捍卫公民权利成为一句空话，建立完善的违宪审查制度与全面有效的舆论监督机制是刻不容缓的。

这道轮廓线仅仅是一个逻辑的边界，在具体的社会历史环境中，国家与社会将根据各种利益关系的互动调整其消长，以适应共同体和个人生存发展的需要。这个界限也没有许诺太多的东西，因为它只奠定了社会正义的第一块基石，而且这个界限本身的维持就需要各种社会条件的全面支持。但是，作为一个基本前提，它赋予权力控制技术以意义，使权力违法的责任追究在原则上成为可能，并引导人们去选择和创造出更为恰当的制度。

我们认为，权利与权力是相互依存的，人民权力是前提，人民权利是基础，政府权力是由人民的权力和权利派生的。人民是权力的唯一合法源泉和原始权威。所以，背叛人民权利的国家权力是一种政治上非法的权力，也是其自身本质的异化。作为行政权和行政相对方的权利，目前双方均难达到满足，双方主体由于自身素质的差异、出发点不一致等，都能产生利益主张的差异甚至对立。行政权本身又具侵犯性、扩张性、居高临下等特点，这使得行政权对于行政相对方权利的侵犯既有便利条件又具主观动力。这就需要对行政权力和行政相对方权利进行合理界分与平衡。在社会权力结构中，若行政权力比重过小，行政相对方权利比重过大，就会导致政府失灵，出现混乱无序。如果行政相对方权利比重过小，行政权力比重过大，则又会形成本末倒置，权利无法有效制约权力，出现不同形式的专制主义，破坏政治民主。

在社会转型期，如何将行政权与行政相对方权利的冲突、矛盾，控制在合法、合理、适当的范围和程度内，在平衡的基础上相互激励促进？

首先，国家权力应从整个社会领域中逐步退至一个合理的边界范围。当然这个边界线不可能是相当精确的，在制度变迁中，国家权力特别是政府的权力应大体被界定在制定经济政策、经济法规；规范和监督市场，维护公平的竞争秩序；提供公共产品；调节收入分配，保障社会基本权利等方面。这样既有利于国家和政府从琐碎的事务管理中解脱出来，更有利于市场主体追求自身利益最大化。

其次，对权力与权利界分与平衡应做到：① 行政相对方权利必须是以约束行政权力，对行政机关及其工作人员手中的职权进行监控，使其职权只能服务于相对方权利，维护和促进社会整体利益。从而保证公民权利在社会权力结构中的足够比重，并加强这种权利建设，增加权利新品种和范围，强化权利救济，提高全民权利意识。② 行政权力必须防止公民权利的滥用。政府权力是公共利益的体现，也是公民个体利益的一般存在形式和共同实现条件。为了实现公共利益，政府权力必须防止公民滥用权利，以维护社会稳定和规范经济生活秩序。

4.4.3.2　个人权利与社会利益的平衡

以社会为本位的均衡型权利分配模式体现着一定的价值理想，它一方面平等地尊重和充分地弘扬每个社会成员的个人权利，为人类本质的彻底实现而努力，必然极大地推动生产力的解放；另一方面关注社会正义与平等，摆脱人的非理性自由意志和偏私性，实现社会的全面进步。因此，它以国家权力为支点，努力追求个人权利与社会利益的平衡。具体而言，该权利分配模式要求我们在权利分配活动中遵循以下价值标准处理个人权利与社会利益的关系：

其一，极大地伸扬和保障社会成员的个人权利是社会利益需要获得整体实现的前提和基础。社会主体的利益需求和权利主张，是人们在认识和改造世界的过程中，根据客观条件和自己的需要、目的来最大限度地发挥积极性、主动性、创造性的动力源泉和资格保障，是主体支配自己的活动所应有的自主权。人离开了自主性和自主权利就不可能对自己的活动实现自我意识、自我支配、自我控制和自我调节，因而也就谈不上主体的能动性。而社会主体失去应有的自主权利和能动性，就不可能充分施展自己的聪明才干和首创精神，为社会创造更多的财富。所以，社会主体应有权利体系的确认和保护，是建构社会主义市场经济法律体系的首要任务之一。

其二，全面满足社会利益需要是实现个人权利的终极目标和依归。诚然，建立现代市场经济体制，确立市场在资源配置中的基础性地位，扬弃计划经济体制下社会各种利益资源由国家权力进行垄断性配置的政府行为模式，乃是当下改革的目标。但是，这丝毫不意味着国家及政府功能的弱化。市场经济条件下国家进行宏观调控的必要性及重要性已为人周知，其中最为重要的根据就在于市场经济规律不能自发实现社会利益的平衡，相反，它总是趋向于社会利益和资源向生产资料的所有者以及在社会生产中占优势的人们倾斜，导致严重的社会不公和经济秩序紊乱。经济危机是自由资本主义市场经济条件下利益失衡的极端形态和社会恶果，治愈经济危机这一市场经济顽症的根本措施就是国家运用法律等手段进行宏观调控，以保持社会利益的平衡。另外，经济主体的偏私性和追求利益最大化也必然带来损害他人利益、违背社会公德、贫富两极分化、破坏生态环境等一系列社会问题，这都需要国家权力在权利分配活动中时刻维护社会公共利益不受损害。实际上，关注社会利益需要的全面满足意味着社会整体效益的综合提高。

第五章　制度的边界分析

在本章中，我们需要进一步追究基于国家主义的现实规则和制度安排的演变过程，以理解社会冲突的性质。同时，在冲突的过程中，从动态的角度来审视这些规则和制度体系的表现形式。如对缺乏伦理规范的市场游戏、政治经济和伦理道德的不同步变化、被破坏的道德秩序、机会不均等的分配法则异变等现象与社会冲突间相互关联的实证考察。

5.1　社会资源配置与行为失范

根据社会资源稀缺性、财富有限性与人的自利性、机会主义行为取向性的对照关系，以及生命的有限性和人类行为的其他劣根性的综合分析，使得人类社会的矛盾与冲突成为永恒的现实主题之一。

5.1.1　“自己人”与“局外人”

5.1.1.1　社会资源的分配关系

社会资源包括社会权力、地位、知识水平、群体组织化程度等。在处于社会结构转型的现阶段中国主要存在三种社会资源的分配关系，即权力授予关系、市场交换关系和社会关系网络，其支配着社会群体利益关系及其演变①。

(1) 权力授予关系，即社会资源由国家行政权力及其一系列制度安排所配置，不同社会群体及其地位实现均受到这种关系的支配和制约。这种关系被认为普遍存在于1978年改革前的社会结构中，且

---

①　张宛丽.现阶段的社会群体利益关系[J].浙江学刊，1997(1).

为重要的关系要素。这种关系又被认为仍然相当程度地作用于改革至今的社会资源配置中。国家与社会管理者阶层即权力集团非常强势。陆学艺等人的报告称,因为"组织资源是最具有决定性意义的资源,而执政党和政府组织控制着整个社会中最重要的和最大量的资源"①。

(2) 市场交换关系,即社会资源主要依据商品交换及其市场规则进行分配;不同的社会群体成员的地位实现,主要依赖于市场交换关系手段。市场交换关系的制度安排结果,主要是基于契约关系的职业——职阶系统及其地位评价;其主要特征是成员流动性高,结构呈开放性。这种分配关系主要是在1978年以后的改革及其现代化的社会转型期,借助市场经济领域的出现及拓展,开始相对独立地发展和运作,即出现了"体制外"的市场交换关系。民营企业主这一群体的崛起,则可被视为是受益于这一关系的新兴群体。

(3) 社会关系网络,即是指将人们之间亲密的和特定的社会关系视为一种社会资源,借助特殊主义的社会关系机制,作用于不同群体成员间的地位分配及其地位实现。在这里,特别强调了具体社会中的特殊主义的社会关系网络,并且是以社会成员在社会生活中的特定需要为前提的。费老早在20世纪40年代后期就指出,中国人在社会互动中因此而形成的"差序格局"②,恰是中国传统社会结构的显著特征。在现阶段中国社会由计划经济向市场经济过渡的社会转型期,社会关系作为一种地位资源,对社会成员的地位实现尤其显得不可或缺。

在这三种社会资源配置关系作用下,现阶段中国社会群体利益的实现具有多元性、非制度化特点。相对于权力授予关系和市场交换关系,社会关系网络在社会资源配置中属于非制度因素,而前两者则属于制度安排因素。

社会资源在不同时间、空间位置上的存量不同,使得社会中处于

---

① 陆学艺 等.当代中国社会阶层研究报告[M].北京:社会科学文献出版社,2001:74.
② 费孝通.乡土中国[M].北京:北京大学出版社,1998:24.

不同位置的人对社会资本的拥有量有着先在的差异性，从而使其社会行动所受到的制约不同。安东尼·吉登斯对于这种现象有过精彩的论述，他说："那些占据中心的人已经确立了自身对资源的控制权，使他们得以维持自身与那些处于边缘区域的人的分化。已经确立自身地位的人或者说局内人(established)可以采取各种不同形式的社会封闭，借以维持他们与其他人之间的距离，其他人实际上是被看作低下的人或者说局外人(outsider)。"[①]那些长期处于资源中心的人相对于处于边缘的人来说拥有较多的优势，甚至拥有一定的支配权。应该说，这种非均衡性分布是客观存在的，但是，如果这种非均衡性超过了一定的界限，或者说局内人与局外人之间的分化超出人们所能承受的限度，社会资源的正常流动将会受阻，人们的被剥夺感也会加深，并由此而引发一系列的社会冲突问题，社会秩序陷于紊乱，社会发展脱离常轨。

5.1.1.2 社会关联与地方性秩序

有学者认为，从社会关联的角度，即从人们可以具体建立起来的关系及这种关系应对事件能力的角度来理解当前普遍存在的社会危机。社会关联是指人与人之间具体关系的总和，它关注的是处于事件中的任何一个具体的人在应对事件可以调用关系的能力[②]。费老提出的"差序格局"，认为中国人人际交往中，对不同关系的人施用不同交往法则的"特殊主义"以及"个别主义"特色。各格局的界限是随情境而有伸缩性的，可以任由行动者自行做解释及划分，以致有"名实分离"的现象[③]。现代关系是指建立在利益和契约基础上的关系，传统关系则指那些基于信任、友谊、亲情和习惯的关系，如亲缘关系、朋友关系、邻里关系等等。无论是现代关系还是传统关系，如果当他在应对事件时，无力调动任何一种有效的关系资源，就表明他缺乏应

① 吉登斯.民族——国家与暴力[M].北京：三联书店，1998：34.
② 贺雪峰.村庄社会关联[J].中国农村研究网(www.ccrs.org.cn).
③ 费孝通.乡土中国[M].北京：北京大学出版社，1998：24.

对事件的能力，也就缺乏发展的能力。

人们在为获得利益或秩序而进行协作或斗争时，一方面，要以人们之间社会关联的方式为线索，另一方面要以人们之间社会关联深度为线索。综合考察人与人之间社会关联的形式和程度，便可以考察出这一社会关系的具体性质及他们在特定的、为获取共同（也就是个人）的利益与秩序中的协作或冲突的理由。中国社会的弹性，即不管上面的正式政令怎么变，到了底下总有另一套逻辑。因为有关联，就使得在正式制度之外还有另一套非正式的运作法则，它使正式政策在实际运作中不断发生变形。

在那些民营经济相对比较发达的地区，与改革引发的社会经济变迁相契合，在国家与经济行动者之间，一种非正式的、非官方的民间经济和组织正在出现，它们与国家体制的界限日渐明显，活动空间正在日益扩大。这使得这些地区的社会关联呈强势扩展，其对外表达政治社会意愿的能力和对内维持秩序和合作的能力，都大大增强。无论是传统还是现代社会关联比较强的地区，特别是存在有突生结构的地方，一定区域的人们都有可能以一个整体来行动。一致行动不仅可以抑制外界的"掠夺"，而且可以带来廉价的秩序和协作。

社会关联与地方性秩序之间显然存在相互依存的关系。正是社会关联，可以沟通"人际关系理性化"、"派性"、"圈子"以及"社区记忆"[①]等具有重要意义的概念之间的联系。

所谓"地方性秩序"，即是指成员在选择中所遵从的地方性规则，包括依从地方的习惯、地方法、庙会、宗族、家族、乡亲关系、小团体关系、地方组织和制度遗产等因素而形成的地方认同感、内聚力和趋同倾向[②]。它强调的是地方既有的社会成员与结构面临变革时，在主观上采

① 所谓"社区记忆"是指"村庄过去的传统对当前农村社会的影响程度和影响途径"。如果"社区记忆"较强，传统的伦理道德对村民仍具有普遍的规范和引导作用。可参见贺雪峰.村庄精英与社区记忆：理解村庄性质的二维框架[J].社会科学集刊，2000(4).

② 在"礼治秩序"中，维系社会秩序的规范是礼，维持礼的力量则是传统和习惯。而在"法治秩序"，基本的规范是法律，靠国家力量来实施，从外部对人加以约束。

用的选择策略之间具有内在的联系。依此，从行动者逻辑选择与社会结构之间的关系来说，我们发现，选择行动具有这样一些属性：

（1）它不是个人主观因素的随意发挥，而是个人在一定地方社会结构下的选择，既建立在选择者对自己所处社会经济环境特点的认识和了解的基础之上，又建立在自己对社会合作者或外界力量的利益以及他们的策略行为能力了解的基础之上。即使选择者是自主权较高的个人或社区整体，在选择时也需要准确地把握上述问题。

（2）选择是对即时即地的、必须做出决断的具体事件的可行性、可能性和可取性的一系列判断，这些判断带有主观性但受地方性社会结构的制约。

（3）选择所具有的主客观双重性使它的改变有可能是有意识的，所以谁在地方社会的重大选择中把握了选择倾向，谁就能够对其他参与者产生影响，谁就掌握了选择的主动权和领导权。从"7·7"事件中可以看到，这个权力往往是由地方精英掌握的，因而他们也就成为选择的倡导者和引导者。从个人与集体选择之间的关系来看，集体选择并不是个人选择的总和，即是说它不是一种预设中的人人都参与的或选择权力均等的选择。但却创造出一种将个人和集体的能量都溶入其中的选择的中间结构。

不同的地方有不同的正义。正义是具有语言交流能力的人类的主体间的理解，秩序是在规则下人们主观追求各自目的的结果。"7·7"事件这个个案表明，国家"法治/制"在基层社会的实践中具有"地方性合理、有效和正义"的特征，为地方性秩序规范的继续行使留出广大空间。人们的生活世界总是遵循着自己的秩序，并因此使地方的社会秩序按这种生活世界的原则维系住。普通人的行动仍然依据他们现成的库存知识，仍然依据地方性的情景和条件信息。同时，繁复的小型社会的秩序体系，意味着形成统一的规则十分艰难，也就意味着更漫长的时间，意味着立法和执法者必须考虑更多的既成的地方性秩序的利益，意味着有更多的地方性秩序会以各种方式反抗为了现代化的进程而强加给他们的、据说是为了他们的利益或他们的长远利益的政策，而这些为了现代化的政策至少在目前以及在未来的一段时间内并不一定会给这些尚未现代化的或正在现代化的小型社会或社区带来利益，相反倒可能带来损害或不便。因此，一个社会的地域空间并不仅仅是一个空间的问题，它还意味着形成统一规则的所面临的难度和所需要的时间。

原有制度造就的基本社会关系，已经深深嵌入到一些社会行为中，对于相关人员构成了一种普遍性的社会期待。这些期待又不断地形成社会要求并以各种方式反映出来。制度形式已经建立起了不同的认同，尽管今天的制度变化了，但是那些认同以及背后的观念并没有如此快的变更，人们还是习惯运用原来的关系来理解新的现实，他们的标准受到过去制度的强烈影响。这些影响可能会持续相当长的时间，所以，认识“过去”并非没有用处，新的冲突总是和旧的冲突及其处理形式有极大的关系。

5.1.2　社会资源分配的制度调控危机

5.1.2.1　中国历史上特殊的资源配置结构和“治乱循环”

“治乱循环”泛指的是，中国社会从秦帝国到1949年这段历史长河中所出现的政治、社会秩序的规律性治乱交替之现象。具体说来就是社会政治架构“改朝换代不换制”。“治乱循环”是中国传统历史的重大特征，对其赖以存在的基础，历代学人见仁见智。美国著名学者费正清指出：“中国人传统上把他们的过去解释成一连串王朝循环，每一个王朝重复着一个令人厌倦而多次出现的故事：一位英雄开创一个权势极盛的时期，然后长期衰落，最后总崩溃。”①

在当前社会剧烈转型的背景下，我们试图回首中国传统历史的治乱循环，从中分析维系其存在的政治、经济基础，并试图厘清以往是如何处理各种社会冲突现象，以及在此基础上建立怎样的治理模式以保持社会秩序？如何整合分离分子，融入当时的社会制度结构

① 费正清 等. 中国：传统与变革[M]. 南京：江苏人民出版社，1992：73.

之中？即如何“治乱”的问题。

中国自秦始的封建社会形成了一套完整的中央集权官僚制度，其基本特征有：

第一，自上而下统一的官僚体系控制了社会的资源和公共权力，官僚对权力的行使具有很大的随意性。

第二，没有完整意义上的私有产权和相应的法律制度，官僚可以随意性没收、敲诈个人财产。

第三，个人在人身安全和私有财产的保护上，求助于官僚的恩惠和家族势力的庇护。

第四，个人所表达的意识形态不能同正规制度规则相抵触。

显然，在这套制度结构中，生产性活动的交易费用是很高昂的，制度的激励结构导向在于：对权力的追求和依附；对集权统治的意识形态的认同；对家庭（族）的依附与认同。由此形成了特殊的资源配置结构，大量资源用于权力的交易活动以及家族建设。为了使这些投资产生预期的收益，对儒家意识形态的投资是必不可少的。这一激励导向对规范士人的意识形态和形成特殊的人力资本产生了深远的影响。创立于隋朝的科举考试制度，经唐所完善，成了后世士人入仕的必经之道，堵住了士人的知识结构向生产性方向转化的途径。[①]

一旦士人对权力的投资失败了或者继续投资的边际效用很低时，他们往往由儒转道、转释，逃避尘世的无奈，求得精神世界上的安宁。既然不能“达则兼济天下”，只好退而求其次，“穷则独善其身”。所以，在中国历史上伴随着专制集权的统治，家族结构异常稳定，家族观念家族势力长盛不衰，俨然成为专制制度的社会基础。在意识形态上儒道释三家并存，各取所需。在士人阶层，达则为儒，穷则修道入释，退守心境，以安身立命。但是，这种脆弱的均衡对大多数中国人来说多少带有一点阿Q精神，是一种“穷均衡”，缺乏坚实的物质技术基础。权力交易中的腐败蔓延、官吏的贪婪与严酷和人口增长

① 林毅夫.制度、技术与中国农业的发展[M].上海：上海三联书店，1994：269.

等压力，使大多数家庭不堪重负，再加上中国历史上灾害频繁，极易导致大规模的家庭破产。流离失所的人们在失去了最后的生存保障之后，无法再通过自身的资源调整重新实现均衡，转而采取"揭竿而起"的暴力行动，历史上大小数百次的农民起义和朝代更迭，反映了这种脆弱的均衡被打破之后，所带来的社会剧烈震荡和制度崩溃。旧的国家机器被打碎之后，胜利者成了新政权的主人，他们在旧政权的废墟上重建新的制度框架时，往往从他们自己的主观选择模型出发同时又受到社会成员知识结构的规范。旧的制度结构正是通过行为者的知识结构和主观选择模型完成同新政权的结合，新的制度框架只不过是旧制度基本结构的延续。由此开始了新一轮从治理、兴盛到衰败的治乱循环。

1. 治乱循环的政治体制基础

中国传统社会最突出的专制形式就是皇权专制，是以皇帝为首的官僚集团的专权体制。然而帝制在历史上中外皆存在过，为何独成为中国历史治乱循环的根本性政治体制基础了呢？我们认为主要基于以下两个原因：

第一，中国的皇权专制是社会冲突非理性解决方式机制的现实基础，它使得社会冲突的解决呈现出"一治一乱"的势态。"一治一乱"实质是人治文明应对社会危机之结果的外在显现，而以皇权专制为基础的政治体制是这种应对社会危机机制的基础。

传统的中国王朝社会中主要由士、农、工、商几个大的阶层构成。农、工及商的下层占社会成员的绝大多数，商人集团的上层与士绅处于社会上层。而国家机器被社会上层的一部分成员把持和垄断着。在这种官僚集团垄断独裁国家机器中，没有也不可能有由制度、法律保障产生的其他社会弱势集团的代言人及自己的政治代表。当然也就发不出自己的声音。然而，社会是一个矛盾体，它内部一定会存在这样那样的不同集团间的利益冲突，这种利益的冲突集中体现在垄断政权与其他社会集团之间。当垄断政权的集团凭借国家机器过分汲取社会其它集团资源时，必然会引起社会弱势集团的怨恨、不满，可这种"打人又不叫人哭”的政治体制并不能使他们发出的不满声音产生具体的实效。当权者的贪欲使得他们无视社会矛盾得不到有效宣泄而日甚严峻的后果，仍一味强取豪夺。终至一日，官逼民反，导致大规模的社会动乱。并不是农民等社会弱势集团愿意打仗、死伤，而是这种官僚集团独享政权的政治架构不给他们以其他理性协商的矛盾解决机制，最后只好用暴力的方式，惨烈的手段，无情摧毁现存的统治集团及其统治结构，顺便摧毁积累的社会财富，实现社会秩序的大翻转，社会冲突得以暂时解决。这种社会冲突解决机制的非理性，根源于专权集团永无止境汲取社会其他集团的欲望与有效实现这一欲望的集权政治体制结合在一起，它造就统治集团不断地凌驾于社会的形势。

第二，就中国而言，皇权专制是这种社会矛盾非理性解决机制长期延存的主要原因，这种延续从而使得治、乱势态得以循环下去。

假如中国历史上，某一王朝经历了治和乱两个阶段后，并没有使得“一治一乱”交替延续下去，那么，我们就不能说中国历史出现了治乱循环现象，而只能说我们历史上曾有过安宁和动乱的时代，这是世界史上人治文明应对社会危机方式普遍存在的结果。不幸的是，我们的治乱时代不仅出现在一个或几个王朝，而是从秦国一直延续到中国最后一个王朝，其间治乱不断交替出现，这就不能不称之为历史的治乱循环了。那么究竟是什么原因使得这种历史现象持续不衰呢？如上述，治乱不过是人治文明应对社会危机非理性方式的结果，结果的交替循环持续，意味着这种应对机制的持续不变，从而也就是这种应对机制的基础——皇权专制的持续不变。

为何中国历史上皇权专制具有如此强烈的生命力呢？从理论上说，只要存在着集权专制，应对社会冲突的方式就一定是非理性的，“治、乱”就会出现，不管这种专制是皇权形式还是其他，古今中外概莫能外。然而在中国，由于种种原因，专制制度尤其是皇权专制存在时间特别长，这与其自身特点有很大关系。

一是其包容性。首先中国以父权家长为中心的家族制和宗法组织，虽然是在皇权专制政体实现后更加强化了，但在这以前，却显然存在着这样一个可供官僚政治利用的传统。其次，中国一般的社会秩序，不是靠法来维持，而是靠宗法纲常，靠下层对上层的绝对服从来维持，这种"人治"与"礼治"被宣扬来代替"法治"，显然是专制官僚政治实行的结果，但同时又成为其得以扩大作用和活动范围的原因。再次，在中国，文化的每一因素好像都是专门为了专制官僚特制的，两者几乎达到了水乳交融的调和程度。学术、思想、甚至教育本身，是政治的工具，政治的作用和渗透力能达到政治本身活动所达不到的一切领域。

二是其贯彻性。惟其中国专制的皇权官僚政治自始就动员了或利用了各种社会文化因素，以扩大其影响，故官僚政治支配的、贯彻的作用，就逐渐把它自己造成一种思想上、生活上的天罗地网，使全体生息在这种政治局面下的官吏与人民、支配者与被支配者都不知不觉地把这种政治形态看作为最自然最合理的①。因此，皇权专制已深入人心，虽然特定王朝都有被打碎的命运，但换汤不换药，旧的政治架构总能得以复制再生，继续维持下去，一轮又一轮，从而中国传统历史也呈现出一轮又一轮的"治乱"。

2. 皇权专制的经济基础

中国皇权专制这个人治应对社会冲突机制的基础延续使得这种应对结果一再表现为历史的治乱循环，然而又是什么使得这个皇权专制一朝又一朝地生生不息呢？前面我们已经从它的包容性和贯彻性谈及一点，下面，我们再从深层次分析它"旺盛生命力"的原因，也就是弄清它的经济基础。

国家机器演化至今，我们仍无法找出一个不属于任何一个集团控制并主要用来为本集团谋利的政权。当一个集团控制了国家机器为自己谋福利时，其谋福利的方式及其利益实现程度主要取决于两个因素：一是本集团主观上谋福利欲望的强烈程度；二是客观上能遇到多大的制约，或者说其他社会集团对其福利实现程度的影响。

我们知道，人的欲望是无限的，尤其在传统社会生产力不发达的

① 王亚南. 中国官僚政治研究[M]. 北京：中国社会科学出版社，1996.

情况下，人们对物质利益的渴求之动力是相当强大的，直到如今我们仍能强烈地感受到这一点。从此角度说，掌握国家政权的集团在为己谋福利的主观愿望上几乎是天然存在且无穷尽的。这也从根本上导致国家机器天然有一种脱离、超越、凌驾于社会之上的趋势，而成为一种“必要的恶”，关键在于客观上外部条件对它这种欲望的制约。当外部制约力量足够强大时，尽管当权集团建立集权体制以维护其福利之愿望非常强烈，仍无法实现这个目的，有时就算一时建立专制机器，但终维持不了多久。不幸的是，中国的小农生产方式根本上给皇权专制的形成维持提供了现实基础：主观上使小农无太多经济政治利益扩展的冲动，客观上又决定了他们无力抵抗当权者建立起这样一种对他们不利，但却极能满足官僚集团利益的专制政体。也许某一个皇权专制框架内的统治者与被统治者肉体的自然角色会发生变动、转化，但这种由小农生产方式决定的政治社会架构却稳如磐石，牢不可破。只要不从根本上打破形形色色的“小农生产”，那么建立在其上的形形色色的集权政体如皇权专制之类就决无根本打破之理，从而以之为基础的人治方式应对社会冲突的机制就存在着复制、演绎持续“治乱”的可能。

据以上分析可知，中国传统历史的治乱循环主要是由小农生产基础的皇权专制的应对社会冲突机制造成的，它的核心因子有：一是民间社会力量发育尚不充分；二是政治权力过于干预社会；三是人民参与国政的渠道与机制还不完善；四是理性、有效、稳健的协调整合社会各集团利益的机制尚未根本建成。典型意义上的治乱循环是中国传统历史上发生的事，那么是否可以认为现在我们的社会决无发生之可能呢？答案是否定的。只要上述因子仍然存在，并且作用足够强大，21世纪的中国发生“治乱”现象，绝非杞人忧天，尤其在我们从传统向现代转型过程尚未完成的背景之下。

5.1.2.2 社会转型期的资源危机和制度调控

处于转型期的社会资源分配，从制度安排上看是更为有限的。现有的社会资源配置，不仅继续受到“再分配”体制的影响和作用，而且受到"市场"因素的制度挤压,陷于制度安排上的"两难"处境;加之非制度的同步揉搓,更使之脆弱。因而,有可能导致:社会利益格局中的资源危机——社会利益需求膨胀而满足需求的社会资源有限;由资源危机连锁反应,从而导致制度危机——对社会资源分配的制度调控无效以致失败。一方面是社会资源需求日趋活跃旺盛,另一方面则是社会资源分配制度安排日见疲软乏力,而社会资源的有限性又是处于社会转型阶段的一种无法回避的社会事实。

从总体上讲,权力集团过多地影响改革路径最大的后果,是整个社会腐败严重及收入差距过大。腐败就是由于权力集团中的社会行政管理者不愿意轻易放弃交易资源的控制权,而是"利用"好改革中的交易资源再分配权力进行索租活动的结果。而与此同时,能够出最高价钱购买交易资源的恰是新崛起的资本集团,所以,腐败其实是两个强势集团之间的交易与合谋。收入悬殊则证明,与改革前相比较而言,交易资源在强势集团与弱势集团之间的再分配极度不公平。在改革过程中获取了更多的交易资源的强势集团,迅速利用这种资源富了起来。而相比较而言,弱势集团可利用的交易资源相对于强势集团而言,少之又少。因而,收入差距越拉越大也就在情理之中了。对此,陆学艺等人的报告也称:"我国社会中间阶层规模过小,目前能够纳入中间阶层的就业人口所占比例仅为15%左右。这直接意味着社会资源分配较为不平等。"

维克多·倪曾提出过一个假定,即在不同的制度背景下,不同的经济整合机制的制度中对于社会不平等形成的作用是不同的:在资本主义市场经济中,市场是不平等的主要源泉,而福利国家的再分配干预具有一种抵消这种不平等的作用;国家社会主义社会则是一种完全相反的情形,在这里,再分配制造不平等,市场则起一种抵消的作用①。更抽象一点说,无论在什么经济体制中,主要的、占支配地位

① 维克多·倪.市场转型理论:国家社会主义由再分配到市场[C].边燕杰.市场转型与社会分层.北京:生活·读书·新知三联书店,2002:109.

的调控机制总是服务于有特权的、有权力的富人的利益，而没有特权的人、无权的人和穷人，则不得不依赖于第二位的、补偿性的机制。

事实上，仅仅强调这当中的某一个方面，都是片面的。如果我们对中国20世纪90年代以来的资源重新积聚过程的机制进行仔细分析的话，就不难发现，这两种力量起作用的方向是一致的，即都在起着积聚资源并扩大社会不平等作用。市场中的竞争，使资源由不发达地区流向发达地区，由农村流向城市，由效益不好的企业流向效益好的企业。而国家的再分配权力，则导致资源由社会的基层流向政府特别是中央政府的财政，由非垄断的部门流向垄断的部门，特别是对于权力的滥用，以及由此导致的腐败现象，使得大量由国家集中起来的资源，流向了少数人的手中。中国的贫富差距以如此惊人的速度在扩大，说明有一种异乎寻常的力量或机制在起作用。这个力量或机制，就是由市场和权力形成的合力。

由计划经济向市场经济转轨的改革本身就是一个资源重新调整的过程。关于这点，秦晖先生曾有很好的论述。他说："转轨好比分家，这个比喻不能狭义地只理解为公共资产的量化到个人。"然后他解释说："实质上计划经济就是'交易权利'高度集中于计划者的经济，而市场经济则是交易权利高度分散的经济，因而由前者向后者的转轨，不管形式上有没有'分配式私有化'的程序，实际上都意味着交易权利的分配。"①但我认为，将秦晖先生所说的"交易权利"换成"交易资源"更合适，这种交易资源就是主要由陆学艺等人报告中所言的"组织资源"、"经济资源"与"文化资源"构成。正因为原来由国家掌控的初始交易资源总是有限的，改革的过程正是初始交易资源的再分配过程，而各利益集团都想多得一份，因此，社会冲突无法避免。而且，随着渐进式改革的日渐深入，这种冲突会越来越激烈。其中的理由就在于：一方面，"由外围到中心"的渐进改革的思路决定了最有价值的交易资源的重新配置放在后期即所有制改革阶段，而各利益

① 秦晖.转轨经济学中的公正问题[J].战略与管理，2001(2).

集团争夺的焦点也在于最有价值的交易资源;另一方面,改革越深入,可供重新分配的交易资源也越来越少。在此形势下,各利益集团势必会动用各种手段,来抢夺最后所剩不多的却是最有价值的份额。社会控制能力降低,各个利益主体对于利益的追求,缺乏明确的规范,因而采取了种种不正当的方式,产生了腐败、欺诈、暴力、破坏资源等社会问题。

我们的规范,是在现代市场经济社会中运行的。这个总的预设背景前提,就是有理性的个人,为了追求自己的利益,必须尊重他人的权利,必须通过互惠才能实现自己的利益。这就需要合作,而在合作中又存在冲突,正是为了有效地实现合作中的潜在利益,并有效地解决合作中的冲突,人们在实践中发明了各种制度以规范自己的行为。

社会何以会失范?失范源于制度的有效供给不足,需要从制度层面来解决。制度没有全部涵盖重要的活动领域,这种有效供给的不足,会导致诸多的空白区域,在这一区域里,社会难以有协调一致的行动原则,产生各种摩擦冲突,以至失去有效的控制。的确,不同行为原则的个人,分散地、自主地采取行动,何以服从统一的规范、遵照统一的秩序呢?

制度设计提供社会的共同基础,成为公共理性的基点,决定着人们的选择。个人按照制度指示的方向、限定的边界范围而做出自己的选择。因而对社会行为和个体行为都具有预设前提性的作用。人们在特定的制度规范下形成特定的合作模式,进而直接影响到活动的意义和效率。因而,制度对于人们的价值观念、活动方式、社会效应便有着根本性的意义,具有重要的伦理向度。社会是一个个的群体的集合,按照奥尔森关于集体行动的逻辑,由个人行为向集体行动的过渡,是最困难的课题之一。西方有学者提出,公共政策本质上是关于规定个体和集体选择的制度安排的结构。

问题的核心在于:社会必须把追求利益的人类本能和冲动通过制度和机制管道导入最大限度发挥其正面作用的途径中,而对其负面作用和影响进行严厉的约束和规范。缺乏社会制度规范的利益追求使得人们成为自然状况中的“经济人”，而自然状态的事物必然具有强烈的两重性。亚当·斯密关于“经济人”的冲动能自然增进社会利益的论述也只是一种单向性的推理，缺乏制度规范的“过滤”和引导，将产生众多的困惑。现实状况是“经济人”生活于社会环境中，在人们相互关系的影响下运作，他必须考虑个人行为与社会要求的相符及其影响状况，并且其行为最终也将影响他本人的状况。

对利益追求行为的规范、约束和引导在中国难度颇大。传统的中国社会注重道德说教和精神约束，而在一个人们狂热追求利益的时代，最有效的约束和规范手段是利益自身，但在这方面我们既缺乏制度规范的实践又缺乏传统。

值得一提的是，有学者提出类似于西藏某些村落，资源匮乏，但很少存在社会冲突问题，由此认为资源与社会冲突之间的关系并不直接相关。对此，我在进行田野调查时曾有过这样的感觉：凡是被所谓现代文明或政治运动洗刷过多次的地方，往往成为较不文明的地方。而那些相对封闭的、经济落后的乡村，不仅民风淳朴，秩序井然，而且易于接受，尤其是易于施行由国家颁行的现代法律规则。例如，云南景洪县的一个傣族村寨自“文革”结束以来未发生过一起刑事案件，只发生过一起婚姻纠纷。在这里，调整社会关系、规制人们行为的规定主要是含有佛教因素的习俗。但是，我们不能说这里的个人权利没有得到应有的保护，或者，这里的人们不享有权利。我们也不能说这里没有国家法律，因为在交谈中我发现，无论是村寨的长老、村干部，还是普通村民，都有不少关于宪法和法律的知识，有些人还持有“普法”学习班的结业证。他们只是为自己未曾“出礼入法”而骄傲。显然，这是一种礼俗秩序，而非西方意义上的法治秩序。如若一定要“走向法治”制度，那么，这样的礼俗秩序里无疑包含着制度的生长机制和发展能力，因而是不能随意毁弃的。因此，社会秩序的建立不能单靠制定若干法律条文和设立制度规则，重要的还得看人民怎样去应用这些规则。更进一步，在社会结构和思想观念上还得先有一番改革。

5.2 制度结构与制度化手段的缺失

5.2.1 制度分析框架的含义

制度学派的代表人物之一康芒斯把制度定义为“从冲突中造成秩序”的“集体行动控制个体行动”，即“集体行动抑制、解放和扩张个体行动”①。制度学派的另一代表诺思把制度划分为“正规制约”和“非正规制约”两种类型。

“正规约束”主要是指人们有意识地创造的一系列的政治及司法规则、经济规则和合约。这类制度的整合功能是通过两个方面体现出来的：历时性上，制度将过去、现在、未来连接起来，它具有连续性、稳定性、可认可性和可操作性，有效地阻止了社会变革中带来的动荡和混乱；共时性上，制度减少交易中不确定性因素，减少交易成本，创出秩序、激励机制和高效率。利益借助制度中介，最终实现了对社会的整合。

而“非正规制约”主要指“社会所流传下来的信息以及我们称之为文化的部分遗产”，是人们在长期的交往中无意识地形成的，它具有持久的生命力，并构成了世代相沿、渐进演化的文化的一部分。它一般包括价值信念、伦理规范、道德观念、风俗习惯、意识形态等因素。诺思认为这些规则不仅能简化生活，而且能减少冲突的机会。②

费希特认为，“人注定是过社会生活的；他应该过社会生活；如果他与世隔绝，离群索居，他就不是一个完整的、完善的人”。既然人必然要生活在同一个共同体之内，那也就意味着必须有公共规则才能保持一定的公共秩序。人生活其中的社会，“无论是社会结构或社会行为过程，都离不开制度的架构和规范”③。公共规则的制定者就是

---

① 康芒斯. 制度经济学(上册)[M]. 于树生译. 北京：商务印书馆，1962：113.
② 诺思. 制度、制度变迁与经济绩效[M]. 刘守英译. 上海：上海三联书店，1994：50.
③ 邹吉忠. 中国社会的制度建设与制度研究人学维度的提出[J]. 社会科学辑刊，2001(4).

社会所共同认可的国家。所以，布坎南认为："在其一般的意义上，政治的一个功能，是建立'道路规则'，这个'道路规则'使具有不同的利益的个人和团体能够追求极为不同的目标，而不至于出现公开的社会冲突。"①

现代西方许多学者都对制度以及与之有关的问题作过阐述。从政治上审视制度，由于着眼点和所论的问题不同，其涵义也是多样而又有别的。美国政治学家塞缪尔·亨廷顿认为，制度就是"稳定的、受到尊重的和不断重现的行为模式"②。舒尔茨将"制度定义为一种行为规则，这些规则涉及社会、政治及经济行为"③。诺思也认为，"制度是一个社会的游戏规则，更规范地说，它们是为决定人们的相互关系而人为设定的一些制约。制度构造了人们在政治、社会或经济方面发生交换的激励结构，制度变迁则决定了社会演进的方式"，④为争取实现各自的往往是相互冲突的利益目标结成的一种相互关系，由人们设计出来，调节人与人之间利益关系的一种社会机制。阿尔蒙德等人则认为，"制度，按照我们对这个词的用法，是个生态学概念，意味着一个与一种环境相互作用的组织"。"政治制度是一个社会用来系统表达和贯彻其共同目标的各种安排的重要部分。"⑤当代著名政治哲学家约翰·罗尔斯不但区分了现实的"制度"中的基本结构和一系列公开的规范体系，还提出应从两个方面对制度进行审视：一是作为一种抽象目标，即由一个规范体系表示的一种可能的行为形式；其次是这些规范制定的行动的实现。⑥ 国内学者林毅夫认为，制度可以定义为社会中个人所遵循的行为规则。张曙光认为，制度是人们交换活动和发生联系的行为准则，它是由生活在其中的人们选择和

---

① 布坎南.宪政经济学[M].冯克利等译.北京：中国社会科学出版社，2004：28.

② 亨廷顿.变革社会中的政治制度[M].王冠华等译.北京：华夏出版社，1988：12.

③ 科斯.财产权利与制度变迁[M].胡庄君等译.上海：上海三联书店，1996：253.

④ 诺思.制度、制度变迁与经济绩效[M].刘守英译.上海：上海三联书店，1994：3.

⑤ 阿尔蒙德，小鲍威尔.当代比较政治学——世界展望[M].朱曾汶等译.北京：商务印书馆，1993：6.

⑥ 罗尔斯.正义论[M].谢延光译.北京：中国社会科学出版社，1988：51.

决定的，反过来又规定着人们的行为，决定了人们行为的特殊方式和社会特征。

许多社会学家也从社会学的角度研究制度问题。涂尔干(Durkheim)认为"制度"可以抽象为概念来研究。他在 *The Rules of Sociological Method*（《社会学方法的通则》）里定义说："Sociology can then be defined as the science of institutions, of their genesis and of their functioning.（社会学于是可以被定义为关于制度、制度发生和制度职能的科学。）"同时，他在 *The Dualism of Human Nature and Its Social Conditions*（《人性二元论及其社会状况》）里面给出了制度学的研究方法："As the science of societies, it cannot, in reality, deal with the human groups ... without eventually touching on the individual who is the basic element of which these groups are composed. For society can exist only if it penetrates the consciousness of individuals and fashions it in its image and resemblance.（作为关于社会的科学，它不能，在现实中，处理人群而不最终触及构成人群基本单元的个人。因为社会只是靠贯串于许多个人的意识并将个人意识用它自己的形象加以塑造才能存在。）"有的社会学家在制度的定义中使用了"互动"一词，"研究人们在日常生活中是如何交往的，他们又是如何使这种交往产生实质性意义的"。①

综合上述有关制度的种种论述，大致可以从如下几个方面对制度加以界定：

(1) 广义而言，制度不仅是正式的、理性化的、系统化的、成文的行为规范，同时也是非正式的、非理性化的、非系统化的、不成文的行为规范，如道德、观念、习惯、风俗等。制度不独指社会政治制度，它不仅是分领域的，包括政治、经济、文化制度等；还是分层次的，如经济制度中包括宏观层次的国家金融、财政、税收制度和社会保障制度等，中观层次的行业管理制度、产权交易制度、市场规范制度等，微观

① 波普诺. 社会学[M]. 李强译. 北京：中国人民大学出版社，1999：19.

层次的现代企业制度、一般公司制度、企业经营管理制度等。制度还可以是一种动态运行中的体制架构，也即行动中、实践中的制度。成文的制度只是名义的，运行中的制度则是实际的，两者并不相等，甚至有时相去甚远，名实完全不符。

(2) 制度是一种行为规则和活动空间、范围。它不仅约束人们的行为，且为人们提供了其可以自由活动的空间。换句话说，制度不仅告诉人们不能、禁止和如何做什么，同时也告诉人们能、可以自由选择地去做什么，这两种作用是同等重要的。

(3) 制度是一系列权利和义务或责任的集合。这是从另一个角度界定了制度的行为约束和活动空间的双重作用。一套制度安排的核心就是生活于其中的人的不同权利及其相对称的义务的总和，权利实质就是规定人们的行为规则和活动空间，义务则是行使权利后的约束与责任。无权利也将不承担义务，无义务必将滥施权利，两者均导致制度的毁灭。

因此，可以看出，制度包含人类用于解决相互关系的所有形式的制约。从宽泛的视角看，制度可以是一种观念、一种思想、一种文化。它既可能是指一项制度安排，也可能是指一个制度结构。制度安排是指约束特定的活动方式和相互关系的一套行为规则，它可以是正式的，也可以是非正式的。制度结构是指一个社会中所有正式和非正式的制度安排的总和。当前，我国正在进行的从传统计划经济向市场经济体制的转变将是一场深刻的制度变迁过程。它包含一系列不同层次的制度安排的调整和创新过程。在本文的研究中"制度"是指"制度安排"，"制度变迁"是指"某个特定的制度安排的变迁"。

从上述的定义中，可以看出制度有如下的特性：

第一，制度具有社会资源的特性。社会资源的一般特性主要表现为：一是具有稀缺性。这种稀缺性是由供给与需求的不平衡造成的。二是具有成本性。这种成本是通过投入和产出的比较来确定的。不同资源成本不同，同一资源由于其投入与产出方式不同，比较成本效益也就不同。三是具有可配置性。四是有些资源可以再生，而有些不可再生。不可再生资源属于衡有资源,可再生资源由于供不应求而成为短缺资源。

第二,制度表现为一种社会"公共品"。某种制度一开始可能是少数人制定的或为少数人制定的,但一旦确定起来,就为社会公众所"享有",成为人们公有"财富"。因此,某种制度一旦被创造出来,便成为一种客观存在的规范,不以任何个人包括创造者意志为转移。然而,制度作为一种社会"公共品",它给不同集团、不同阶层、不同群体、不同个体所带来的权力、权益、福利是不同的,甚至有巨大差异。不同的制度提供不同的"游戏规则",于是会给人们带来不同的权利。一种制度,表面看上去对每个人都是公平的,但实际上,在它的规则之下,每个人所获得的选择空间不一样,所付出的交易成本不一样,因而所取得的利益也就不一样。可见,制度资源的某种程度上可以说就是一种权利资源、利益资源。制度的调整在实质上就是权利的调整、利益的调整。

总之,制度是社会中用于调控生产、生活和利益的规则体系,它源于人的交往实践,交往实践产生人的互动关系,互动关系包括冲突,为了使互动中的人们不致在冲突中同归于尽,必须把冲突限制在一定的范围内,担负起限制冲突于一定范围职能的,就是制度。制度决定了人的活动的操作层面的选择集。通过选择集,独立的交往行为者(个人、企业、其他集团或组织)形成特定的交往方式,依据该交往方式,人们能够对自己或他人的行为做出正确预期,并产生特定结果。制度渗透在经济、政治、文化的各个领域,是人们相互关系之网的纽结。每个纽结表征人和人之间一种特定的关联方式,众多纽结构成的制度体系,把相互交往的人们结为共同体,形成国家和社会。这样,制度便可以调整交往主体的思想观念和行为,有效地组织起社会的经济、政治和文化活动。要分析和解决社会政治问题,就不能离开对制度的关注和把握,不能不使用制度这一分析框架。

为了更准确地分析由上述那样的个人构成的社会现象,以奥斯特罗姆为代表的印第安纳学派提出比较具有科学性的"制度分析构架（IAD framwork，即 Institutional anlysis and development framework）”①。制度分析构架首先为了理解社会现象提出以下五个要素：① 物质的属性；② 规则；③ 共同体的属性；④ 行动的场所；⑤ 行动者。

在这里，分析的中心是选择和决定进行个人行为的“行动的场所”。这就是社会现象发生的现场，影响这一行为的场所的就是“物质的属性”、“规则”、“共同体的属性”（参见图 5-1）。物质的属性是指一些自然的条件，这些条件是与个人之间互相作用组成的社会现象相关的。其中具有代表性的是使个人之间发生互相作用的对象条件。也就是说，随着其对象的性质不同，如公共物品或私人物品，个人的诱因结构也不同。规则是指在行为的场所里实际上被遵守和使用的一些规则。这些规则是规定参与行为的场所的个人的范围、资格、权限和在行为的场所里集合个人行为的程序等。一般来说，规则中最重要的是政策。共同体的属性是指构成行为的场所的一些个人，即共同体的特性和这些人所共有的规范等。随着共同体属性的不同，如氏族社会和专业集团，其共同体所共有的规范也不同。这三个要素决定了行动的场所里进行互相作用的个人的诱因结构。

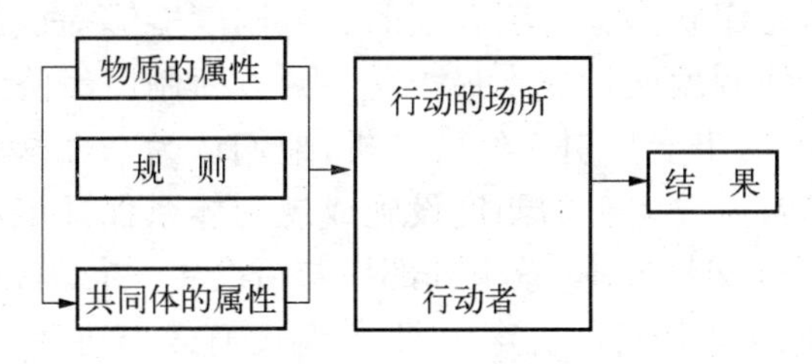

图 5-1　制度分析构架

但是，需要强调的是，这些要素只能决定其诱因结构而不能决定在行为的场所里个人之间互相作用的结果，即社会现象。如果要理解和预测其结果，需要对个人的假定，即对人的模型做出说明。正如

① E. Ostrom. Strategies of Political Inqury[M]. London：Sage Publication，1994.

上面所提到的那样，制度分析构架从本质上来说，把人假定为具有合理性的。但是与传统合理选择理论不同，这一分析框架主张多样程度的合理性。因此，制度分析构架需要明确表示，在某种情况下个人到底具备何种程度的合理性。当然有可能存在个人具有像传统合理选择模型所假定的"严格"合理性的情况。但是制度分析构架认为，很多情况(包括其要决定的事情和个人所获得的信息）实际上都超过了个人的认知范围，而使得个人不能追求效用最大化，只能学习"行动方针"去采取行动。在这里要强调的是个人的合理性也是受物质的属性、规则、共同体的属性的影响。制度分析构架的主要目的，可以说是要演绎受多种要素影响的行动场所中进行互相作用的个人合理选择的结果。

在社会的混乱和无政府状态中，由于信息、监督和执行问题常常难以解决，可靠的约定规则无法作出。当存在一般的、可认识的行为模式时，人们就能更好地应付具体细节。"制度通过向人们提供一个日常生活的结构来减少不确定性。"[①]制度的实施存在某种自我执行性或者外在的规范，对于一个社会来讲，拥有制度比没有制度要文明得多，但存在的制度得不到实施将使人们对制度产生了不正常的预期，社会将呈无序状态。一项有效的奖惩制度能够提供给行为主体适当的激励，使制度履行成本最小化。西方新制度经济学把制度作为经济发展的内生变量引入经济分析，他们认为一个国家的经济活动要有效运转，需要完善的制度设施或规则体系保证市场机制的有效运行，以降低交易成本，减少外部性与机会主义行为，适时的激励机制形成人们未来经济的稳定预期，使制度有效地协调利益关系，促进经济的增长。

具体到我们所分析的这起社会冲突事件，制度分析框架的含义可以概括为：

第一，制度是与人类行为的有限理性相联系的调节经济利益关

① 诺思. 制度、制度变迁与经济绩效[M]. 刘守英译. 上海：上海三联书店，1994：4.

系的社会行为规则的集合，制度安排在承认、引导和协调利益追求过程中的冲突，从人的需要出发，充分调动利益主体的积极性，实现社会整体的经济发展；

第二，制度的功能在于为利益主体提供一种激励，通过界定产权，消除经济过程中可能存在的外部性与机会主义行为，使权责对等、个人收益率不断接近社会收益率，通过保护权利提供一种自利的制度装置，为创造性生产活动提供激励；

第三，通过解决利益冲突与协调而起的特殊公共物品。制度的创新与选择是利益集团相互制约、相互冲突与相互妥协的契约过程，制度环境既定，合理的制度结构在协调社会利益冲突、促进经济发展与维持社会秩序等方面有重要作用。

由此可见，制度的选择过程实质上是利益冲突下的公共选择过程，它提供了制度变迁过程中利益冲突分析的框架：

（1）制度不均衡且存在外部潜在利润是制度创新的前提条件。制度变迁的预期收益大于预期成本是制度变迁的基本动力，是制度创新所遵循的基本准则。

（2）制度变迁的诱致因素是制度创新的净收益，因而进行成本——收益分析成为可能。

（3）制度变迁主体参与制度创新的行为是理性行为，预期净收益、计算能力决定了制度的安排层次与不同组合。

（4）诱致性变迁的不稳定和适用范围的有限性加上公共物品的特性，占社会制度结构中绝大部分制度供给属于强制性制度变迁，两种制度方式能得到很好结合。

（5）内生的制度创新中的利益冲突涉及到公共政策的制订，利益冲突及其解决方式的选择与优化共同决定制度变迁的过程。

5.2.2　有效制度稀缺的现实情境

5.2.2.1　制度稀缺的状况

如前所述，制度具有社会资源的一般特性，其中稀缺性是最基本的、也是最根本的。康芒斯认为,一种东西要成为财富,就必须“有两种效用的意义,使用价值和稀少性价值”。① “发挥它的两种意义的作用:效率,它扩大出产量;稀少性,它转换所有权。”②

当然,制度资源和其他社会资源比较起来,具有自身特点。一般资源的稀缺性通常与“匮乏性”相联系,而制度资源的稀缺性则与制度供给的约束条件有关,与制度需求的刚性特点有关,与制度安排的利益制约有关,与制度创新的政治、经济、文化、技术环境有关。相对于人类对制度的需求而言,制度供给总是相对不足的,其供求只能通过非市场中介来平衡。而这种非市场中介本身就是一种制度安排。

一般而言,所谓的制度稀缺就是指有效制度的稀缺。因为一项制度安排假如在实际生活中是无效的话,那就会使这一制度形同虚设,起不到制度设计预期的效果。在任何一种社会状态下,都有制度稀缺的问题,只不过存在着在某些社会中制度稀缺程度低,而某些社会状态下制度稀缺程度高的差别而已。目前,我国由于正处于逐步完善市场经济的转型期,在新旧体制的交替中存在大量的制度空档或制度失缺。因此,制度稀缺的程度比较高,许多社会公共事务领域还缺乏有效的制度安排。主要表现在:

第一,制度软约束。任何一个社会的发展,都离不开稳定的社会制度的创立和有效实施,制度的稳定性、确定性和有效性,一方面有利于社会和人的发展,另一方面又会形成一种惯性,使制度出现功能失调。制度作为交往规范和行为准则,具有公共的确定性。它赋予人们某些共同的权利和义务,要求人们共同遵守;在价值目标上制度也通过普遍性的形式表现出来,并要求以整个社会的名义予以实施价值目标;制度还具有强制性,这往往要通过法律对人的交往规范和行为规则予以确认和巩固,并对违反这种交往规范和行为准则的行为采取予以严惩的确定性态度,以此将人的行为纳入到确定的合法

① 康芒斯.制度经济学(上册)[M].于树生译.北京:商务印书馆,1997:298.
② 康芒斯.制度经济学(下册)[M].于树生译.北京:商务印书馆,1997:286.

化模式中。现行制度没有发挥应有的效果,制度约束力下降,一些制度形同虚设。

然而,制度的上述公共的确定性准则与所要规范的人的行为相比较,显然在其变化的速度上滞后于行为变易的节奏,且成熟的和完善的制度随着时间的推移趋于保守并产生惰性。美国经济学家奥尔森指出,制度稳定的社会容易产生一些垄断性的集团和组织,从中又会分化出许多"分利集团",它们试图维持现存的制度和秩序,竭力阻碍新技术的采用和资源的优化配置,阻止制度变革和秩序变迁,从而引起经济增长率的下降,最终导致社会僵化①。韦伯也通过官僚制度的分析,解析了现代制度的副作用②。在他看来,现代官僚制度能够通过行政法律、现代纪律和各种管理技术,利用利益、权力以及价值观,把人们组成在特定的团体和组织内,使自由的个体"共同体化"。在组织内部,由于过度的组织化,使内部秩序出现僵化和封闭,造成了官僚主义的盛行和人的异化。

> 整个最大的问题就是国家体制问题。监督体制,作为旁人来说,希望建立监督的体制。但作为我们一方来说,我是国家的,你是做生意的,我们不希望别人监督啊,你不希望,我也不希望,那谁监督?对你来说,你是个开托运站的,你本身就没有这个监督愿望,哪个来监督啊!③

第二,制度短缺。制度是作为一种资源存在的。在制度经济学看来,制度是一种稀缺性资源。作为一种资源,它包括宪法秩序、宪法安排、规范性行为准则三个方面。其中,宪法秩序和规范性行为准则一旦形成,在短时间内是不易改变的,因而是影响制度创新的内生

① 袁礼斌.市场秩序论[M].北京:经济科学出版社,1999:17—18.
② 韦伯.经济与社会(上卷)[M].林荣远译.北京:商务印书馆,1997:242.
③ 摘自访谈记录第118号。

变量。而制度安排则可能出现短缺。所谓制度短缺是指制度方面的社会实际供给不足的现象。制度短缺在制度发展过程中是一个普遍的问题。从历史来看,生产力的发展,社会经济潜力的开掘,会使原有的制度系统越来越失去活力,越来越僵化,从而出现制度有效供应不足的问题。从现实来看,当今世界许多国家的发展,也都面临着充分挖掘制度资源,克服制度短缺的问题。制度短缺的形成,既表现在制度供给数量的不足,也表现在制度供给主体的制度供给的意愿和能力的不足,还表现在制度供给主体在具体执行和实践制度安排方面的能力和意愿的不足。正是这种制度供给上的不足,使本已存在的制度供给与需求之间的矛盾进一步加深。解决这一矛盾,客观上要求充分挖掘制度资源,进行制度创新。

> 现在一个很关键的问题是,人心不稳,凝聚力不强,没有很大的稳定性。一般的地区都存在这个问题。这与国家政策、国家体制有关,现在国家政府都忙于修公路、搞开发,对农村有些忽略。对农民的问题归根而言,都是一个意识问题,意识未开化。①

第三,制度伦理滞后性。经济学家习惯从利润和绩效的获得方面解释制度创新的原因。诺思和戴维斯认为,制度创新是由对更有效的制度绩效的需求所引致的。制度安排所以会被创新,原因在于由许多外在性变化引起的利润的生成,舒尔茨用人的经济价值的提高解释制度创新的动因,而拉坦则特别强调社会科学知识进步在制度创新中的作用。在我国,有的学者从人的活动的不断发展出发,将制度伦理视为制度创新的主观条件之一。我们赞同这样一种观点。制度本身内蕴着一定的伦理追求、道德原则和价值判断,因而具有重要的伦理功能,人们通常在这种意义上界定制度伦理。制度伦理还

① 摘自访谈记录第205号。

包括另外一层意思，这就是人们对制度的正当、合理与否的伦理评价。人们正是从这样一个角度出发，对某一制度进行道德评价。当人们从制度伦理的意义上对某一制度作出"不好"评价时，就会产生克服其"刚性"即所谓滞后性的愿望，形成一定的舆论压力，从而诱发制度的创新。①

可以看出，制度在对人的活动及社会秩序发挥着规范和调节的巨大功能的同时，由于其自身存在着僵化、短缺、非均衡以及制度伦理的滞后性等问题，因此，它也孕育了制度创新的生成前提。

5.2.2.2 制度稀缺之原因

从制度与转型的关系看，转型期普遍存在这样三个问题，一是制度的供给不足或制度资源短缺的问题，这是由原有的制度系统无法为社会转型对制度的需求提供有效供给，以及原有的制度系统在社会转型中缺乏活力而造成的；二是路径依赖问题，也就是说制度创新摆脱不了旧制度的影响；三是社会制度系统自身的不完善。

1. 渐进式改革制度内在缺陷与社会冲突

在转型期内，社会多元化为经济发展增添了活力，但同时也因社会经济运行超越了原有制度的边界，而使制度的规制出现一定程度的失灵，各种与旧有社会结构相适应的制度已远远不能适应当前社会。而新的制度由于社会本身的变动性及新制度产生的时滞性，不可能迅速产生，更为严重的问题是，各种新制度的设立到有效运转尚存在着一定时间的磨合期。所以，现行整个社会仍处于动态的变动之中，许多制度尚未有效建立，整个社会制度自然而然处于稀缺状态之中，易导致社会冲突的发生：

(1) 政治权力分配不均引起的强势利益集团决策问题。国家主导型制度变迁方案对强势集团有利，这些集团有较强的经济实力，在政治决策中拥有较多发言权，加之政治权力分配的不均衡、民主决策程序不完善，即便诉求了利益的协调与平衡，也有可能使决策结果有

① 方军.制度伦理与制度创新[J].中国社会科学，1997(3).

利于强势集团。“权力中心”出于稳定考虑，会与强势集团结盟而供给纯粹分配性质的利益调整制度，或者会供给无效率的制度。

(2) 边际利益调整造成的过渡性制度安排增加了改革成本。渐进式改革使得旧体制中的既得利益集团的利益得到强化，既得利益集团只享受改革收益而不付出成本；同时利用过渡性的制度安排使新生的既得利益集团寻租设租活动猖獗，改革面临旧体制既得利益集团与过渡制度安排下新生既得利益集团双重阻力。

(3) 中央政府作为全局利益调整主体面临困境。增量改革使国有经济相关的既得利益集团未得到有效调整，国有经济结构没有得到根本性的改善；政府在职能转换过程中，利用有限的资源与财力，如何进行各相关利益主体包括政府官员集团自身利益间的利益补偿，成了一个两难的抉择。

近年来时而发生的类似于“7·7”事件这样的干群矛盾和冲突，就是证明。美国著名社会学家科塞指出，从现存不平等系统中取消合法性，是冲突的首要前提。社会秩序的维持，在某种程度上是以对现存制度的认可为基础的。这种基础减少之后，就会发生冲突，引起社会动乱。我国制度相当程度失灵的一个突出表现为内隐性与外显性制度信息要素间的冲突与混乱，造成制度影响力的削弱。

2. 制度遗产的影响

社会转型有自己的“路径依赖”(path dependence)，也就是说，某个国家的社会变迁离不开自己的历史，要在自己的历史基础上转变。按照马克思主义的观点，社会形态的转变主要表现在制度变迁方面。诺思认为，制度变迁决定了社会演进的方式，制度是“理解历史的关键”。① 制度变迁“绝大部分是渐进的、并且是路径依赖的”。②

制度遗产的影响，一方面表现为旧制度对制度创新活动的纠缠，旧的生产关系对新制度的出现是个桎梏；另一方面又表现为旧制度

① 诺思. 制度、制度变迁与经济绩效[M]. 刘守英译. 上海：上海三联书店，1994：3.
② 诺思. 制度、制度变迁与经济绩效[M]. 刘守英译. 上海：上海三联书店，1994：126.

为新的制度创新提供丰厚的支持土壤。新旧制度的联系犹如历史是不可割断的一样，可以是一种财富，也可以是一种包袱。制度遗产分为象征性遗产和实质性遗产。象征性遗产为制度创新提供有效供给时，往往表现出“与时并进”的状态，成为一种“旧瓶装新酒”现象。实质性遗产则更多地表现为一种刚性的规范。这种刚性规范或缠绕新的制度创新活动，对制度创新造成明显的压力和阻碍，或直接为制度创新服务，成为创新制度中的有机组成部分。

中国社会转型中制度遗产有六个来源，这六个来源是传统政治体制、新民主主义政治体制、中国共产党战争时期的政治制度、苏联政治模式、“文革”政治模式、马克思主义理想政治模式。这些制度遗产产生的影响是多样的、丰富的，但集中表现在两个方面：

第一个方面的表现是“民本思想”、“群众观念”、“人民当家作主意识”、“为人民谋利益”、“对人民负责”作为一种规范性制度，成为权力运作的制约条件（心理的和道德的），也为制度创新提供了动力机制，呈现出适应性和开放性的特点，从而保持了新与旧的连贯性。强调权力来源于人民群众，权力的运作要对人民负责，充分发动广大人民的积极性和创造性；

第二个方面的表现是权力运行中存在个人专断、权力主体惟上惟官的现象。这种现象所体现的制度遗产有几个特征：以强制为基本手段；权力的来源在上、在官；权力高度集中；权力缺乏互惠的基础，较少委托一代理关系，政治不对称性严重；权力运作缺乏具体操作程序规范，随机随意性较强。这就造成了权力的无序操作和失范操作，权威失去监督，权力主体腐败现象严重。具体表现为国家与社会的关系、法治与人治的关系、党内民主与国家民主的关系等，核心是要解决权力与利益关系的调整问题。

问：S县发展还存在哪些问题？

答：发展最重要的是与国家政策有关，现在国家中小企业改革，大型企业也进行改革换制，但涉及到国家利益、国计名生的还属于国有，其他大部分企业大部分都市场化、私有化，实质上就是企业的私有化过程。就是把企业推向市场，由私人经营，这样我们的经济基础已经实现了与市场的接轨，但是我们的上层建筑还停留在计划经济时代，都是原班人马，原体制，办企业的每一个环节都需要国家有关部门的盖章，而每一个盖章都需要部门内部经过研究才能决定，现在一个私营企业盖了几十个章，他的企业也不一定办成。所以以计划经济的上层建筑的模式来管理市场经济的私有化过程，这注定就会限制企业的发展，阻碍生产力的发展。这种体制实际上就是一种生产关系，这种生产关系不能适应生产力的发展。从计划经济向市场经济转型的过程中，我们在计划经济初期是这个体制，在改革开放是这个体制，到现在还是这个体制，这个体制不改，但现在我们的经济体制又改了，实现了从计划经济向市场经济的转化，这样生产力与生产关系脱节，这样生产力怎么能适应？这就是问题的根本所在。①

3. 社会制度系统自身的特点

(1) 社会制度系统演变的复杂性。由于文化环境、社会条件和社会环境的变化，导致制度安排的社会成本效益处于不断的变动中，远离彼此间平衡的态势，不断产生制度创新和制度变迁的力量，使制度供需远离平衡态，整个社会制度系统处于远离平衡态的不断变动之中。在这种条件下，社会制度系统通过自组织形成耗散结构，自组织地产生出复杂性，如混沌等奇异性特征及多样性、创新性等行为。

(2) 社会制度系统非线性作用的复杂性。非线性意味着无穷的多样性、差异性、可变性、非均匀性、奇异性、创新性。在制度变迁中，一方面存在着自我强化和自我稳定的作用机制，存在着所谓的“路径依赖特征”；另一方面也存在着系统不断适应环境的行为过程和功能机制，如学习效应、协同效应；同时，在制度系统中还存在着各种随机

① 摘自访谈记录第209号。

的涨落,这些涨落不断地通过各种非线性作用机制形成涨落,最终产生新的制度安排,导致突变的产生。这种作用机制和作用过程都是非线性的,呈现出复杂的非线性作用过程。

(3) 社会制度系统组元特征的复杂性。同一般的自然系统相比,社会制度系统最大的不同在于人的参与性。制度从根本上讲是由人选择、比较,通过博弈最终制定的,取决于人的有限理性与非理性的能力。由于人的理性、有限理性及非理性都是极其复杂的、非线性的,尤其是有限理性与非理性是复杂性产生的重要源泉,使得制度系统也呈现出复杂性。

5.3 制度安排的均衡分析及其边界

从广义上讲,"均衡"是指一个系统中的各个变量经过调整后不具有变动的趋势。其基本含义包括两个方面的内容:一是指对立变量相等的均等状态,即"变量均衡",反之则为"变量非均衡";二是指对立势力中的任何一方不具有改变现状的动机和能力的均势状态,即"行为均衡",反之则为"行为非均衡"。"行为均衡"的分析重点则是制度均衡和制度变革问题。

5.3.1 制度安排的非均衡演进

5.3.1.1 制度安排的均衡分析

制度作为一整套规则、应遵循的要求和合乎伦理道德的行为规范,它提供人类在其中相互影响,从而使协作和竞争的关系得以确定,进而构成一种秩序的框架。它是人们制定的对相互关系的约束,或是达到某种均衡的机制,又是一种无形的社会性资源,是由人们创造的为社会的交换提供激励——约束机制的"公共产品"。

作为一整套规则,制度被普遍分为三种类别或层次。第一类制度是宪法秩序。它规定确立集体选择的条件的基本规则,这些规则是制定规则的规则。它包括确立生产、交换和分配的基础的一整套政治、社会和法律的基本规则。这些规则一经制定,就要比以它们为根据制定出来的操作规则更难以更改,因而变化缓慢。这一类制度的重点在于集体选择的条款和条件;第二类制度指的是宪法安排,也叫制度安排,是在宪法秩序框架内所创立的一系列具体操作规则,包括法律、规章、社团和合同;第三类制度是指规范性行为准则。与宪法秩序一样,这些行为准则也要比制度安排变化缓慢、难以更改。这一类的准则对赋予宪法秩序和制度安排以合法性来说是很重要的。实际上,正是这类准则为社会的规范性研究提供了基础。这类制度包括文化背景和"意识形态"。这三类制度中,制度安排是制度变化的内生变量,宪法秩序和规范性行为准则是制度变化的外生变量。作为内生变量的制度安排,既可以是重新分配性的安排,也可以是分配性的安排。对制度安排的变化的需求,基本上起源于这样一种认识——按照现有安排,无法获得潜在的利益。行为者认识到,通过改变现有安排,他们能够获得在原有制度下得不到的利益。改变制度安排,使收入分配朝有利于自己不利于他人的方向转变的动力是显而易见的。[①]

S县政府管理部门认为"7·7"群体事件的教训在于:

> ① 排查社会矛盾、安全隐患不到位,情况不明;② 出了问题,领导工作没有靠前;③ 工作方法不当。不能对群众一开始就动粗办法,甚至动用武警、政法干警。全市各级各部门要吸取教训,举一反三,盯死看牢矛盾突出部位和社会不稳定群体。[②]

一般地讲,制度创新意义上的制度更多的是制度安排层面的制度。作为一种资源,在实际使用、分配中存在着供给主体与需求主体

---

① 把制度划分为三大类,这在西方已经得到普遍的承认。这方面的内容以及三大类制度对制度创新的影响方面的论证内容,参见国际经济增长中心.制度分析与发展的反思——问题与抉择[M].王诚等译.北京:商务印书馆,1992:133—156.

② 参见内部资料《省市领导关于S县"7·7"群体事件的指示》。

之间、不同的需求主体之间、规范僵化与实践发展之间的矛盾。特别在社会整体性嬗变过程中，这些矛盾表现得很尖锐。同样一种制度安排作为资源在使用中，需求主体不同，使用效果也不同：有的发挥了最大值，有的只能发挥一般值，有的只发挥最小值，有的甚至发挥出负值。

分析不同利益主体在现有制度框架内制度变迁的过程，最便利的方式莫过于在一个均衡逻辑下进行。制度均衡一般是指一种行为均衡，它表征了这样一种状态，即在现有的制度结构中，对于某一项具体的制度安排，参加博弈的任何一方都无意、或虽有意但无力加以改变的状态。这一状态并不意味着每个人对该项制度安排都最满意①，只是由于改变它的相对成本太高，以致于这样做是得不偿失的。如果从供给与需求的角度予以分析，可以考虑一个由制度供给和制度需求构成的"制度市场"，在这个市场上，当制度供给者的边际收益等于边际成本时，将出现制度供给与制度需求之间的均衡。

与制度均衡相对立的是制度非均衡。所谓制度非均衡，是指人们对现存制度安排的一种不满意或不满足，意欲改变而尚未改变的状态。之所以出现不满意或不满足，是由于现存制度安排的社会净效益小于另一种可供选择的制度安排，也就是出现一个新的盈利机会，这时就会产生新的潜在的制度需求，并造成潜在制度需求大于实际制度供给，于是形成制度非均衡(制度供给不足)。对于原先的制度安排而言，这就意味着由于对它需求的减少而造成了实际的需求小于实际的供给的非均衡状态(制度供给过剩)。社会博弈各方为了捕捉这种新的盈利机会，就会力图改变原有的制度安排，选择和建立一种更有效的制度安排。只是由于外部效果和"搭便车"等原因，归根到底是由于变迁的个别成本和收益的关系，变迁的动机和力量还不足够大，或只有变迁的动机，而无变迁的力量。潜在的制度需求虽然能够成为现实的制度需求，但潜在的制度供给却不能成为现实的

① 诺思.制度、制度变迁与经济绩效[M].刘守英译.上海：上海三联书店，1994：15.

制度供给，因此出现“意欲改变而尚未改变”的制度状态，这就是制度非均衡。

5.3.1.2 制度非均衡与制度变迁

任何特定制度的安排与创新无非是特定条件下人们选择的结果，而有效的制度安排无疑是社会发展的必要条件。然而，由于任何一种制度设计和运行都是有其不可避免的固有成本的，人们基于成本收益比较基础上理性选择的任何一种制度安排都不可能是尽善尽美的，严格地讲都是有缺陷的。

从经济学的角度来看，一项新制度安排的评价标准有两个，即帕累托改进和卡尔多—希克斯改进。帕累托标准是指制度安排为其覆盖下的人们提供利益时，没有一个人因此会受到损失；卡尔多—希克斯标准是指尽管新制度安排损害了其覆盖下的一部分人的利益，但另一部分人因此而获得的收益大于受损人的损失，总体上还是合算的。如我国改革初期，改革的结果表现为帕累托改进，而在改革的攻坚阶段，改革更多地涉及到利益的深层次矛盾，所以改革的结果可能表现为卡尔多—希克斯改进。

一项制度安排如果出现制度非均衡状态，就存在制度变迁[①]的可能。但是这种潜在的制度变迁能否转化为现实的制度变迁则是一个复杂的社会博弈过程，它是内外多种因素共同作用的结果，不同的行为主体对同一制度变迁的成本与收益计算是不同的，这包括：① 个体成本与收益。这是从个人、家庭、企业或某个行为团体的角度来衡量某项制度安排的成本与收益。② 社会成本与收益。这是从微观经济主体的行为的相互联系的角度，考察某项制度安排为社会全体成员所能带来的收益与需付出的成本。它至少包括实施成本和摩擦成本。③ 政治成本与收益。这是从权力中心的角度衡量的某项制度安

① 从制度变迁的方式来看，获取潜在制度收益的方式有两种：一种是自下而上的诱致性制度变迁方式，即个人或一群人在给定的约束条件下，为确定预期能导致自身利益最大化的制度安排和权利界定而自发组织实施的创新；另一种是自上而下的强制性变迁方式，即权力中心凭借行政命令、法律规范以及经济刺激来规划、组织和实施制度创新。

排的成本与收益。政治规则不完全按效率原则确定的，它还受到政治、军事、社会及意识形态等因素的制约。

制度需求一般是指对制度安排的社会需求，它是在进行社会成本与社会收益比较的基础上确定的，即由制度的社会净收益决定的。与制度需求不同，制度供给的成本效益分析，所依据的不是制度的社会成本和社会效益，而是制度的个别成本和个别效益。某一制度变迁从个人的角度看是划算的（净收益为正），但从社会角度看，即考虑实施成本和摩擦成本，可能并不划算（净收益为零或为负）。即使从社会的角度看这项制度安排是划算的，但若考虑政治成本，也可能不划算。运用这个原理，可以解释我们生活中的一类现象：某些人总是抱怨某些领域的改革太慢了。这往往是仅仅从个人成本与收益的比较中得出的结论，个人评论制度变迁往往忽视了制度安排的实施成本、摩擦成本乃至政治成本。这种现象实际上是一种“制度变迁认知中的视角限制”[①]。

制度变迁是对制度非均衡的一种反应，它是一种制度安排从非均衡走向均衡的过程。出现制度非均衡是制度变迁的必要条件。任何一项制度安排的变迁都是相应的收益与成本权衡的结果。只有当收益远远高于其成本时，这种变迁才可能发生。

上述的分析告诉我们，制度非均衡将会产生机会，为获得这种机会带来的好处，新的制度安排将被创造出来。如果个人的理性是无限的，且建立制度安排是不需花费费用和时间的，那么社会在对制度非均衡作反应时，会立即从一种制度均衡转向另一种制度均衡，从而实现制度变迁。然而人的理性是有限的，信息是不完全的，建立一个新的制度安排是一个耗费资源的过程，而且，具有不同经验和不同作用的个人，对不均衡程度感知的原因也不同，他还会寻求分割变迁收益（利益调整和分配）的不同方式，要使一套新的行为规则被社会接受和采用，个人之间需要谈判。

① 卢现祥.西方新制度经济学[M].北京：中国发展出版社，1996：138.

作为一个整体而言,当出现制度非均衡时,社会将从抓住获利机会的制度变迁中得到好处,从而增进社会福利。然而,这种变迁是否发生却取决于个别创新者的预期收益与费用,创新者的收益和费用计算比社会收益与费用的计算更为复杂。在推动正式的制度安排的变迁进程中,政府将发挥重要的职能。

一般来讲,改变一种正式的制度安排需要集体的行动从而不可避免地会碰到外部效果和"搭便车"的问题。产生外部效果的原因,是由于创造一种新的制度安排并不能获得专利,当一项正式的制度安排被创造出来后,其它群体可以模仿这种制度安排并大大降低他们组织和设计新制度安排的费用,因此,个别制度供给者的收益将少于作为整体的社会收益。这表明,正式制度安排变迁的密度和频率,将少于作为整体的社会最佳量,因此可能会出现持续的制度非均衡。"搭便车"问题来源于制度安排的公共物品属性,一旦制度变迁完成,每一位生活在新的制度安排中的个人,不管是否承担了创新和初期的困难,他都可得到同样的服务。

由于外部效应和"搭便车"问题的存在,与一般市场一样,"制度市场"也将会产生"市场失效"的问题。为此就需要政府代表整个社会来提供这种正式的制度安排,以弥补制度安排供给的不足,促进社会福利的提高,这是正式制度安排变迁进程中政府的重要经济职能。

非正式制度安排变迁过程产生的问题,与正式制度安排过程所产生的问题在特征上有所不同。因为非正式制度安排变迁并不包含集体行动,尽管它还有外部效果问题,但是却不存在"搭便车"问题。新规则的接受完全取决于创新所带来的收益与费用的个人计算。非正式制度安排的执行主要取决于社会的相互作用,创新者的费用主要来自围绕着他的社会压力。如果创新的费用和收益不是在社区成员中平等分配,那么对这种创新而言,其个人费用可能是极其高昂的。对于维持原有非正式规则者而言,他们会感到神圣的道德受到侵犯,接着可能出现说闲话,甚至出现暴力行为。由于害怕受到社会的耻辱和排斥,尽管得自违反非正式制度安排的收益看起来可能非常之大，一般情况下，个人还是不情愿违反非正式制度安排。正因为这个缘故，非正式制度安排往往显示出一种比正式制度安排更难以变迁的趋势。

尽管如此，在人类历史过程中，价值观、伦理道德和意识形态等非正式制度安排一直都在发生重大变迁，并且正在进行着变迁。创新者面临的严峻问题与其它经济决策者一样，当制度非均衡所带来的预期收益大到足以抵消潜在费用时，个人会努力接受新的价值观、道德习惯和意识形态，而不管这些规则看上去是如何的根深蒂固。

在非正式制度安排变迁的进程中，政府不仅不是无能为力的，相反它还具有天然的优势[①]，政府可以促使有利于人类社会进步和生产力发展的非正式制度安排的生成，或者促进其向这个方向变迁，这是非正式制度安排变迁进程中政府的重要经济职能。比如政府通过向意识形态教育进行投资来对个人意识形态资本的积累进行补贴，可以极大地节约交易费用，促进社会福利的提高。

总之，对于正式的制度安排的变迁，需要政府提供制度供给，以矫正正式制度安排的不足；对于非正式的制度安排的变迁，政府应通过意识形态的积极引导（包括直接供给先进的意识形态），促其向着有利于生产力发展的方向变迁。

5.3.2 制度边界的冲突与划定

5.3.2.1 制度边界冲突：改革所面临的制度约束

上述分析说明，在制度的非均衡演进中，由于新做法作为一种非正式制度安排的不稳定性及其在实施过程中的失范，产生了一些问题。在各种不同制度规范条件下的竞争机制都既可能导致提高现代化生产的生态环保性及经济系统无冲突地运行，同时也可能导致对包括劳动力资源在内的各种资源进行掠夺性的耗用，导致剧烈的社会冲突和社会震荡的发生。

---

① 朱光华 等.约束与制度变迁[J].经济学家，1996(1).

制度是政府与社会经济关系形态的主要形式，因而是社会经济兴衰的主要形式。政府作为一种具有强制力的“巨物”代表着公共规则，其作用是不可缺的，它主要通过制度供给提供有效的产权激励和稳定的秩序促进了经济增长。然而诺思悖论表明，即使国家权力在垄断租金最大化的驱使下，由于存在某些非市场的资源配置形式，这些外部效应和“搭便车”行为得不到克服就会深植于人的意识之中，人就会无形中产生对制度的依赖性而导致创新意愿和动力不足，所以政府推动制度创新有个边界问题。主要体现在：

(1) 制度失灵。对于经济增长过程中不可避免的制度非均衡，只有决策者认为制度创新所带来的自身边际收益高于预期成本时，才会使用强制力建立新的制度均衡。反之，基于自利，决策者会听任不均衡继续存在，从而造成政策失败，导致无效率制度安排的延续，危害经济增长。

(2) 政府失灵。政治市场远非新古典意义上的有效率的市场，它还受到政府官员的自我利益、意识形态及其它方面的约束，如果缺乏有效的监督机制，政府官员可能利用政府授予的权力进行设租、寻租活动，将生产性资源用于其它用途；或者缺乏竞争与有效约束机制，政府行为随意性很强，势必造成政府角色错位与政府机构运转制度低效。

无数事实证明，同样的人在不同的制度下其积极性、创造性和潜能的发挥是不同的，不同的人在相同的制度下其积极性、创造性和潜能的发挥是相同的。前者可以从中国农民在人民公社制度和联产承包责任制中的不同表现窥见一斑，后者可从计划经济体制下各国普遍存在的效率低下得到印证。由此得出的结论是：制度与社会活力呈正比关系，在好的制度下，社会活力空间大，力度强；在不好的制度下，社会活力空间小，力度弱，甚至没有活力。

中国的改革一直是靠“摸着石子过河”走过来的，到目前已经走到一个关键的历史转型阶段。由于所有的利益主体追求的目标不仅仅是多元的而且是多层次的，但人类面临的资源是稀缺的。因此，人类在稀缺的资源上展开竞争，并因此而建立起一套引导竞争和解决冲突的规则。时至今日，人类所选择最有效的机制便是建立竞争性市场制度。市场就是组织化、制度化的交换，它本身便包含着政治体系的力量与影响，深深地嵌入广泛的政治与社会结构之中。在一个健全的市场体系中，需要有产权和交易活动能得到合法认可和有效保护的制度环境。所以，不存在绝对不受制度约束的市场"真空"，所谓的"市场失灵"其实在较大程度上是"制度失灵"的外显。

中国的制度架构影响了其初级阶段市场经济运行环境存在的不足，是市场规范和游戏规则的短缺，而这必然造成政治和社会主体一定程度的无序运动，导致不同利益主体之间的冲撞，它们千方百计地介入制度边界空间，并力图影响或左右制度变迁进程，以保护或实现其自身利益，从而形成可能危及政治和社会系统的整合与正常运作的诸多因素。而解决社会冲突制度化手段的缺乏，使得在进入以市场经济为基本构架的社会的时候，社会冲突变得常见。

我们试图从非正式制度因素的角度进行考查时，可以发现，适用传统的自然经济和计划经济为特征的意识形态和风俗习惯的文化体系为主的非正式制度，与我国的市场经济建设之间产生了矛盾和冲突。主要表现在以下几个方面：

第一，政治体系和社会运行不规则之间的矛盾。政治规范是政治合理化及政治正常运作的保证，社会规范则是社会成员和利益群体有序行为的保证。政治和社会的变革使旧的规范体系受到挑战，效力弱化或丧失，而新的规范体系又一时难以建立。新旧规范交替之际，既有因规范缺乏而留下的空隙和漏洞，又有因人们在两种规范之间无所适从而出现的盲目行为。对于中国采取的渐进式改革来说，制度创新需要连续、逐渐地推出，而且每一项新制度的产生往往要经历一个从实验到推广再到完善的过程，因而现实生活中常常会出现政策先于法律、新的政策与法律因为不配套而相互冲撞的现象。在人们的利益观念和利益欲求普遍上升的时代，这些漏洞和矛盾，便为违背规范和主导价值不择手段谋取个人利益、分割公众利益的行为与动机提供了大量的机会和心理托辞。同时，转型时期游戏规则的不清，必然造成政治和社会主体一定程度的无序运动，导致不同利益群体之间的冲撞，从而形成可能危及政治和社会系统的整合与正常运作的诸多因素。[①] 另外，规则的混乱还反映在规则本身的实现过程上。规则的基本核心是法律，法律在用强硬的规范约束个人行为、实现社会稳定的同时，也赋予了人选择的权利和个人利益。或者说，法律就是建立在相互尊重彼此权利和利益基础上的规范体系。法制作为一种稳定手段的实现机制，具有重要意义。然而，有学者认为，进入90年代以后许多问题都不是规则本身的问题，如无法可依，而是"社会行动领域另有一套规则"。[②] 结果是社会整体上的多重秩序共存，社会行为失去了统一的导向。这一现象虽然增加了制度的可选空间和人们行动的自由，但是，它必然导致并助长了一种对待制度规范的极端功利主义的态度。

第二，社会期望与社会现实差距拉大。心理是对生活世界的表现为一定的情感、态度、信仰、性格和价值取向的自发性的主观反映，包括对事物所持的态度、兴趣、愿望和要求，它支配或调节着人的行为倾向。"人的进取精神的本质是超越和前进的，包含有一定的否定性因素，这就使人们对他人、对社会具有一种自然的否定性倾向。"[③] 人的进取精神促使人们接受和采纳有利于自己进取精神表达的价值观，否定和抵制不利于自己进取精神表达的价值观。人的进取精神决定了人的欲望无止境，而人的能力是有限的，两者之间的矛盾会导致人一系列越轨行为的发生。另一方面，社会转型引起社会心理结构层面的最大变化就是：改革在普遍提高人们生活水平的同时，诱发了社会成员越来越高的社会期望，便在期望程度和现实生活水平之间形成了越来越大的差距。这种差距的存在，就造成了相对剥夺感的不断产生和社会不满情绪的普遍蔓延，这是社会冲突乃至社会动

① 马西恒. 政治与社会稳定：转型时期的不利因素及其控制[J]. 理论与改革，1998(6).

② 李金. 中国社会转型过程中的制度推进：显性制度化与隐性制度化[J]. 探索(哲社版)，2001(1).

③ 陈恢忠. 论社会分层的功能及社会冲突[J]. 华中理工大学学报(社科版)，2000(1).

荡发生的一个重要的社会心理因素。

第三,新旧思想文化之间的对立。这是引起社会冲突的认识根源,而文化观念中最基本的是价值观。利益冲突导致价值观念的混乱,使价值取向极端化、无责任化、粗俗化。强调社会整体利益是中国传统价值体系的基石。有学者认为,“转型期的社会价值观体系往往存在两种倾向:旧有价值观体系严重阻碍改革,新的价值观体系极不规范”[①]。有的学者认为,“社会转型使社会规范与价值导向紊乱,社会行为失范严重”。[②] 随着社会期望水平的提高,社会行为的利益动机明显得到增强。高强度动机推动的社会行为,更需要予以规范和导向。一般来说,社会规范确立社会行为的规则与标准,价值观念为社会行为提供意义与方向。那么,当众多的社会行为有内在的动机推动而没有明确有效的规范系统和价值系统加以约束和导向,必然会表现出无序、混乱或相互冲突的严重失范状态。同时,有学者指出,所谓结构性的社会冲突是指这种社会冲突是由于法律制度的不完善而引发的;而行为性的社会冲突是指社会冲突是由于社会成员价值观念的混乱,以及民意不张等原因而引发的,特别是公共权力执掌者的道德缺失造成了政府与社会的冲突。

问题不在于是否存在或发生社会冲突,而在于能否形成有效的社会制度安排,将冲突尽可能地置于理性的基础上并保持在理性的制度边界范围内。

5.3.2.2 制度边界:社会活力的空间

制度是社会理性化演进的内在保证。制度的规范功能提供了人们行为的选择集,也限定了人的活动的范围和人的能力的发挥。换句话说,它给人的能力的发挥设定了边界,除非破除既有的制度,代之以建立的新制度,人的积极性、创造性不可能越过这一边界。制度或惯例通过建立或多或少是固定化的人类行为范式,或者设定人类

① 张建明 等.当代中国社会问题产生的根源[J].教学与研究,1998(3).

② 阎志刚.转型时期应加强对社会冲突的认识和调控[J].江西社会科学,1998(5).

行为的边界,实际上都给其他当事者提供了信息。它告诉每个人其他当事者可能的行为,因而他就可以采取相应行动。换句话说,制度及惯例除了作为行为方式及约束外,还通过提供给其他人一定的信息来发挥能动作用。这样,一些个体形成的习惯就能使其他人作出有意识的决策。这种功能的一个结果是,在世界中,尽管有不确定性、复杂性以及无以计数的信息,行为仍有可能是有规则的和可预测的。制度影响着人们的行为,决定着社会的利益导向。人类通过对所有可能的行动设置界限,便能够实现相互关系中的可预测性,并仍然为自由行为提供充分的空间。

制度作为一组规则的集合,是对人们行为边界的界定和规范,其背后则是对利益、权力和权利边界的界定和保护。政府试图用制度的调解手段,但往往是用人际关系,处理冲突问题的方式没有形成制度化。我们认为,有制度必须有边界,只有在制度边界非常清晰的前提下,使得冲突制度化,才可能产生正向的功能。

在政策、体制和制度等制度性因素不变的条件下,无论如何增加、利用和配置其他资源,产出量无法超越某个最大产出水平,这就是制度性边界。这个边界制约着一个社会长期的生产能力。由于制度、体制、政策等制度性资源在层次性、广泛性、持久性和可变性上的差异,制度性边界是多重而复杂的,但在根本上取决于制度因素。我们认为,从建国到 20 世纪 70 年代末、制度变革的滞后和偏高,使得主要依靠增加要素来扩张边界的中国经济在狭小的空间内转圈;从改革开放到 20 世纪 90 年代中期,国民经济在强劲的政策调整和体制转换的推动下实现了长期快速的增长;在 21 世纪初,主要依靠制度创新来扩大边界是我们别无选择的选择。

我们不改变相关的制度安排、体制选择、政策措施,即使社会把它拥有的全部资源都运用起来,而且最大限度地合理利用它们,社会也只能在生产这个边界上和边界内的产品组合,而不能生产边界外的产品组合。可见,真正影响边界本身的是社会在一定时期的制度、体制和政策。从这个意义上讲,社会的可能性边界是一个典型的制度性边界。

在整个制度性资源中，有些是根本性的，有些则是表层性的；有些影响是广泛而持久的，而有些却只有局部和短期的影响；有些是无弹性的，而有些则是有弹性的，甚至还有些是高弹性的，因而制度性边界是一个多层边界。为了便于分析制度边界的变化和结构，我们从层次性、广泛性、持久性和可变性四个方面来比较说明制度性边界。

（1）从层次性看，制度边界是最深层次的，政策边界是制度因素中最基础层次的，而体制边界则是介于制度边界和政策边界的中层边界，这主要因为从制度、体制到政策，其层次性逐渐降低。首先，制度从根本上决定了一定时期内一个社会或国家在各个方面的性质和框架。其次，一定的制度安排就决定了与之相应的体制选择，而一定的体制选择又反映了某种制度安排。最后，政策虽然最终取决于制度，但它直接取决于体制。

（2）就广泛性而言，由于制度、体制和政策对经济增长的影响的范围越来越小，因而制度边界是对一国经济增长影响最广的，而体制边界和政策边界对经济增长影响的广泛性逐渐降低。机械地看，政治制度、经济制度、文化制度和道德制度等是一个个分散的规范，它们各自调节不同的领域，但由于它们之间的有机统一，实际上已经形成一个具有高度相关性的整体，因而构成对社会活动中的各个方面行为的全面的规定，其影响范围是十分广泛的。与此不同，构成经济体制的各个具体的体制，比如财政体制、金融体制、投融资体制、企业体制等，它们之间虽然也存在一定的相关性，但比各个制度之间的相关度低得多，因而它们的影响范围要小得多。当然，政策对一国经济增长的影响面就更小了。

（3）从持久性来说，政策对经济增长的影响是最短期的，体制和制度的影响却是长期的，相应地制度边界、体制边界和政策边界对经济增长的影响的持久性依次缩短。在制度中，不仅作为依赖严格的法定程序制定、修改和执行的成文法律，对人们行为的影响是长期的，即使是在人们的长期交往中逐渐形成的，并得到社会共同认可的价值观念、伦理道德和风俗习惯，它们对人们行为的影响也是长期持久的。

（4）正是因为制度边界、体制边界和政策边界在层次性、广泛性和持久性上的差异，决定了它们之间在可变性上的不同。从静态上看，制度是深层次的，影响面宽，影响力持久，从动态上看，制度的变化、变迁和变革就意味着一个国家或社会根本性质的改变，意味着它的政治、经济、文化、道德、伦理基础的改变。这个变化必将对社会的方方面面产生全面而久远的冲击，它不仅要拆散已有的社会物质骨架，近乎全面的重组公民权力、责任和利益，关键在于它会伤及既得利益者和政策选择者的利益，会给人们带来灵魂和精神上的煎熬。这些变化，充满变数，有可能让人们很快见到黎明的曙光，也有可能使社会处在长期的动荡不安之中，甚至还可能是灾难临头。一言以蔽之，制度变革是高难度的"直体空翻"，失败的风险大，成功的不确定性大，再加上制度惯性，使得制度在任何国家或社会都是高度稳定，甚至是僵固的。但是，一个国家的体制转轨和政策变向却要简单容易得多，这一点尤其以政策变向最为典型。这不仅因为政策的变化是表层的变化，并不涉及社会、经济和政治基础的变化，也不会从根本上迅速改变人们的文化、道德、伦理观念，关键是某一政策的改变可以在一定程度上独立进行，因而牵扯面窄而能短期见效，所以政策改变的阻力小、费时短、风险低，只不过是"鱼跃跳水"而已。

可见，制度边界可以看成一个依次由政策边界、体制边界和制度边界组成的边界链条。在这个链条中，政策边界是由体制边界决定的，而体制边界又是由制度边界决定的。因此，在制度性边界内部，当一个国家的政策调整走近边界时就需要及时合理的体制转换，而在体制转换也面临经济边界时就必须适时地进行制度创新。

现代市场经济体系及与此密切相关的一系列政治、文化制度的确立，还孕育形成了一种崭新的社会生活秩序，一种新的人类文明的理性演进机制，它使生存方式的不断变革创新成为了社会的常态。在市场竞争的条件下，通过变革创新追求收益的最大化成为各种社会利益主体的必然选择。通过制度变迁，最大限度地挖掘制度的效率潜能，成为社会各个领域谋求进步与发展的核心问题。这一切就使得整个现代社会的制度结构形成了与传统社会的质的区别：变动不居成为社会制度的常态，开放、富有弹性和活力，能够适应和整合不断变化的社会现实。

制度对于各种不同的利益关系和社会力量具有协调和整合功能。生活在一定社会关系中的人们为了各自的利益追求，必然会在社会交往中形成不同的利益关系，结成不同的利益集团。所以，人类在进入文明时期以来，任何一个社会内部都不可避免会出现各种不同的并可能会产生冲突的利益关系和社会力量。如果不能对各种不同利益关系加以合理协调和平衡，不能对各种不同社会力量进行合理整合，不仅会极大地提高人们的社会交易成本，造成社会资源的巨大浪费，而且还会因各种利益冲突的加剧和各种社会力量内耗的加剧，造成社会发展的停滞甚至倒退。制度是人们在处理社会关系实践中进行制度创新的积极成果，本质上是一种在一定程度和一定范围内能够正确反映和适应一定历史时期的社会关系的规范体系，它能在一定范围内对社会资源和财富进行比较合理的配置。因而它能够在一定程度上协调和平衡人们之间的各种利益关系，把人们的利益矛盾和冲突控制在一定范围内，并能够整合因利益分化而出现的各种社会力量，防止或减少各种社会力量的内耗，形成推动社会发展的“合力”。政治的强权和意识形态等精神因素，固然也具有这种协调和整合功能，但政治强权的作用，如果不通过合理的制度安排体现出来是不能长期维持的，而意识形态等精神因素的作用则要通过社会成员的内心觉悟才能实现。相对来说，制度的协调和整合作用要稳定持久和直接得多。

5.4 社会转型过程中的制度推进

5.4.1 双重制度化：显性制度化与隐性制度化

5.4.1.1 多重社会秩序的困境与社会冲突

狭义的秩序指社会行为或社会制度之中的规范、原则，广义的秩序则是社会共同体的运动、变化所呈现的平衡、稳定、和谐等方面的种种状态;具体的分类则可以有社会行为的秩序或者是社会结构的秩序等等。如果从抽象的意义出发,也能将秩序一词定义为自然界和社会进程之中存在着某种程度的一致性、连续性和确定性,正好与无序的概念内涵相反。其基本意义是,社会行为的可控性、社会结构的稳定性、社会行为的互动性、社会活动的可预测性。①

普遍秩序是现代性的一个重要维度,获取普遍的社会秩序也是中国在社会转型、走出地方社会、建立全国性体制的一个不可或缺的方面。然而,社会制度体系的转换绝不仅仅是形式上的制度化,要成为一种现实的制度规范,它们必须体现现实的社会关系并得到社会力量的普遍支持。正是在这一开放的、日渐纷杂的社会行动领域中,中国社会转型过程中的制度推进模式处于一种两难境地。一方面,在制度从一种形式上的规范向社会行动领域推进时,遇到了各种异质性的力量和阻力,使它不能真正成为一种制度化的普遍社会关系;另一方面,由于社会缺欠一种自下而上的普遍的驱动力,各种社会力量具有很大的离散性,因而,它又很难自生出具有普遍性的规则来。

多重秩序共存以及两者的性质不同和矛盾,使社会陷入整体的无序和迷茫中。大量的越轨行为开始出现并在一定程度上得到了社会的默认。这往往被认为是一个社会风气问题,可是许多人明知不对,或公开反对,但自己却也在这么做。显然,进入90年代以后许多问题都不是规则本身的问题,如“无法可依”,而是社会行动领域另有一套规则。结果是社会整体上的多重秩序共存,社会行为失去了统一的导向。这一现象虽然增加了制度的可选空间和人们行动的自由,但是,它必然导致并助长了一种对待制度规范的极端功利主义的、极端自利的态度。人们在这一问题上心理上往往处于一种矛盾状态,并以一种极端功利主义的态度来摆脱这一矛盾。而这,正是引发社会价值观的混乱、社会评价的混乱以及社会价值体系内在矛盾

① 邢建国 等.秩序论[M].北京:人民出版社,1993:2.

的一个重要原因。由于社会中不确定性的增大，几乎在任何领域中社会交往都趋于成为一种策略，一种技巧，它们时刻化解着社会中任何固定的、普遍的东西。结果是社会的道德沦丧，社会活动也日渐失去了人文的底蕴，一些基本的道德价值都受到怀疑。

正如仅仅许多优秀教师的汇集并不能马上成为一个好的学校，仅仅汇集了许多单个看来训练有素的士兵不能成为一支有战斗力的军队一样，即使有一些个别看来是良好的秩序和规则，也并不必然能够构成一个总体上得体、恰当、运作有效的社会秩序。尤其是，在一个动荡的或迅速变革的社会中，即使是长远看来可能是有生命力的秩序、规则和制度，也仍然可能没有一个相对稳定的社会环境来发生、生长和发展，因此无法以自己的得以验证的生命力获得人们的青睐和选择，也无法通过其制约力量进入人们的心灵和身体的记忆，很难成为长期有效的规则和稳定的秩序，更无法作为制度积累下来。频繁的社会动荡、革命、变革甚至会使社会中各种生长着的、本来可能符合现代社会生活的正式和非正式制度一次次夭折。这样一来，即使假定人民渴求稳定，当政者力求依法而治，希望将某种秩序以制度化的方式固定下来，并且也形成了文字，但由于社会秩序本身没有形成，或缺乏正式和非正式制度的配套，秩序仍无法真正出现。

然而，改革现行制度中的弊端无疑伴随着新制度的建立，而新制度的建立过程也就是把不同组织和程序纳入制度化的过程，即是“组织与程序获得价值与稳定的过程”①。

制度化是社会行动、控制方式和运行机制的模式化、程序化和规范化，它包括一套交往规范、价值标准、角色的固化、实体化，也是社会关系的比较稳定的持续性的组合。这是现代社会控制和运行机制最突出的特征。制度化不仅包括制度规范对社会行动的制约，而且包括人们对它们的理解和认同。制度化显然是重复性的社会互动的结果。从这一角度来看，中国在转型过程中的制度推进过程显然是

① 亨廷顿. 文明的冲突与世界秩序的重建[M]. 周琪等译. 北京：新华出版社，2002：1.

十分复杂的。制度化不仅意味着形式上的规范，而且离不开文化价值和社会力量的支援[①]。正是在这一层面上，中国社会转型孕育、催生、释放着另一种性质的力量，它们迅速渗入广泛的社会行动领域并构成了制度化的重要主体和动力，参与社会秩序的建构，也为社会关系的重组提供了新的机会或可能性。

制度与社会冲突有内在的联系，维持稳定秩序这是制度根本的价值与意义之所在。现代政治学认为，"稳定性涉及政治组织和程序的制度化"。"制度化本身对政治不稳定有着强力的否定关系"[②]。因为社会价值标准和规范是通过制度来传递的，行为者的时空状态也是由制度来延长的。制度化的行为模式和非制度化的行为模式的区别，不在于它们的行为方式是否有明确的规则，而是表现为，制度化的行为模式能在未来相同的一批制度代理人身上得到延续。这也就是说，制度会延长行为者的时空状态。

其实，制度化不仅延长了行为者的时空状态，而且，在彼德·布劳看来，制度化还能够传递社会价值标准和规范、组织原则以及知识和职能[③]。这说明真正的政治稳定是需要有强有力的制度来保证的。恩格斯指出，国家制度就是从社会中产生又居于社会之上并且日益同社会相脱离的力量。国家制度是为了缓和社会冲突，把冲突保持在"秩序"范围以内而建立起来的。国家制度的价值就体现在它维护社会稳定的作用上。

另外，国家行动的限度也是靠制度化、法治化来保证的。制度化要求国家权力运行体制的制度化，要求把低组织化和非正式化的国家行为转变成高度正规化和有组织的行为。制度化原则所体现的稳定、规范、有序是国家能力创新和发展的价值导向。国家应通过严格和审慎的立法程序，逐步将国家管理社会和引导社会发展的职能以

---

① 布劳. 社会生活中的交换与权力[M]. 孙非等译. 北京：华夏出版社，1988：315.
② 格林斯坦. 政治学手册精选（下卷）[M]. 储复耘译. 北京：商务印书馆，1996：156，159.
③ 布劳. 社会生活中的交换与权力[M]. 孙非等译. 北京：华夏出版社，1988：29.

法律和法规的形式明确下来[①],这既能避免因国家非法行为所导致的国家能力的无限膨胀可能对社会和公民利益的侵犯,又能确保国家合法行为在提供社会发展所必需的正常秩序、规范和服务上的权威性。

5.4.1.2 双重制度化倾向:显性的和隐性的

在中国社会转型过程中,随着社会体制的转换,社会力量也趋于分化和多元化,由原有的制度体系所规范和整合的社会行动领域也随之解组,结果是大量失范行为的出现和社会整合度的降低,加剧了处于变迁中人们的困惑、迷茫。国家在这一过程中一直试图通过体制转换和建立法律秩序为社会提供新的游戏规则,以此来对社会行动领域加以重新规范、整合。然而,制度建设及其规范的效力远远没有收到预期的效果,普遍性的社会秩序仍付之阙如。显然,社会的制度推进并非只是人为地制定一些规则,制度的有效运作离不开社会互动和社会利益的平衡,离不开社会行动主体的认同和遵从。因此,我们可以看到,导致这一现象的不仅是制度的缺失和在新旧体制转换过程中多重秩序(旧制度因素的延续和新制度规范并存)的冲突所引发的无序。

我们以为,国家在将这些体现一定价值观的规则向行动领域进行制度推进时,由于社会力量的分化、社会新利益主体的生成,遇到了一系列新的问题和阻力:在中国社会转型中实际上出现了双重制度化倾向,一是显性的制度化,即公开的制度化进程;一是隐性的制度化,即隐蔽的制度化进程,但却实际上有力地参与了社会秩序的建构。正是这两者的共同作用导致了目前的社会关系和社会利益分配的格局,也许这就是中国社会在获取普遍秩序这一现代性的重要维度时所面临的困境。

1. 显性制度化

即正式的、通过明确的公开的规范规导人们的行为,把人们的行

① 主要表现为对国家或政府干预经济的权力做严格的限制,以及给经济自由和财产权提供充分的法律保障。

为纳入到正式的制度体系和社会关系模式之中。在中国,它是由国家推动的,自上而下的,在形式上是具有普遍意义的。随着改革的深入,特别是将市场经济体制作为改革目标以后,国家更试图通过自上而下的制度建设为社会提供一个新的制度框架。它的突出表现就是体制转换的改革,并逐渐突出了法制建设的目标以及相应制度设置的建立。80年代中期以后,中国的立法速度是十分快的,并且十分注重法律知识的普及。早在1985年,第六届全国人大就通过了《关于在公民中基本普及法律常识的决议》;随着改革开放和经济改革的深入进行,社会中出现了大量的新的领域,整个社会对于健全的法律体系和公正、公平的法律秩序的需求也更加强烈,在1997年底,全国人大及其常委会制定、修改法律和做出有关法律问题的决定328个(其中制定法律约160多部,修改和做出补充法律的决定约70个,做出有关法律问题的决定89个)。国务院制定的行政法规770个,地方人大及其常委会制定地方性法规5 200多个。截止1999年底,全国人大及其常委会制定、修改法律和做出有关法律问题的决定近400个。①

这种通过体制改革和法制建设向社会领域推进制度化的特点是:

(1) 国家是主体:制度化的力量依托于国家各级权力机关,依附于国家权力对社会、社会组织和行动领域的渗透、控制能力。

(2) 它所采用的方式是自上而下的:即试图以国家为中心将纷杂的社会关系和交往纳入一定的模式之中,制度设计也是以国家为中心的,往往没有充分考虑到社会力量的分化和自我利益化在这一方面可能产生的影响。

(3) 它所依据的原则往往是理性目标的原则:如发展、效率、市场经济、法制、同国际秩序接轨等,并由中国社会中的问题和秩序的需求原则而触发。因此,这些法律在广泛的社会背景中往往有很大的外在性,需要加以"贯彻落实"。显然这种制度推进的力量取决于国家力量对社会的渗透和自上而下的贯彻的能力,即靠的是正式权

① 20世纪中国民主法制历程述评[N].法制日报,1999年12月31日.

力。如果社会中无其他力量的抵制，它可以将这种制度框架顺利地加之于社会。然而，改革后的情况却正是导致了社会力量的分化和利益的多元化，社会中出现了大量的可以自由交往和实现利益组合、交换的活动领域，为另一种关系和规则的生成提供了机会。

2. 隐性制度化

不难看出，与这种显性的制度化同时进行的是隐性的制度化。在社会行动领域中，它是自发的、自下而上的、民间的。在市场体制的推进中，随着交往的扩大，新领域的出现，和不断变化的社会关系，社会产生了新的交往、交换需要，出现了明显的社会力量分化的趋势。这些力量及其交往的需求和利益需求成为隐性制度化的动力。它具有不同于正式制度化的特点，或表现为偏离，或表现为相反的利益倾向。

隐性制度化的特点是：

(1) 制度化的主体(这些主体可以是个人，也可以是组织)是多元的、分散的，而且是变化的；制度化正是表现为多元主体基于自身利益的互动与社会关系的固化、规则化。

(2) 规范的产生有着很强的突生性，往往是非公开的但却实际起作用的，构成了人们交往中实际遵从的制度规则和关系网络。

(3) 它的原则是互惠原则。随着市场经济的展开、市场关系的拓展和可进行自由交换资源的增多，这种隐性的制度化由于社会成员利益需求的强化而得到加强，逐渐成为各种正式制度之外的社会行动的寄身之所。依凭这种关系，迅速形成一种有力的社会力量，甚至早已成为一种制度化的力量，走上前台，瓦解、重塑着社会的正式制度体系。互惠原则在社会中有着强大的文化意义上的支持，市场经济以及各种交换关系的无限扩展，也为它提供了利益上的支持。它与其说是靠正式的权力，不如说是靠的实力、强势，拥有可交换的资源数量的多寡，非正式的权力以及正式权力的非正式的使用。与前者相比，它更表现为规范微观的、个体的利益、小集团的利益和新涌现出的领域的利益关系。特别是由于中国社会的各个领域分离程度低,往往有着很强的连带关系,甚至各种资源可以轻易地进行交换(如权力资本与经济资本的结合),更助长了它的诱惑力。从这一角度看,实际上中国的社会层面并非无序,而是另有一套秩序。只不过它不是公开的,是一种隐性的秩序,尤其是在微观的互动层次。这些规则也得到人们的认同和遵守,往往心照不宣,在不断的交往中日益得到强化。显然,这种制度化所生成的规则更内生于社会、内生于具体的交往情境和相互行为中。

因此,我们可以看到,在中国社会转型中,实际上是这两种制度化并行共存的过程。他们之间相互影响、渗透,或互补、支援,或冲突、排斥,由此也形成了社会的多重制度规范体系或制度格局。而且,它们之间的界限也往往是模糊的,关键取决于特定的情境、人们的定义和社会力量的对比。

在中国社会,正式制度在社会行动领域的失败的关键也许就在于此:制度形式还在,但关系变了,制度成为一种形式的东西,没有外化出一种社会力量。例如社会信任,往往很难超越个人间的信任,社会的普遍的信任体系建立不起来。社会力量的互动不是引向正式制度的轨道上,而是熟人的利益圈子,即使有矛盾,人们也往往寻求非正式的途径来解决,各种社会力量消解在幕后的交易、平衡之中。因此,在中国,社会冲突和反抗往往不易产生新的具有普遍性的制度。

这里只是试图揭示在中国社会转型中这种社会行动领域双重制度化的现象所带来的问题,普遍秩序建立的两难困境,从这一视角也许可以更进一步揭示出中国社会在现代的场景中所面临的一系列矛盾:普遍理性和局部理性,整体的、显性的无序和局部的、隐性的有序,公域与私域。现代社会是一个充满矛盾的社会,制度推进正是为了解决这些矛盾,因此,中国社会能否在变迁中及时地建立普遍有效的规范体系直接关系到社会的持续性的稳定。从这一角度看,中国社会依旧面临着严重的问题。这些问题至少使我们看到社会行动领域的制度推进,一方面,取决于国家在制度化中的角色和方向,取决于国家所依凭的力量,取决于制度规范的包容力;另一方面则是社会力量的表达和普遍化程度，社会力量能否走出熟人社会的限制，而指向普通秩序的建构。而这，正是中国社会转型所必须面临的一个难题，它不仅意味着形式规则的效力问题，而且意味着社会利益格局的重组和社会权力的分配格局的变化。

5.4.1.3 制度化结构的构建

制度化结构是在制度化过程中形成的，具有某种确定的社会学意义和清晰的操作规则，并呈有形刚性运作的社会组织结构。

从发生学的角度看，社会的制度化结构有着漫长的系统发育史。一方面，从原始氏族部落开始，各种形式相对不确定，结构松散的习惯、仪式、习俗等历经演变，渐趋成熟，其中相当一部分经过公共权力认可后成为当代社会的重要结构，并继续以其习惯力量对群体生活发挥规制作用。另一方面，理性提炼在社会结构进化中也起到了重要作用，尤其是现代社会的制度化结构，尽管并没有完全摆脱系统发育的特征，但总体上更主要的是一种理性设置和构建。尽管这种构建也受具体历史境遇的限制，但它的主要部分已经摆脱了纯自然的历史演变模式，突现出人文筹划的显明特征。所以，在现代意义上，我们可以这样描述社会的制度化结构：它表现为在某个特定社会范围内生活的人们关于规范化、模式化、程序化的一种共同的信念预期，或者是该范围内大部分人所认可的并且是必须接受的责任范围内的“全部构成”，并以公共权威的形式强制规范现实。

制度化结构以社会主体对自身利益的关注和追求，包括个人偏好的满足作为自身运转的基本微观动力。各个不同的个体或团体的利益中心既有共同的一面，也有不相一致乃至冲突的一面，这种不同利益中心的竞争、冲突和相互协调推动社会发展。人对自身利益的关心和追求，源于人作为一个自组织的生物系统所具有原始的“趋利避害性”，这种根源使其利益的追求过程成为无需施加外在推动力的自组织过程，从而为组织社会生活降解了技术难度。把制度化结构置于个体的利他性、德性或思想觉悟的基础之上，只是貌似崇高，实际上与制度化结构的基本规定性相背离。这只能使其在运转中不断依赖“外源动力”;若要达到预期的社会效果,势必采用强制推行道德教化和政治规范的方式。这种设置制度化结构的基本考虑正是造成中国在几十年或更长时间里步履维艰的重要原因之一。当然,反对这种设置方式,并不意味着否定制度化结构与利他性因素的相容性,也不否定社会个体的德性对制度化结构良性运行的重要性。

任何一种制度化结构在其特定的运作过程中都会表现出某种确定的价值倾向,它是制度化方式的内在规定性的价值表征。制度化结构不仅通过否定意义上的制约或惩戒,排除那些对群体生活有害的选择,以达致当前的约束目标,而且还可通过肯定的价值趋向对主体的价值追求和行为选择起到引导作用。一种具体的制度化结构在约束功能上,不可能是绝对完善的,但它的引导倾向却必须以某种价值合理性为基础,并能满足一定的工具合理性要求。制度化结构不光是要保持目前的秩序性,更重要的是指明社会系统发展的方向并沿着这一方向前进。如果能够达到这一点,那么,制度化结构目前在运作过程中所表现出来的某些缺陷就是可以容忍的。

制度化结构永远不会是绝对完善的。因为它不可能随着对象的变化而同步的变化,故其“力学构架”总是存在一定的内在于其运行过程的滞后性。任何一种制度化结构的适用对象,就其操作过程的有限性而言,实际上具有无穷的多样性,绝无可能分别按各个特例追求严格匹配。若强求照此办理,就违背了制度化结构的“效用原理”。无论如何,绝难排除那种严格的一一对应关系,即使在自然科学中的理论概念和实在要素之间也是不存在的,更何况以“应用”为主要特征的制度设置。但在总体上,这种缺陷可以通过制度化结构自身的变迁来克服。如果出现新的对象和行为,即可通过补充新的规范使社会系统达到新的平衡。如环境保护和市场经济中消费者权益保护规则的确立等等。

制度化结构最根本的缺陷是所谓“原生缺陷”。它并不是就制度化结构这一框架本身而言的,而是当我们把社会作为一个完整的系统考察时，从整体性和系统性角度评判制度化结构的社会效用时做出的结论。换句话说，“原生缺陷”并不是制度化结构本身不完善或与其规范对象不相匹配所造成的，而是指当制度化结构在发挥作用的过程中，由于它必须满足某些特定要求而必然带来的问题。制度化结构是一个既要满足可操作性，又具有一定刚性的“稳态结构”，它的“原生缺陷”正是由于必须遵循可操作性原理和“效用原理”才引致的一类缺陷。如同社会调查中所运用的抽样方法，因其必须遵循随机原则而必然造成代表性误差一样。比如说，由制度刚性带来的规范结果的一律性；工具理性的无限扩张、市场原则的泛化；物欲对价值理性的遮蔽等。

如前所述，“力学构架”上的缺陷随着历史变迁可以通过某些技术手段进行校正。但是，对待“原生缺陷”却难以照此办理。因为当消解了制度化结构的所有“原生缺陷”之后，制度化结构也就丧失了自身的优势，诸如可操作性、精确性、刚性约束等。结论只有一个，即制度化结构的“原生缺陷”不能通过一个代替另一个、一部分代替另一部分的办法去“矫枉”，而是必须走出这个构架，在与非制度化结构的作用过程中去寻求“系统性补偿”。

5.4.2　制度性边界：冲突的制度组控

5.4.2.1　冲突制度组控的设计

研究冲突的目的是为了控制冲突。在新世纪的初始阶段，中国社会又一次面临着选择：以制度创新和体制变革为主来扩大制度性增长边界。

现代社会过程日益复杂，不确定性因素越来越多，社会约束变得更加困难，从而使制度化约束机制显得越发重要。现代社会的制度化结构更主要的是理性构造的结果，理性构造既意味着因情境制宜，也意味着非个体性和较高的技术效率。制度化方式最突出的特点是对人的行为及其社会效果的约束；以理性有限的人可把握的方式消解人与人、个体与群体之间相互作用过程中的不确定性。“任何人的行为都是以某种形式和在某种程度上解决问题的行为或机制"①,这是社会学的基本假设之一。但人的行为本身总是具有非自我决定性和非自足的一面,"社会溢出"不可避免。所以,要维系人类的群体生活,就必须把行为的负外部性限制在适当的边界范围之内,而且限制的效果在经验上必须是可判定、可预期的。这就要求规制方式具有可操作性、强制性、一致性。它必须对社会主体的行为划定一个界限相应清晰的范围,甚至可以说,制度化方式判准的清晰性比其强制的严厉性更为重要。尽管不可能做到绝对清晰,但这始终应该是一个努力方向。

中国的改革到目前已经走到一个关键的历史阶段:这就是要逐步推进全社会的制度创新。这种制度创新无疑是在两大前提下进行的:一是保持现有的"宪法秩序";二是保持改革的市场取向。然而,这只是规定了制度创新②的外部边界,而实际的制度创新过程则是一个极其复杂的利益调整过程,始终存在着尖锐复杂的冲突。

社会内在的各种矛盾关系所凝聚的能量压力形成社会冲突力,如果不加组控而任其自然发展,势必会使社会主体行为失范、社会关系紊乱,导致原社会的结构裂变、关系重组甚至毁灭。为缓解当前的社会冲突,须进行全面深化的经济体制和政治体制的配套改革,社会冲突最终的解决依赖于制度的安排使冲突关系协调。因此,社会产生出对人们的社会行为和社会关系施加组织和控制、形成相对稳定的社会秩序的需要,而社会运动本身也产生出相适应的自发型和自觉型的社会组控方式。

社会组控方式是指社会组织方法和对社会(主体境位、行为、利益)关系组合、治理(辖治、调整、管理)、控制的规则及规则的实施方式。社会组控方式是多样的,按对受控客体的约束力强制性不同,可

① 约翰斯通.社会中的宗教[M].尹今黎等译.成都:四川人民出版社,1991:10.

② 制度创新是指国家或社会组织根据社会发展的要求对现存制度进行新的调整、变革和创造,以确立一种新的行为规范的过程。

将社会组控方式划分为软组控（包括非强制性的理想信仰、伦理道德、教育、舆论和社会评价等方法）和硬组控（包括具有强制性的制度、法律两种类型）两大类。就硬组控方式而言，制度和法律（广义）的基本功能都是定位（界定社会各种主体的社会境位和各境位之间的关系，包括不同境位的利益分配条件）、定式（以一定规范形式确立各种主体的行为程式，包括主体行为的基本原则、主体权利和义务的具体规则、行为程序和承担行为后果的赏罚报应方式）、定序（确定符合创制度者、创法律者集体共同意志要求的一定社会秩序及维护和调控该秩序的组织运作体系与机制）。它们的内在要求都是：协调主体间利益矛盾关系，确立主体的基本生存方式，规范主体的行为程式，建立秩序的组控系统；它们的抽象表现形式都是相对稳定的具有组织强制性的社会规范体系，并都能以成文的和不成文的形式存在。

5.4.2.2　对策行为与社会制度安排

在特定的情境中，个人行为可供选择的方案不是独立于制度和规则之外的，甚至特定的情境本身也是制度化了的。因此，个人的行动就不是理性化的选择，而是对特定制度的遵从。行为受到文化规范和社会规则的限制和支配已经是社会科学的经验研究中经常观察到的现象。行为更多的是基于对规范性的适当行为（appropriate behavior）的确认，而不是从选择的角度来计算回报。

制度或规则在很大的程度上是独立于个人行为的，相反却规范着个人的行为。这是因为规则在社会政治领域具有非常重要的作用。规则规定了权威和责任的分配，记录的保持以及信息的收集与处理；它们指定谁在什么样的条件下（包括政治反对的权利）进入什么样的制度和领域；它们还可能通过提出截至期限或者通过提出某些事情不能够说或做的时间段，来规定说或做某事的合适时间。它们也可以规定规则的变化。因此，在各种规则的约束之下，个人的行为不是首先进行理性的利益计算，而是首先要对个人身份进行确认，即是要确定自己处于什么样的情境之下，应当按照规则采取什么样的行为才被认为正当合理。这样的个人的行为充满了责任和义务，而不纯粹是自我利益的考虑。在选择的隐喻中,政治行动者先考虑个人的偏好和主观期望,然后选择尽可能与期望和偏好相一致的行动。在责任的隐喻中,政治行动者通过适宜的规则而将某类行动同某种情势联系起来。

我们认为,与我国目前普遍存在的对策行为直接相关的制度安排因素,主要涉及如下几个方面:

1. 社会制度安排的明确性

制度安排的明确性主要是指制度的价值目标和规则表述应当具体、明确,具有可操作性,包括三个基本方面:① 制度的价值目标与规则陈述的语言表达应当明确、具体、清楚,内涵不能有歧义,外延需界定清楚;② 制度目标应包括明确的时间限定;③ 制度安排应当有明确的约束条件,即规范适用的条件必须有合适的弹性边界。

改革开放以来出台的一系列政策、法规、条例,构成了我国正式的制度安排的主体部分。然而由于客观条件限制和主观认识方面的原因,其中相当多的制度安排缺乏明确的价值目标,从而使规范实施缺乏可操作性,一部分社会成员正是出于对规范内涵的理解歧义或对规范适用条件、范围的修改而选择对策行为。

2. 社会制度安排的完善性

社会制度安排的完善性是指价值系统、规范系统、组织系统、设备系统等制度必需构件都比较完整,最主要的是指制度所包含的规范内容要有完备的组织保障和设备保障。转型期中国社会的一个特点是新规范大量出台,而其具体的实施状况却缺乏有效的监督机制和反馈机制,即制度配套短缺现象。

3. 社会制度安排的稳定性

在渐进式改革过程中,政府行为和社会行为均是以功能取向为特征,每一个改革措施都是以解决特定的社会现实问题为目标,即通常所说的"走一步看一步""摸着石头过河",因而缺乏稳定而持久的社会制度安排。这使社会成员对社会发展的趋势和方向心中无数,容易产生观望等待心理,社会期望一致性较差,社会行为呈发散型。

对策行为只是这种发散型社会行为的一种表现形式。

4. 社会制度安排的协调性

社会制度安排的协调性包括两个层次的含义：一是指制度安排内部的协调性，即制度的规范系统与价值系统、组织系统、设备系统之间的一致性程度；一是指特定制度安排与其他层次、其它类型的制度安排之间在某一具体问题上无矛盾冲突。社会结构转型时期，结构要素的不均衡变迁使规范体系出现离散状态，各部分规范的一致性以及社会制度安排各部分之间的协调状态不易保持，从而使社会成员的行为选择缺乏一致的标准，具有较大的不确定性。主体的任何遵从行为均有可能违反某一特定规范，以部分认同规范为特征的对策行为便成为首要选择。

5. 社会制度安排的正义性

制度包含和体现着某种正义原则，它是道德的基础。制度中蕴涵着文化基因，是人的伦理关系、价值关系及其评判尺度的现实凝结物。制度往往是为经济健康发展创制的，但人们在围绕经济发展创制制度时却不能不考虑所制定的制度是否公正，合乎人性要求，为社会所接受；是否有利于人们相互间的合作，激励人的积极性、创造性；是否有助于满足人的需要，协调个人与他人、社会的关系，保障各行为主体的合法权益，等等。因为人们在共同生活中，必然结成某种分工、交换、分配关系，人们的社会关系又表现为一定的责任、权利和义务。社会关系是人们从事各项社会活动的基础。但是，由于存在着人类劳动产品的有限性和人们需要的无限性的矛盾，因此人们的利益分配不能绝对平均，人们的社会地位总是有差异的。而当制度对人们的分配关系进行规定后，就形成全社会内集团性的、结构性的利益矛盾和地位差别。当人们意识到社会分配不可能绝对平均后，人们退而求其次，要求分配的原则必须是公正的，形成地位差别的原因必须是合理的。由此，正义成为所有关于人们的社会关系的制度的价值取向。制度是经济发展与道德进步的连接点，因为经济与道德有共同的实践基础，是同一个活动的两个方面。由于制度的文化蕴涵中凝结了伦理价值关系及其评价尺度，它能够将文明的历时态积淀共时性地投射到现实发展中，因而成为社会道德的基础。

罗尔斯在《正义论》的开篇便指出："正义是各种社会制度的首要美德，如同真理是思想体系中的首要美德一样。"[①]通过社会正义原则来规导社会制度的具体安排与实践，进而规范与指导参与社会合作的每一个公民个人的利益选择，也就是规导"经济人"行为。

5.4.2.3 制度化结构的阈限

尽管现代社会的制度化结构在总体上立足于理性建构的基础之上，并始终执著地追求自身的完美无缺，但由于它首先考虑的是可操作性和当下的社会效用，故而在一般意义上无法达到完美无缺的境界。历史地看，我们构建的目的原本是为了解决问题，但实际上正是由于这种构建，由于这种结构的历史运作导致许多新的问题，而且这些新问题往往无法通过制度化的方式去解决。于是这些问题只能立足于制度化之外去寻求解决方法，正如科学技术在发展中所造成的问题，并非仅仅通过科技进一步发展就能够解决一样，可能需要借助科技之外的方式，比如科技伦理去解决。

检讨以往，常见两种偏向：一是企图单纯依靠制度化方式解决所有的社会问题，从而导致制度化系统的科层结构日益复杂，使制度化结构的"原生缺陷"所造成的问题愈加严重。如当代西方社会中出现的"泛立法主义"，致使许多学者呼吁实施"除法化策略"。其二是盲目追求制度化结构和非制度化系统之间在思想基础和运作方式上的严格"同构"。最典型的如欧洲中世纪以基督教教义为基础的同构模式和中国儒家思想的制度化模式。它们都造成了许多严重的社会问题。实际上，这两类系统各有不同的规定性和作用方式，但是，直到今天，仍有许多人还在强调诸如道德的制度化一类想法。为了改变当前仍然流行的"同构型"思维模式，我们必须强调制度化结构和精神价值系统在方法论层面上的分立，既重视制度化结构的现实效用，

---

① 罗尔斯. 正义论[M]. 谢延光译. 北京：中国社会科学出版社，1988：1.

又重视通过精神价值系统的补偿功能克服制度化结构的“原生缺陷”，从而在总体上达到维护社会生活平衡的目的。

价值补偿大体上有三类：一是目的性眷注，即通过对人的目的性的突显来矫正形式理性在追求效率的过程中带来的某些偏激。制度化和科层化使现代社会日益成为一架非人格化的权能机器。人们更多地醉心于它的高速运转，而对人生意义一类价值论问题却较少关注，遂使人的目的性日渐沦丧。目的性眷注正是要抵制人的工具化倾向，不断唤醒人的尊严，使人从物化的潮流中摆脱出来。二是伦理关怀，主要是通过人类文化中积淀起来的道德教化学说来协调形式理性给人与人之间的关系造成的紧张和冲突，把人与人、人的自我身心内部以及人与制度安排和其他社会构成之间的“摩擦和精力浪费控制在最低限度”①。在现代社会中，制度化结构的权利界定更频繁、更复杂，也更多地把人与人之间的利害冲突表面化。因为在许多情况下，即使权利界定完全符合制度化结构内涵的“正义”标准，也难以避免技术手段不足和信息不对称所带来的不确定性，或者更进一步，社会制度化结构运作的竞争形态本身就内在地包含有人际利害冲突。这些都可以通过伦理文化来调节，从而在人的内心世界里为“公平和效率”、“优胜劣汰和同情弱者”、“人道的竞争和残酷的斗争”划界造就一个适当的伦理标准。三是文化批判，即通过人类所特有的反思能力省察自我。文化批判既不是一种简单的否定性倾向，也不是单纯地指责或抱怨，更不是诋毁，而主要是一种价值祈向性的反观自照，是对人类现实社会活动的一种“非现实”的文化应答。文化批判不仅可以消解制度化过程所造成的不可避免的问题，还可以激发人本来就拥有的精神价值意义上的创造活力，既丰富了人的社会生活，也开辟了更多的人类自我约束的可能性。

制度化结构和非制度化系统的分立是社会历史的真实，它们之间的交叠作用是客观存在的。我们应该从社会学角度进一步探索这

① 弗罗姆. 精神分析的危机[M]. 程实定译. 北京：国际文化出版公司，1988：73.

种作用机理，而不是用那种习以为常的笼统的“大统一观”去搪塞。只有这样，我们才能在许多相互抵牾的要求中找到一个可允许、可接受的边界范围内。也就是说，政府应在承认人的自利本性和人类利益多元、人格地位平等的前提下，遵循少数服从多数的原则，并根据一系列程序化的制度，为和平解决利益冲突，维护基本社会秩序，推动社会进步，提供一种文明的机制。只有这样，我们才能在追求现实之真、伦理之善和理想之美的过程中不断进步。

第六章　边界冲突的内在逻辑

本章拟在前几章研究的基础上，整合边界的概念和边界多元化的内在逻辑，构建新的社会冲突分析框架和模式，对冲突着的边界开放与封闭同时存在、相互冲突又共生共荣的现象进行讨论，进而探讨基层社会的社会冲突现象与社会结构变迁之间的内在关系。

6.1　边界冲突的结构性逻辑

在前面几章中，我们讨论了社会冲突由利益、权力、权利、制度等冲突要素构成，并在各自的边界组合成一定的相互运作关系。在这个意义上，对于冲突问题的应对，离不开对边界的审视与反思。

边界的多元化，是指由多种独立的、不完全互相依存的边界构成，它们反映出转型期经济和社会生活分化的程度。采取这种分析方法，我们可以更清楚地看到，在不同定义的边界，代表着不同的事物，根据不同的目的执行着不同的任务，并且受到不同社会规范的制约。多元边界同时并存，相互重叠的程度有限，其间必定存在整合上的真空区，它们在冲突与共生中得以发展。因而，我们认为各社会主体都必须受到限制，必须遵守各自的边界。

6.1.1　边界空间的复杂机制

任何一个社会主体都具有多种性质，对应各类性质，其作用范围往往是不同的。因而，对于社会主体作用范围和限度的考察，即对其边界的确定，必须以所考察的社会主体性质为依据。据此，方能确定何为社会主体本身、何为其环境、何为区分两者之边界。

边界的确定在人们的认识过程中，往往在宏观上是相对确定的，而在微观上是相对不确定的。这既体现着构成边界的机制的复杂性,又造成了人们认识边界的困难。社会主体能够在一定时空范围内输入什么、输出什么,关键取决于社会主体与其外界环境之间在不同调整、控制范围内各自在调整、控制能力等方面的对比关系。这种渗透在利益、权力、权利等因子相互作用过程中不断变化着的对比关系,实际上决定着边界的变化。而边界及其变化,则真实地标志着上述力量作用范围的相对界限及其变化,成为它们相互作用过程的直接中介环节。

6.1.1.1　冲突的边界线与可能越界的实践

由于社会主体处于不断调控变化过程之中,其环境也处于不断调控变化过程之中,它们之间的冲突关系必然具有复杂的相互作用机制,这一切正是导致人们对于边界冲突认识的模糊性或相对不确定性的内在原因。边界冲突不断发生的重要原因之一就是边界线不清楚。

主张对边界线的反思并不意味着一概否认或取消边界线,并不意味着一切边界线都是“想象性”的,而是要认识到所有边界线都非恒定的、不变的,在时间上有其偶然的起源,并且这种起源往往是随意的、武断的甚至强行的,而非可靠的、反思性的、经过论证的。在我们的生活世界中即可发现,甚至连不少国家也是通过地球经纬线来划分边界,这些边界线依靠各种权力来维持。然而,福柯已揭示出权力本身是不稳定的、流动的,这就决定边界线总是存在于一个暂时的历史境遇中,无论其看上去多么稳固而不可“动摇”。正是在这个意义上,当下存在界线就意味着存在超越这种边界线的可能性,存在各种极限就意味着存在超越这些极限的可能性。通过批判的实践,人们可以对边界线本身展开分析与反思,并探索和尝试超越界线之可能性。

在传统系统组织中,适应静态环境的要求,边界是明确而固定的。而在动态环境中,边界不可避免地随着外部环境的变化而变化。内部与外部边界明显呈现出模糊化的趋势。演变将会对社会发展呈现正负两种可能性影响，可能性（实际）边界也将相应地出现正负两种发展趋势。当社会运行中的某些需求超出了系统的边界，如原有的边界似乎正被A引导着将向其拓展的方向推进，此时，如果这种推进与拓展能得到B、C等其他群体的接纳，从而确定了系统的新边界。相反，如果导致与其它群体间的冲突，那么在这种相互作用的博弈过程中，也将逐步明晰系统的另一种边界。

我们尽力为各类冲突因子划界，而这种划界实质上表明了其限度性。需要明白自身的界限，在该有范围的边线处止住，不得僭越。只有在这样的系统里，才能形成秩序。

6.1.1.2　影响边界的随机性与决定性因子

划分边界的目的，是为了掌握作为一定组织系统的对象，它的内部条件、外部条件以及两者之间的关系如何，据此掌握它们演化的机制、过程与趋势。在这方面，必须区分通过边界中介实现的系统与其环境相互作用过程中存在着的两类基本作用，即随机性作用与决定性作用。

首先，在环境对社会主体及其冲突边界的作用中，到底在什么时间、地点和方向上，由哪个环境因素采取何种方式、何种速度参与这一作用过程，这往往是随机的，体现着环境对系统作用的随机性。同时，环境作为有组织的整体，在其内部的合作与竞争过程中，总是一些组织能力较强的系统往往会战胜其它组织能力较弱的系统，从而在环境中占据主导地位，影响着环境整体的演化方式、方向和速度。这些占据主导地位的环境因素，必然会对我们所研究的对象（某些社会主体）或迟或早发生重要的作用与影响，从整体上制约着其未来的演化。这又是决定性的过程，体现着环境对系统作用的决定性。根据上述情况，我们在研究社会主体边界问题时，必须同时注意到这两类作用的过程，尤其是对上述现在或将来可能在环境中占据主导地位的因素加以认真考察，因为它们必然对系统发生重要的甚至是决定性的影响。通过上述考察进而使我们作出科学的客观的预测，并根据这些预测对系统边界上将要发生的内、外部之间的相互作用作出相应的对策与决策。

其次,在社会主体内部占据主导地位、起着支配作用的因素,其作用过程对于外界环境的整体演化过程来说,往往属于某种随机性运动。但是,当社会主体组织程度较高、自我调控能力较强、自身能够不断适应环境的变化而变化,而且能够在这类变化过程中使自身不断发展时,其必然以较强的组织能力不断战胜环境中其它组织能力较弱的系统,并在与环境中其它系统的冲突与竞争过程中,逐渐发展成为在环境中起主导作用的因素,在环境中占据支配地位。这样,它的作用过程对环境整体的演化将会起到决定的作用,并同时在环境大系统中逐步由随机性因素转化为决定性因素。这种通过冲突与竞争过程所实现的随机性因素与决定性因素之间的相互转化过程,对社会主体的边界同样起着十分重要的影响。随着上述系统整体调控作用范围的变化,边界作为其一定意义上的限度也必然随之变化。从某种意义上说,社会主体的每一次演变,实际上也是其边界的演变。

因此,对边界的考察必须从社会主体与环境两个方面进行,充分认识到这两个方面因素都是社会主体边界演化过程的现实或潜在的内在因素。边界的确定并非是消极的、静态的,而是取决于它与竞争对手的冲突博弈。

6.1.1.3　边界的功能

边界与社会主体的结构功能状况息息相关。社会主体的结构是社会主体内部组成要素之间的相对稳定的联系方式、组织秩序及其时空关系的内在表现形式的综合。功能则是社会主体与外部环境相互联系和相互作用中表现出来的性质、能力和功效。一般地说,在社会主体的环境和其元素性能一定的情况下,结构决定功能,而功能又反作用于结构。而它们都影响和改变着社会主体环境的形成与保持,决定着社会主体的边界。

边界只有在与社会主体内外部的结构功能要素相互作用的过程中方能表现出来,这种相互作用的关系是伴随着物的转换和重新配置时进行的。从系统论的观点来观察这种变化,可以得知它们作用的结果都发生着从量到质的逐步变化。很明显，对于边界内部的信息是直观的、显性的，不用鉴别和容易把握的，它主要依靠社会主体边界的本身职能向外辐射，而边界外部的信息却是隐蔽的、杂乱无章的，需要边界依据自身的职能去进行鉴别、把握，然后再根据社会主体的要求进行有目的的、有控制的双边流通、渗透以至达到最终的统一、综合。

差异性组成的联合体在结合时能释放出巨大的能量。事实上这种能量的产生不是由不同的组织在联合时释放的，而是由构成组织的人所形成的差理念在聚合时形成自己的理念并转变成集体的行动所释放的。正因为如此，将社会差异性、多样性及其他分散的亚系统综合进一个平衡性的、整合性的、功能性的整体。因此，边界承担着艰巨的任务和功能。这种功能和任务不是别的，就是恰到好处的完成边界两边的信息，特别是外部信息的鉴别和整理，有效地、及时地控制边界两边的信息的释放和流动，为决策系统提供可靠的决策依据。

综上所述，边界作为社会主体在与其外界环境相互作用中的整体自我调整、控制作用范围的一定限度，作为社会主体与其外界环境间相互作用的中介，既是复杂的、相对确定的，又是现实的。它直接影响到人们对于社会主体及其外界环境的正确认识，它是人们对于社会主体及其与环境间关系的未来演化加以预测和决策的一个重要判据。随着社会主体边界范畴研究的不断深入，必然会推动社会冲突研究的整体进程。

6.1.2 边界冲突的类型分析

6.1.2.1 组织和功能边界冲突的相互关系

依据冲突发生的场域不同，可将边界冲突分为：组织边界冲突和功能边界冲突。它们之间存在着怎样的相互作用关系？

边界空间是一个具有多元维度的空间，组织边界与功能边界之间存在着颇为复杂的关系：一方面两者有着一定的依存性，另一方面又有一定的差离性，如果将组织边界的变化视为自变量，两者之间的逻辑关系至少存在以下六种可能性，即(见表6-1)：

表6-1　组织边界与功能边界的相互作用

		组织边界	
		扩张	紧缩
功能边界	扩张	A	B
	稳定	C	D
	紧缩	E	F

其中,A表示随着行政组织的扩张,功能亦随之扩张;B表示随着机构的紧缩,其功能反而扩张了;C和D表示无论行政组织的边界是扩张还是紧缩,其功能边界一直保持相对的稳定;E表示在行政组织边界扩张的同时,干预的范围却在缩小,或力度下降了;F表示在行政机构紧缩的条件下,其功能也相应衰退。

在现实生活下,出现E的概率非常之小,但并非没有可能。C虽独成一类,但其性质趋近于E(功能没有随组织的扩张而扩张)。A和F同属一类,只是表现的方向不同罢了。这类关系体现的是结构组织与功能的一致性,比较符合人们的常规思维,值得讨论的是D和B。为方便起见,我们可以将D简化到B中论述。这时,我们遇到的理论问题是:① 为什么在行政组织边界退缩的条件下,政府对社会的干预却维持不变,甚至在不少地方反而强化了呢?② 这种现象的存在何以可能?在组织边界退缩的条件下,行政功能是通过什么机制得以维持甚至扩张的?

从理论上说,中国是一个现代化的后发国家。这种历史位置注定了各级政府在现代化过程中扮演着动员与组织的角色。在这个意义上,现代化本身便是政府机构扩张的动力来源之一。只是在计划经济的条件下,这种扩张走过了头。如果说,行政机构的扩张曾经是为了更好地动员和汲取社会资源的话,那么过于膨胀的政府机构则反过来在侵蚀和消耗本来就稀缺的社会资源。因此,才需要现在的调整。仅从这点看,政府向社会的渗透注定是有边界的。

使问题复杂化的是，不但国家财政经费的限制是刚性的，转型期政府对社会的诸多干预似乎也具有相当的硬度。于是，行政组织的边界厘清了，但政府对社会的各种管理功能却没有相应的调整。于是出现了一种理论上的“脱节”局面：一方面，政府的行政管理功能需要落实，另一方面，行政机构的边界又在收缩。如何解决由于功能边界与组织边界变化的不同步而产生的功能——结构之间的冲突？在这种情况下，从制度设计上看，似乎并无更好的出路。

6.1.2.2 利益、权力和权利边界冲突的相互关系

依据冲突的目标和对象不同，可将边界冲突分为：利益的边界冲突、权力的边界冲突和权利的边界冲突。那么，利益、权力和权利边界冲突三者的关系又有如何呢？

边界，有基于利益、权力和权利不平等的限制性结构。如果把利益、权力和权利看作一个相互替代的基本三角制度结构，则是以基本三角为底面的一个三维锥体，基本三角形中的任何一个“角”、“边”的变化，都会引起另外两个“角”或“边”及其相互关系的变化，因而驱使它们发生变化的动力源自发生在边界空间的相互作用的冲突关系。

改革必然引起权利、权力和利益的再分配，从而引发社会冲突，它们相互之间会形成一种合作博弈。

权利的直接本质是利益，即权利的本质形式是权利的利益属性。权利的本质内容是对一定社会经济结构所决定的利益关系的确认。将权利与利益相联系的观念由来已久，对于权利本质的解释，有偏重主观方面和偏重客观方面之分，后者是实证主义和功利主义带来的观点，他们把权利置于现实的利益关系中来理解，认为权利源于利益，权利是法律所承认和保障的利益，并明确将利益作为权利概念的指称范畴，从而改变了整个权利观念，使利益说成为直至当代仍是影响最大的权利义务理论。当代许多人权学家将功利主义和自然法理论并列为人权的两大基础。[①] 即使就偏重主观方面的解释来看，如庞

① Stoljar. S. J. Analysis of Right[M]. Oxford University Press，1984：21.

德所说:“格劳秀斯和19世纪的形而上学法学家们强调的是伦理因素,即把利益的道德评价作为保障利益的根据。”[1]由此可见,利益与权利的密切关系。然而,并不是所有的利益都可以成为权利的内容,也不是说利益是权利的全部内容。然而,我们的语境是,一方面是处于前现代时期,一方面人们具有狭隘的功利性和保守性的心理特征,因此,对利益因素的关注和强调,将为公民权利意识的改善提供契机。

权力泛指能够导致某种特定结果的能力,或者在同等意义上泛指能改变或影响某种事件发展方式和进程的势能。权利是相对于个人、法人、部分人群而言的,是依法可以行使的权能和享受的利益。权利存在于广大公民之中,公民将自己的一部分权利通过法定的程序授予社会管理者,形成权力,所以权力来自于法律,是凝结在法律中的人民权利。当人们对权力与利益正相关的判断持极为肯定态度的时候,对物质利益的偏好往往会导致权力具有稀缺性。虽然现代社会的权利是权力的来源和基础,但在经验上,人们不怀疑中国经济体制转型期权力与利益分配的正相关现象。

权力现象的结果一定涉及利益关系,不恰当的利益分配格局迟早会成为一种不合理权力制度结构的颠覆力量。而这正是权力与利益关系中最紧要和值得注意的问题。在所有或大或小人群生存于时空中的政治生活中,“合法性、主权和权威三者都是相互关联的,你找到了其中的一个,也就找到了另外两个”。[2] 概言之,合法性是指对政府的遵奉,主权是对国家的遵奉,权威是对领导者个人的遵奉。

关于权力和权利的关系,从绝对意义上讲,一个社会中权力和权利关系安排得是否得当,对于每个人在社会总产品中所占份额及个人尊严影响极大。在适度抽象和不计较精确性的前提下,人们能感知,权力是自上而下和特指拥有暴力强制性手段的政治现象。我国传统的行政行为,过分强调行政行为的“权力”要素,强调行政行为的单向性、强制

① 庞德.通过法律的社会控制[M].沈宗灵等译.北京:商务印书馆,1984:46.
② 罗斯金.政治科学[M].林震等译.北京:华夏出版社,2001:5.

性，比较忽视对权力的制约，忽视公共权力与公民权利之间的平衡。

我们从经验反思中确认，在权力与权利、公权与私权之间存在着此消彼长的互动关系。在权力无有效节制的情况下，权力迟早要向个人权利张开血盆大口。一无所有的群体最终要以严重毁坏生产力的暴力形式重新调适权利与权力的关系。利益始终是权力与权利关系中的一种很灵敏的预警机制。

社会秩序规则的内容就是界定人们的利益关系的原则，由社会秩序规则界定的人们各自拥有的利益就是人们各自拥有的权利。因为相对紧缺或分布失衡的东西具有利益，所以人们对那些相对紧缺或失衡的东西具有占据的欲望，这种欲望支配人们产生把这些东西据为己有的行动，这种行动的结果使得这些东西进一步失衡，形成局部更加紧缺的状态。于是，紧缺和失衡的矛盾在社会成员中不断加剧，矛盾激化的结果使得在失衡分布中处于不利地位的成员难免产生违背权利界定秩序而攫取利益的行为动机和行动。为了维护社会秩序，在失衡分布中处于有利地位的成员就会采取措施，以维持既定的权利界定划分结果。在一般情况下，利益占有情况相对较好的成员具有更好的支配别人的条件，他们就成了统治者。统治者可以利用自己手中的利益条件作为凝聚更多人的力量为己所用的手段，巩固对他们有利的权利界定状态。在人类社会中，人与人之间的这种建立、维持及改变权利界定关系的力量就是权力，它往往以人与人之间相互支配的形式在社会中表现出来。

齐美尔认为，社会冲突以及由此而引发的社会结构的内部边界关系的变化是现代社会的发展因素之一[①]。一方面，社会冲突有助于社会发展，但另一方面，亦然有导致社会合法性危机产生的可能。那么，如果要避免当代社会中的秩序冲突或权力的合法化危机，必须要做的事情就是，“把对内在自然的整合彻底转变为另一种社会化方

① 齐美尔.现代性的诊断[M].成伯清译.杭州：杭州大学出版社，1999.

式，也就是说，必须把内在自然的整合与需要证明的规范脱离开来”。[①] 这是在强调秩序整合的“另一种社会化方式”。这个方式，在我们的研究当中，实际上就是把历史上的传统转换到现代社会，国家的系统整合与社会整合应当进行领域分界，实现性质各异、功能有限、符号划界式的整合方式，从而避免现代社会的全能式的“合法性危机”，降低制度化的成本和压力。所以，如果说在传统中国的社会之中，曾经存在着由权力秩序构成的魅力型权威与传统权威的话，那么，当代中国的权利秩序就应当是制度的限定与法理权威了。

概言之，在权力、权利与利益的关系中，人类社会迄今在精确性研究中尚未得到普遍有效的模式。但是，公共权力沿着从一元到多元且权力相互制约的方向发展的大方向是清晰的。中国的改革进程或许能为丰富这方面的研究成果和开启新思路提供有益的素材。

下面，我们将着重研究从利益、权力、权利等可持续辨别的边界和结构关系上，进行几个层面上的边界分析：

1. 利益边界

社会是个体的集合，如果将社会公共利益表示为个体利益的整合，那么，反映这种利益的函数表达式为 $F(x+y)=F(x)+F(y)$。x 和y 代表社会中不同个体局部利益，$F(x)$、$F(y)$代表各自的利益函数。这个表达式还反映了当代社会多元化特点。在利益多元的情况下，社会利益结构必然寻求优化。为此，这里加入一个优化条件：$F(z)=(+)1*z(z\geqslant 0)$。这个优化条件有三层含义：一是系数“1”表示多元利益的平衡，即社会利益结构必须反映社会利益多元化要求，并保持适当均势。否则，多元利益结构便要退化。二是“+”，表示优化社会结构所引导的利益增长势头。如果社会利益结构表示的公共利益不是增加而是减少，则没有达到优化目标，即可能是社会存在明显的利益冲突。当这种冲突导致公共利益趋于零时，社会面临崩溃。所以第三，$z\geqslant 0$ 表示社会利益整合的起始点。把优化条件和公共利

① 哈贝马斯. 合法化危机[M]. 刘北成等译. 上海：上海人民出版社，2000：120.

益的函数表达式联系起来，可得到方程组：

$$\begin{cases} F(x) \geqslant 0, F(y) \geqslant 0, z \geqslant 0 \\ F(x+y) = F(x) + F(y) \\ F(z) = (+)1 * z \end{cases}$$

由此方程可得到公共利益边界(见图 6－1)，E 为优化点。可以发现，现实生活中代表公共利益的社会结构总在对个体利益进行规范，个体一般不能得到自己理想的利益(A、B 点)。但社会结构应指引人们向均衡利益反映点(E)努力，形成比较公平的利益机制。这体现了社会以个体为细胞的意思。E 为经调节的反映个体利益的优化点。优化条件表明：反映个体利益必须服从公共利益规则，也就是社会虽以个体为细胞，个体又以社会为生存条件，舆论信息应有助于个体树立一种有限利益观念，引导个体努力寻找与整体利益和谐的增进点。

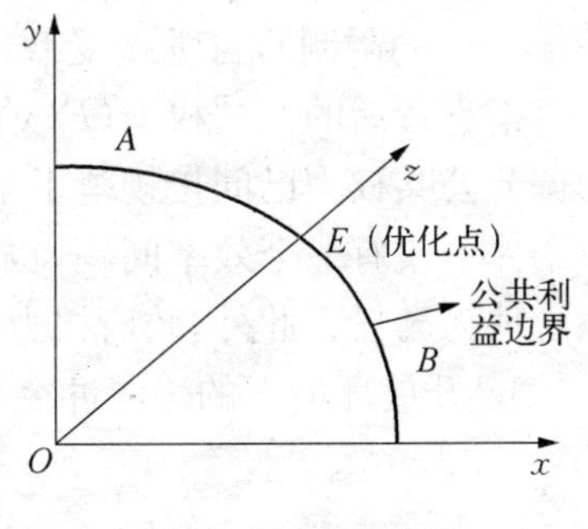

图 6－1　利益边界

2. 权力边界

作为公共管理机构的政府在行使其职能时，必然要借用权力对社会公共利益进行调控。由于政府本身也是多个团体组织的结合，有自己特定的目的、价值取向和资源消费，由此引起新的权力冲突。设 $F(y') = F(x+y)$，则 $F(x') + F(y')$ 表示政府权力由个体权力和公共权力相加而成。政府本身的权力表现在它政府本身权力为 $F(x')$，则可得政府权力边界条件(见图 6－2)：

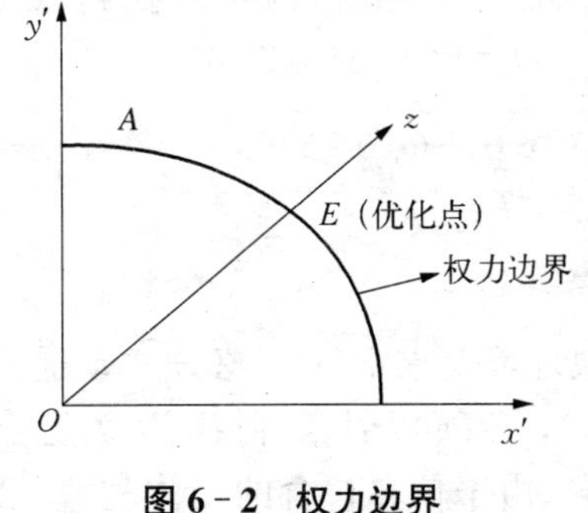

图 6－2　权力边界

$$\begin{cases} F(x'), F(y') \geqslant 0, z \geqslant 0 \\ F(x'+y') = F(x') + F(y') \\ F(z) = (+)1 * z \\ F(y') = F(x+y) \end{cases}$$

上述条件表明：反映社会公共权力必须同时满足公共利益与政府利益的要求，即 $F(x'+y') = F(x') + F(y')$。必须以维护公共权力为出发点（这是个体以社会为生存条件的要求，即上文 $F(y') = F(x+y)$ 的限制），自觉接受政府管理（$F(x')$）。政府管理舆论信息应直指它背后的公共权力（$F(y')$），而不宜直接干预个人（$F(x)$）。因为调节公共权力已间接规范了个体权利（$F(y') = F(x+y)$），再调节个体不仅有一个效率问题，也有一个活动区域问题，即政府应以公共管理为己任。此外，政府权力应以进步为取向（$F(z)$的限制）。

3. 开放环境下的边界冲突

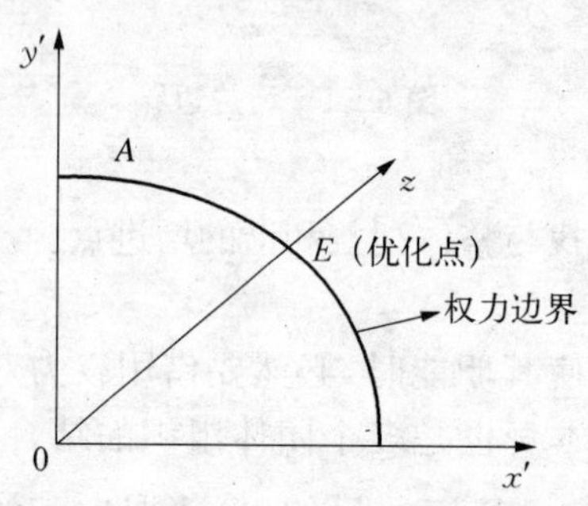

图 6－3　开放环境下的边界冲突

当代社会作为一个开放系统总在与其环境交换，从而必然要反映来自社会和环境两方面的利益、权力、权利等信息因子。对这些方面进行综合信息表达，就是开放环境下边界生成的过程。设 $F(x'') = F(x'+y')$，$F(y'')$ 表示环境信息，则满足下列条件，就可以找到综合边界的优化点 E（见图 6－3）：

$$\begin{cases} F(x'') = F(x'+y') \geqslant 0, F(y'') \geqslant 0 \\ F(x''+y'') = F(x'') + F(y'') \\ F(z) = (+)1 * z,\ z \geqslant 0 \end{cases}$$

条件显示：开放的信息必须反映环境要求 $F(y'')$，必须主动适应环境（$F(x''+y'') = F(x'') + F(y'')$，必须以社会利益为立足点 $F(x'') = F(x'+y')$），必须求同存异。由于信息包含的个体利益、公共利益、政府利益等互动(表达式 $F(x'') = F(x' + y')$、$F(y') = F(x + y)$ 可以提示),信息在反映环境社会利益时必须注意这个特征,即注意社会信息传递的累积性,即由个体利益信息到社会公共利益信息、社会利益信息表现出放大功能、渗透作用(环境的多元渗透)。同时注意整合性,即信息通过个体、社会、政府等几个环节层层过滤、调节、变化。这种累积性和整合性,使社会系统内部信息运动呈现为一个循环回路。信息在引导社会利益对环境作出反应时应充分利用这种机制,按照优化原则,利用整合性减少社会冲突,通过累积性调动和凝聚社会力量。这种机制在开放环境下的作用如图 6-4 所示。

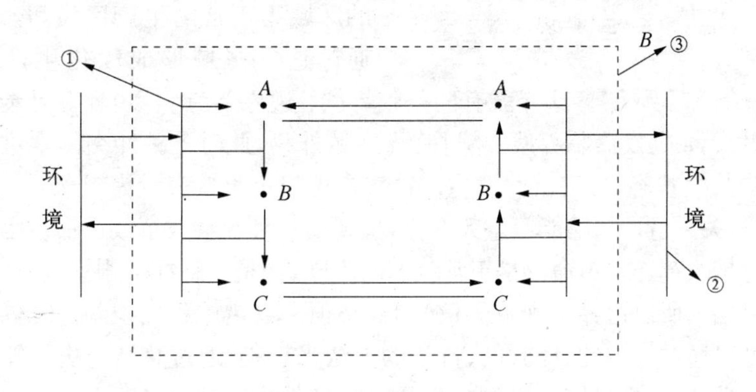

图 6-4　边界冲突机制

注:① 社会主体输入输出口
② 环境输入输出口
③ 社会主体边界线
A 利益信息
B 权力信息
C 权利信息

必须满足前面分析的三类条件,即个体利益有限原则、立足社会公益原则、政府权力指导原则,反馈环境呼声原则,让各社会主体在相容下优化发展。

4. 临界分析

我们所做的临界分析是在社会改革和利益多元的社会背景下发生的。它的目标是追求各冲突因素的优化，包括反映个体权利、公共利益、政府权力、环境权益等边界。边界在内外利益驱动下，使边界移动，在一定时候出现临界现象(如图 6-5 所示)，1 为正常边界，2 为发展边界，3 为生存边界。由 3 到 2 表示社会结构的一步步优化。可见，边界 3 到 2 之间的区域为正常的生产区域，$F(z)$ 通过这一区域形成优化生产线段，E''经 E 到 E'。这样就有两条临界线：边界 3 与 2。边界 3 是衰落临界线，2 是发展临界线，越过临界区域外移，此时各种冲突因素难以保持共生状态，冲突就此发生。冲突在这里可直接表示为观念、技术、方式、关系、资本、功能等重大变化，呈现出一种社会改革或革命。因为无论是改革还是革命都是正常状态的中断，都是一种社会剧烈调整、利益消耗。所以边界出现临界信号时，必须采取措施积极控制。临界信号可以通过历史的、经验的、科学的方法来识别，通过总结历史规律予以科学预测，也可以从本文分析的优化条件中去观察。即根据多元社会信息开放的特点，从反映的个体、群体、社会、政府、环境等利益、权力、权利的状态中寻找，看它们是否相容，如不相容，则出现临界问题，否则必须密切关注，从系统上控制。但是，应该着重指出，控制是为了优化，是为了共存与发展，而不是对立、敌视、同化与消灭。当然，控制不一定有效，这样突变发生，这也是优化的原则要求。

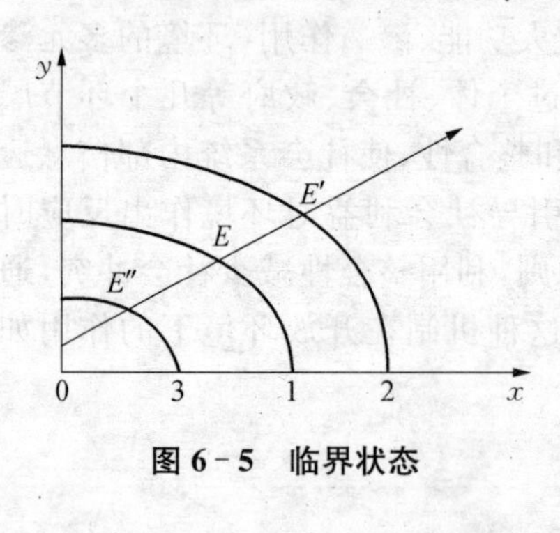

图 6-5　临界状态

我们试图提出社会冲突与利益、权力、制度等因素之间的几个关系命题：

(1) 各类边界的存在，导致冲突的产生。

(2) 一旦越出边界线，就容易导致冲突的发生。

（3）边界模糊度越高，社会冲突产生的可能性也越高。

（4）冲突危机越深刻，为政治行动而动员起来的利益就越多，改变政府政策或结构的潜力就越大。

（5）社会冲突越多，边界线将变得越来越清晰，因而也越容易制度化。

6.2 边界冲突的动态分析模式

社会冲突是一种存在的常态，但发生冲突的边界既是静态的，也是动态的，其间不存在一条清晰的闭合的曲线，而是一个充满稳定与变动的动态空间。正因为相互之间边界空间的模糊性，再加上缺乏有效的控制、协调机制，边界的运行将出现低效或无序，各方之间才会产生社会冲突和紧张。在更广泛的领域中权衡利弊得失，根据整体战略布局的要求，对边界在空间上作统筹性的调整，或扩展、或收缩，以达到资源的优化配置，这就是边界在空间上的动态伸缩性（如图6-6所示）。

我们试图构建一个边界动态模式来概括这一状况：

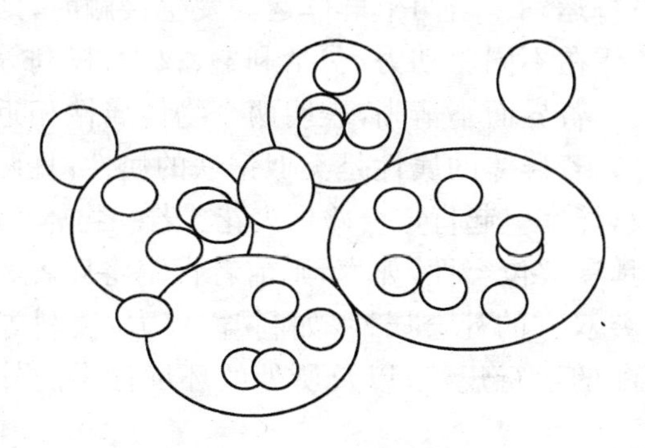

图6-6 边界的动态弹性拓展的示意图

边界变化是一个决策变量，边界具有动态性，动态边界就是边界的变化作为一种短时间尺度的决策变量。边界的动态性既可以是在内外模糊度上的连续变化，也可以是非连接的跳跃式动态变化。从静态的边界观(即认为组织的边界是明确、清晰与固定的)走向动态的边界观(即认为边界是随环境条件的变化而变化的)。随着群体或组织所面临的环境日益动态化，在新的条件下，边界更是表现出动态变化的趋势。

应用集合论的概念，把各个群体行为的总和，称之为集合 E。如果社会内有 n 个群体，则可用 E_1、E_2、……E_n 来表示。其中，每个群体由多人组成，某群体和其他群体即环境是有区别的，如果把某个群体视为一个小圆，圆的周长就是这个群体对外的边界线。边界的存在不一定必然会引起冲突，但当两个圆发生接触时，可能有冲突发生，可能出现融合的现象，也有可能保持各自的边界继续和平相处。当冲突发生时，视两个圆的力量大小，圆可能会发生动态性变化，变大、变小或变成其他形态。

类似于物体属性、运动、自然规律及环境构成描述自然界的基本因素，欲描述人类社会，首要应了解社会的属性、社会运动的动机、规律及其外部环境。社会冲突——就是社会运动的一种动力因子，它应力而产生。群体的动机或意志作为社会的属性和力在社会运行规律的作用下进行运动。当两个群体运动发生接触时，即出现了边界概念。两个群体在不同驱动力(包括利益、权力、权利等)的作用下，发生碰撞冲突。若界面不清晰，表明两个物体属性相近，可以融合，像两滴水一样。若群体的属性是类似钢铁的属性，且两个群体运动方向正好相反，撞在一起肯定会碰出火花。若一物体具有包容性，如火，另一物体具有被包容性，如木，则前者肯定将后者容纳吸收。所以，要研究冲突双方的社会属性，如利益、权力、权利等内在动力因素、社会中支配的运行规律，以及所处的环境提供的外在支撑力或压力。

那么，冲突边界该如何界定？由于冲突各方的收益存在不完全一致性，我们可以这样界定，一定历史阶段内，基层政府收益最大化曲线与公民收益最大化曲线的两个交叉点之间的区间，就是自由发展着的收益限度空间。这一限度界定当然是以资源自然增长为前提,而且更重要的是以体制健全和制度创新为先决条件的,需要在柔性(可渗透性)和刚性之间寻找平衡。

"从社会学的角度看,群体可以看作不是局限明确的团体,而是有着各种各样不同的、变动的边界,限定着其生活的各个不同层面。这些界限可以是刚性的,也可以是柔性的。一个群体的一种或多种文化实践,诸如礼仪、语言、方言、音乐、宗法或烹调习惯等,如果他们代表着一个群体但又不阻止与其他群体分享或自觉不自觉地采纳其他群体的实践,那么,它们都可以看作是柔性的界限。相互之间具有柔性界限的群体有时对差异全然不觉,以至于不把对共同界限的破坏当做一种威胁,甚至最终会完全融为一个群体。重要之点在于,他们容忍共同拥有某些界限,同时又保持独有的界限。"①

由此,我们揣测内部边界的渗透性要在下面几个层面展开:

(1) 利益由小范围向大范围渗透。在传统的刚性层级中,决策权力被牢牢地控制在高层管理者手中。在动态冲突的条件下,管理者权力的独占,将不利于各群体组织共同目标的认同与建立,将妨碍组织的快速决策。

(2) 功能的渗透。善于打破边界的层级群体或组织,鼓励人们热情参与和做他们能做的一切。

(3) 权利的渗透。在善于打破边界的层级组织中,管理者与普通公众共同分享群体或组织的决策权,权利的下移,将有利于社会秩序的稳定。

(4) 外部环境的渗透。环境的变化需要社会主体快速回应,传统的职能边界已经不能很好地适应动态环境的变化要求,为了有效降低组织内部边界的内耗,必须使组织边界具有更多的渗透性,职能部门之间不应是各自为政,而应打破边界创造性地回应人们的权益需

① 杜赞奇.从民族国家拯救历史——民族主义话语与中国现代史研究[M].王宪明译.北京:社会科学文献出版社,2003:54—55.

要和愿望。

(5) 从价值链角度扩大边界。价值链具有联结的重要功能,扩展外部边界,各社会主体为了各自的利益,相互冲突,链条上的每个环节之间的边界确定而牢固,导致的结果是,资源分享十分艰难,资源利用率低下。在关于边界的新观点中,合作代替了冲突(如图6-7所示)。

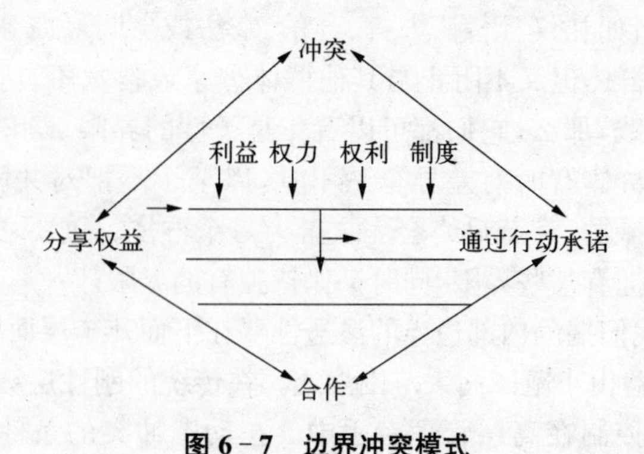

图6-7 边界冲突模式

第七章　结　　语

过去我们常常以为，政府或个人能否处理好问题，最重要的是总体决策或者说认识"正确"与否。但现在看来这并不是关键。靠抽象思维和概念所形成的总体判断，与把问题解决好是相互区别的两码事。真实的问题总是由诸多再具体不过的细节构成。它所起的作用是利大于弊，还是弊大于利，都不是最为重要的。更重要的是必须把握它的各个细节是怎样搭配在一起，而本文认为社会冲突问题具体体现在边界这个细节上。

对现阶段处于转型期的中国而言，改革的过程实质上是处理和调节各种社会矛盾和社会冲突的过程，我们在整篇论文中试图回答利益、权力和权利等社会资源是如何在边界上发生冲突，再进行调整和分配的。

研究表明：利益冲突及基层管理阶层的功能缺失、行为失范所造成的权力和权利边界空间失衡，是社会冲突的基础性根源。

转型期中国社会结构的变迁过程，是现代化背景下由国家主导的社会制度变迁过程，也是中国传统的权力文化向现代民主权利文化的发展过程。在多样化的制度性冲击和约束下，出现了利益多样化、利益分化与利益积聚同步发展的趋势，决定和形成了目前社会利益主体的分化及主体之间的复杂关系，特别是各社会主体获取利益的手段和方式。各非正式利益群体之间错综复杂的利益关系和身份特征，也决定了各种权力和权利边界的相互交叠和模糊、体制性规则和习惯性手段相互兼容的状态，形成以利益为表达方式的边界空间的交叉式综合结构。

在传统体制下，国家与社会的边界是模糊的。国家与社会一体化本身意味着社会本身发育不完全，政治权力全面浸润到社会每个角落和领域。显然,国家的功能和作用被超限放大了,社会的相对自主性难以存在,社会组织的自我调控体系和能力被削弱,形成了强国家弱社会的国家与社会关系模式。因而,应从国家与社会某种适度均衡和合理界分的视角,准确把握国家与社会的边界。国家权力运行应当促进公共利益的增长,公民权利和利益是国家权力运行的宗旨,无论是在制度安排还是制度运行过程中,都应当得到充分的尊重和保护。

"边界冲突"作为本文核心概念的提出,改变了冲突常态——非常态的二分研究传统(即将冲突看作是社会的常态或非常态),试图扩大社会冲突的概念范畴,以丰富社会冲突的内涵。在实际社会生活中,社会冲突的大量存在,单纯从其存在的状态进行考查,都无法完全涵盖这种现象,更无法解释这种现象。因此,这一核心概念的提出具有很强的现实意义。

新概念的提出,也带来了分析上的创新。体现在,结合转型期中国利益格局的调整和中国社会控制模式的变化,深入剖析边界冲突的几种类型:利益、权力、权利和制度边界冲突。然而,各种边界的区分,在现实中并非像在理论上那么容易划分清楚。如,人们大量借用非制度的手段来解决边界冲突问题,因而难以确定利益、权利、权力之间的明晰界限。任何边界冲突的发生实际上都是各类型边界的混合交叉,只是各自所占的比重和程度不同而已,相互之间也可能发生转化和发展。

另外,我们试着建构了一个边界冲突的动态分析模式,然而该模式的建立,是否能够在逻辑上和现实中具有合理性,仍然有待考察。

本文属实证性专题研究,力图将理论阐释与个案实证研究相结合。本人虽然对社会冲突问题进行了较长时间的学习、思考和感悟,但仍觉这是一个广阔的意蕴深刻的领域,具有相当大的难度:

一方面,社会冲突问题在目前国内外学术界是一个热点和难点问题,热在许多学科的专家和学者都曾经或正在研究和关注,难在一些敏感的社会问题没有定论和成说,文中牵涉到对某种理论和学术观点的批判，对一个后进者而言，这无疑是危险的举动。当初凭着直觉、热情和素有的忧患意识而偏爱并最终选择这个论题，但在认识上还是模糊和缺少融通的，未免有些率尔操觚。但作为学术探索，我毫无理由为了稳妥而掩藏自己的思想，科学是在不同见解的碰撞中前进的。特别需要要说明的是，本选题显然与政治、意识形态有着无法割断的联系，如果有些说法分寸没有把握好，道出了被认为是不合时宜的话，那么，我希望得到谅解和斧正。因为它毕竟是学术上的一种努力。

另一方面，由于所研究的题材本身是那样博达无垠，遂要求有较为深厚的理论功底、学术素养和宏大的知识面、视野。随着我们进入到这些复杂的现象，简单因果解释中的普通方法和模式会越来越不适用。具体地说，决定着许多高度复杂的人类社会“有机体”的关键现象是要根据许多相互联系的要素的共同作用来解释的。当然这些因素的数量之大，是我们个人难以把握的。人类的理智在其秩序模式的形成机制上所能达到的认知水平是十分有限的，我们充其量只能掌握一些有关它的一般结构的抽象知识，而这完全不足以使我们有能力构建或是预见它们所采取的具体形式。虽尽力为之，但仍心存疑念，不时产生一种瞻之也近，即之也远的渺茫和痛苦。这只有留待进一步的思考和研究，上下而求索……

主要参考文献

（一）中文部分

1. 中文著作类

[1] 于建嵘. 岳村政治——转型期中国乡村政治结构的变迁[M]. 北京：商务印书馆，2001.

[2] 方江山. 非制度政治参与——以转型期中国农民为对象分析[M]. 北京：人民出版社，2000.

[3] 柳新元. 利益冲突与制度变迁[M]. 武汉：武汉大学出版社，2002.

[4] 曹锦清. 黄河边的中国——一个学者对乡村社会的观察与思考[M]. 上海：上海文艺出版社，2000.

[5] 应星. 大河移民上访的故事[M]. 北京：生活·读书·新知三联书店，2001.

[6] 李拓. 和谐与冲突——新时期中国阶级阶层结构问题研究[M]. 北京：中国财政经济出版社，2002.

[7] 郑杭生. 转型中的中国社会和中国社会的转型[M]. 北京：首都师范大学出版社，1996.

[8] 何清涟. 现代化的陷阱——当代中国的经济社会问题[M]. 北京：今日中国出版社，1998.

[9] 黎鸣. 中国的危机与思考[M]. 天津：天津人民出版社，1989.

[10] 李成贵. 中国农业政策——理论框架与应用分析[M]. 北京：社会科学文献出版社，1999.

[11] 林毅夫. 关于制度变迁的经济学理论：诱致性变迁与强制性变迁[C]. 财产权利与制度变迁——产权学派与新制度学派译文集. 上海：上海三联书店，1991.

[12] 桑玉成.利益分化的政治时代[M].上海：学林出版社,2002.
[13] 黄曬莉.人际和谐与冲突——本土化的理论与研究[M].台湾：桂冠图书股份有限公司,1999.
[14] 程虹.制度变迁的周期——一个一般理论及其对中国改革的研究[M].北京：人民出版社,2000.
[15] 陈小京.中国地方政府体制结构[M].北京：中国广播电视出版社,2001.
[16] 金观涛.兴盛与危机——论中国封建社会的超稳定结构[M].长沙：湖南人民出版社,1984.
[17] 李彬.透支的权力——地方政府决策失误的深层观察[M].武汉：湖北人民出版社,2003.
[18] 关家麟.中国东部地区社会结构变迁——福清市社会阶层个案分析[M].北京：社会科学文献出版社,2002.
[19] 谢立中.当代中国社会变迁导论[M].保定：河北大学出版社,2000.
[20] 刘亚伟.给农民让权——直选的回声[M].西安：西北大学出版社,2002.
[21] 许欣欣.当代中国社会结构变迁与流动[M].北京：社会科学文献出版社,2000.
[22] 于海.西方社会思想史[M].上海：复旦大学出版社,1993.
[23] 金太军.政府智能梳理与重构[M].广州：广东人民出版社,2002.
[24] 边燕杰.市场转型与社会分层——美国社会学者分析中国[M].北京：生活·读书·新知三联书店,2002.
[25] 李强.转型时期的中国社会分层结构[M].哈尔滨：黑龙江人民出版社,2002.
[26] 王伟光.利益论[M].北京：人民出版社,2001.
[27] 杨念群.空间·记忆·社会转型——"新社会史"研究论文精选集[C].上海：上海人民出版社,2001.

[28] 于显洋. 组织社会学[M]. 北京：中国人民大学出版社，2001.
[29] 费孝通. 乡土中国 生育制度[M]. 北京：北京大学出版社，1998.
[30] 谢立中. 西方社会学——名著提要[M]. 南昌：江西人民出版社，1998.
[31] 黄宗智. 中国研究的范式问题讨论[M]. 北京：社会科学文献出版社，2003.
[32] 刘小枫. 现代性社会理论绪论——现代性与现代中国[M]. 上海：上海三联书店，1998.
[33] 李路路. 透视不平等——国外社会阶层理论[M]. 北京：社会科学文献出版社，2002.
[34] 郭济. 政府权力运筹学[M]. 北京：人民出版社，2003.
[35] 苏力. 读《走向权利的时代》——兼论个国内法律社会学研究的一些问题[C]. 法治及其本土资源. 北京：中国政法大学出版社，1996.
[36] 贺雪峰. 新乡土中国——转型期乡村社会调查笔记[M]. 桂林：广西师范大学出版社，2003.
[37] 仝志辉. 选举事件与村庄政治[M]. 北京：中国社会科学出版社，2004.
[38] 郁建兴. 在政府与企业之间——以温州商会为研究对象[M]. 杭州：浙江人民出版社，2004.
[39] 景天魁. 社会公正理论与政策[M]. 北京：社会科学文献出版社，2004.
[40] 姚洋. 转轨中国：审视社会公正和平等[M]. 北京：中国人民大学出版社，2004.
[41] 贾西津. 转型时期的行业协会——角色、功能与管理体制[M]. 北京：社会科学文献出版社，2004.
[42] 曹荣湘. 走出囚徒困境——社会资本与制度分析[M]. 上海：上海三联书店，2003.
[43] 胡守钧. 走向共生[M]. 上海：上海文化出版社，2002.

[44] 夏勇.走向权利的时代[M].北京：中国政法大学出版社，1995.
[45] 清华大学社会学系主编.清华社会学评论[C](2002卷).北京：社会科学文献出版社，2003.
[46] 中国社会学会编.中国社会学学术年会获奖论文集[C](No.1 and No.2).北京：社会科学文献出版社，2002.
[47] 中国社会科学院社会学研究所编.中国社会学年鉴[C](1995.7—1998).北京：社会科学文献出版社，2000.
[48] 中国社会科学院社会学研究所编.中国社会学[C](第一、二卷).上海：上海人民出版社，2002.

2. 中文期刊文章类

[49] 于建嵘.目前农村群体性事件原因分析[J].决策咨询，2003(5).
[50] 于建嵘.我国农村群体性突发事件对策研究[J].山东科技大学学报(社科版)，2002(4).
[51] 于建嵘.利益、权威和秩序——对村民对抗基层政府的群体性事件的分析[J].中国农村观察，2000(4).
[52] 于建嵘.近代中国地方权力结构的变迁——对衡山县地方政治制度史的解释[J].衡阳师范学院学报(社科版)，2000(4).
[53] 于建嵘.乡村选举：利益结构和习惯演进——岳村与南村的比较[J].华中师范大学学报(社科版)，2000(5).
[54] 毕天云.论社会冲突的协调和控制[J].学术探索，2001(2).
[55] 毕天云.社会冲突的双重功能[J].云南大学人文社会科学学报，2001(2).
[56] 党国英.非正式制度与社会冲突[J].中国农村观察，2001(2).
[57] 詹国彬.利益群体在公共政策中的作用及其发展导向[J].社会，2003(12).
[58] 陈恢忠.论社会分层的功能及社会冲突[J].华中理工大学学报(社科版)，2000(1).
[59] 张善炎.论农村社会冲突的多元化解决机制[J].湖南公安高等专科学校学报，2001(3).

[60] 刘作翔.权力冲突的几个理论问题[J].中国法学,2002(2).
[61] 王克金.权利冲突论——一个法律实证主义的分析[J].法制与社会发展,2004(2).
[62] 杨明连.从特征入手预防处置群体性上访闹事事件[J].浙江公安高等专科学校学报(公安学刊),2002(2).
[63] 河南省社会科学院,河南省信访局联合调查组.关于当前农村社会稳定问题的调查[J].调研世界,1999(1).
[64] 公方海.邓小平正确处理人民内部矛盾的思路和方法[J].广西社会科学,2002(2).
[65] 周忠伟.江西省群体性治安事件现状跟踪分析[J].江西公安专科学校学报,2002(2).
[66] 康均心.群体性事件：一个犯罪学应该关注的前沿问题[J].法学评论,2002(2).
[67] 李金良.权利与权力的冲突[J].中国改革,2004(2).
[68] 陈明凡.政治冲突与整合理论的产生与发展[J].北方论丛,2003(1).
[69] 刘梅芳.转型时期中国农村社会的阶层分化与整合[J].常德师范学院学报(社科版),2000(2).
[70] 黄炯.农民角色的冲突及其调适[J].理论研究,2004(5).
[71] 苏国勋.从社会学视角看"文明冲突论"[J].社会学研究,2004(3).
[72] 王琦.组织冲突研究回顾与展望[J].预测,2004(3).
[73] 李江源.农村群体性事件背后的体制原因初探[J].江西财经大学学报,2004(1).
[74] 张康之.在政府的道德化中防止社会冲突[J].中国人民大学学报,2002(1).
[75] 胡锐军.墨家政治冲突与政治整合思想研究[J].成都行政学院学报,2004(2).
[76] 徐建军.社会转型与冲突观念的重构[J].南京师大学报(社科版),1999(1).

[77] 申阳.试论社会冲突的类型及其影响[J].学术交流,2000(2).
[78] 黄寿松.网络时代社会冲突与个人道德自律[J].学术论坛,2001(2).
[79] 栾爽.震荡与冲突：近代中国社会结构转型探析[J].西南交通大学学报(社科版),2003(4).
[80] 常楷.新全球化时代解决社会冲突的理念展望[J].中共杭州市委党校学报,2002(2).
[81] 王文仙.新视角 新研究 新成果——读《发展模式与社会冲突》[J].拉丁美洲研究，2002(2).
[82] 张康之.在政府的道德化中防止社会冲突[J].中国人民大学学报,2002(1).
[83] 阎志刚.转型时期应加强对社会冲突的认识和调控[J].江西社会科学,1998(5).
[84] 党国印.当前农村社会稳定的问题与对策[J].中国农村经济,1997(3).
[85] 李金.中国社会转型过程中的制度推进：显性制度化与隐性制度化[J].探索(哲社版),2001(1).
[86] 周建国.人际交往、社会冲突、理性与社会发展——乔治·齐美尔社会发展理论述评[J].世纪中国.
[87] 孙立平.两极分化：市场与权力的双动力[J].改革内参,2001(19).
[88] 程新英.西方社会冲突理论评析[J].河北师范大学学报(哲学社会科学版),2000(3).
[89] 叶克林.现代社会冲突论：从米尔斯到达伦道夫和科塞——三论美国发展社会学的主要理论流派[J].江苏社会科学,1998(2).
[90] 吴家华.中国社会转型中的价值矛盾与价值冲突[J].求实,2002(2).
[91] 张小山.从现代性看当代西方社会理论[J].华中科技大学学报,2001(2).
[92] 尹雪萍.毛泽东有关矛盾的处理方法与西方冲突理论关于冲

突的解决方法之比较[J]. 毛泽东思想研究,2001(1).
[93] 国家计委宏观经济研究院课题组. 1998—1999:我国社会稳定状况跟踪分析[J]. 管理世界,1999(5).
[94] 张霖生. 刍议社会稳定的重要标志和特征[J]. 哈尔滨师专学报,2000(1).
[95] 高和荣. 社会学视野下的政治稳定[J]. 曲靖师范学院学报,2003(1).
[96] 陆康强. 群体矛盾:不容忽视的社会冲突激发因素[J]. 社会,2002(9).
[97] 童星. 我们的四个误区及其反思——对当前我国维护社会稳定工作的社会学思考[J]. 学术界,2001(91).
[98] 王晓明. 社会系统中的冲突问题和分析方法研究[J]. 软科学,2002(2).
[99] 张学忙. 关于社会稳定的理性思考[J]. 党政干部论坛,2001(4).
[100] 崔光胜. 论社会稳定[J]. 理论探索,2001(5).
[101] 谢桂娟. 权力结构与社会稳定[J]. 东疆学刊,2001(4).
[102] 任忠英. 群体性事件与社会稳定[J]. 山东公安专科学校学报,2001(3).
[103] 吴施楠. 社会利益结构与社会稳定[J]. 延边大学学报(社科版),1997(4).
[104] 吴施楠. 社会稳定机制体系及其建构[J]. 延边大学学报(社科版),2001(2).
[105] 吴施楠. 市场经济中公众利益观念的变化与社会稳定[J]. 延边大学学报(社科版),1998(2).
[106] 汪信砚. 社会稳定及其基本特征探微[J]. 武汉大学学报(社科版),1999(1).
[107] 何蕾. 社会稳定与社会历史发展的动力系统[J]. 云南民族学院学报(社科版),2000(4).
[108] 鲍宗豪. 社会预警与社会稳定关系的深化——对国内外社会

预警理论的讨论[J].浙江社会科学,2001(4).
[109] 转轨时期社会稳定课题组.社会稳定的理论考察[J].学海,2001(5).
[110] 董士昙.试论当前中国农村社会稳定[J].东岳论丛,1998(2).
[111] 周正刚.文化矛盾与社会稳定[J].广东社会科学,2001(5).
[112] 唐朦.影响当前农村社会稳定的因素[J].河南公安高等专科学校学报,2002(1).
[113] 陈明凡.论政治冲突[J].学习与探索,2003(1).
[114] 张宝明.政治社会学视野下的社会稳定问题新探——从政经异构、阶级谱系、社会差异理论出发[J].学术交流,2002(1).
[115] 马西恒.政治与社会稳定:转型时期的不利因素及其控制[J].理论与改革,1998(6).
[116] 马西恒.转型中后期社会稳定的性质与机理[J].中共中央党校学报,1999(3).
[117] 谢小平.制度变迁中的利益冲突研究[J].生产力研究,2003(1).
[118] 乐国安.中国社会变迁进程与社会稳定[J].社会科学研究,1997(5).
[119] 李志强.制度配置状态:制度耦合、制度冲突与制度真空[J].经济师,2002(4).
[120] 刘世玉.论社会组织中团体之间的协调、竞争与冲突[J].大连理工大学学报(社科版),2003(1).
[121] 陈晓云.中国社会矛盾学说与西方社会冲突理论之比较[J].汕头大学学报(人文社科版),2004(1).
[122] 王朝全.政府多元利益目标的冲突与协调——某省一民营市场三次开业三次被搞垮的案例分析[J].当代经济科学,2002(5).
[123] 宋衍涛.论政治冲突的功能[J].重庆大学学报(社科版),2002(1).
[124] 中共四川省组织部课题组.推进农村基层民主过程中的利益冲突与协调问题研究[J].马克思主义与现实,2003(2).

[125] 吴清军.乡村中的权力、利益与秩序——以东北某"问题化"村庄干群冲突为案例[J].战略与管理,2002(1).
[126] 王健.社会转型时期"群体性突发事件"发生的原因及对策[J].长春市委党校学报,2001(5).
[127] 金太军.新时期乡村关系冲突的成因分析[J].南京师大学报(社科版),2002(4).
[128] 向德平.社会转型时期群体性事件研究[J].社会科学研究,2003(4).
[129] 李景阳.社会变动时期的俄罗斯冲突学[J].社会,1998(5).
[130] 胡琴.论政府利益及其冲突治理[J].行政论坛,2002(10).
[131] 陆平辉.论现阶段我国社会利益冲突的法律控制[J].政治与法律,2003(2).
[132] 宋践.论社会分化与犯罪——兼评社会结构转型理论和二种犯罪成因说[J].江苏公安专科学校学报,2000(6).
[133] 王小章.社会分层与社会秩序——对当代中国现实的考察[J].中共宁波市委党校学报,2001(5).
[134] 郭灿鹏.离散与整合:利益的社会功能探析[J].社会科学战线,1997(1).
[135] 张兴国.利益的本质及其内在矛盾[J].辽宁大学学报(社科版),1997(5).
[136] 叶传星.利益多元化与法治秩序[J].法律科学,1997(4).
[137] 张贤明.论当代中国利益冲突与政治稳定[J].长白论丛,1996(3).
[138] 古杰一.论社会稳定与利益平衡[J].信阳师范学院学报(社科版),1995(3).
[139] 李程伟.社会利益结构:一个研究政治发展的新视角[J].新视野,1998(2).
[140] 徐志宏.正确认识和处理新时期的人民内部矛盾[J].济南大学学报,2002(2).

[141] 陆平辉.利益冲突的理念与实证分析[J].南京社会科学,2003(9).

[142] 谢小平.利益冲突的制度分析[J].长安大学学报(社科版),2003(1).

[143] 易本钰.论转型期我国社会利益冲突的法律控制[J].南昌大学学报(人社版),2004(1).

[144] 曹泳鑫.中国乡村秩序和村政发展方面存在的几个问题分析[J].中共福建省委党校学报,1999(2).

[145] 汪建.社会活力:解放与创造[J].天津社会科学,1999(3).

[146] 鲁鹏.社会活力的制度分析[J].天津社会科学,1999(3).

[147] 张战.冲突思想之研究初探[J].社会科学论坛,2003(8).

[148] 王小章.社会稳定:现状和形势分析[J].浙江社会科学,1997(6).

[149] 阎志刚.社会转型与转型中的社会问题[J].广东社会科学,1996(4).

[150] 中国战略与管理研究会社会结构转型课题组.中国社会结构转型的中近期趋势与隐患[J].战略与管理,1998(5).

3. 学位论文

[151] 应星.从“讨个说法”到“摆平理顺”——西南一个水库移民区的故事[D].北京:中国社会科学院博士学位论文,2000.

[152] 于建嵘.转型期中国乡村政治结构的变迁——以岳村为表述对象的实证研究[D].武汉:华中师范大学博士学位论文,2001.

[153] 孙大雄.政治互动:利益集团与美国政府决策[D].武汉:华中师范大学博士学位论文,2002.

[154] 葛明珍.论权利冲突[D].北京:中国社会科学院博士论文,2002.

[155] 郑欣.乡村政治中的博弈生存:华北农村村民上访研究[D].南京:南京大学博士学位论文,2003.

[156] 孙明奇.论我国社会转型期政治发展与政治稳定的关系[D].

北京：中央党校研究生论文，2001.
[157] 姜敏．权利冲突的法理分析——一种法社会学的视角[D]．重庆：西南政法大学硕士学位论文，2002.
[158] 胡海可．社会转型期政治社会化有效性研究[D]．福州：福建师范大学硕士学位论文，2002.
[159] 喻艳秋．试论调节利益冲突在思想政治工作中的基础性地位[D]．杭州：浙江大学硕士学位论文，2002.
[160] 毕天云．论社会冲突[D]．昆明：云南师范大学硕士学位论文，2000.
[161] 管妍．公平与社会发展的互动关系及其历史规律[D]．南京：南京师范大学硕士学位论文，2003.
[162] 刘国军．当代中国社会转型时期的价值观念冲突问题研究[D]．长春：东北师范大学硕士学位论文，2002.
[163] 宋振美．论社会在稳态中发展的可能性及其实现[D]．广州：华南师范大学硕士学位论文，2002.
[164] 岳天明．政治合法性问题研究[D]．兰州：西北师范大学硕士学位论文，2002.

(二) 英文部分

1. 译著类

[165] 科塞．社会冲突的功能[M]．孙立平，译．北京：华夏出版社，1989.
[166] 科塞．社会学思想名家[M]．石人，译．北京：中国社会科学出版社，1990.
[167] 齐美尔．社会学——关于社会化形式的研究[M]．林荣远，译．北京：华夏出版社，2002.
[168] 齐美尔．货币哲学[M]．陈戎女，译．北京：华夏出版社，2002.
[169] 米尔斯．社会学想象力[M]．陈强，译．北京：北京三联书店，2001.
[170] 米尔斯．白领——美国的中产阶级[M]．杨小东，译．杭州：浙

江人民出版社,1987.
[171] 安东诺维奇. 美国社会学[M]. 范国恩,译. 北京:商务印书馆,1981.
[172] 波普诺. 社会学[M]. 李强,译. 北京:人民大学出版社,1999.
[173] 约翰逊. 社会学理论[M]. 南开大学社会学系,译. 北京:国际文化出版公司,1988.
[174] 特纳. 社会学理论的结构[M]. 邱泽奇,译. 北京:华夏出版社,2001.
[175] 韦伯. 新教伦理与资本主义精神[M]. 于晓,译. 北京:四川人民出版社,1986.
[176] 韦伯. 经济与社会[M]. 林荣远,译. 北京:商务印书馆,1997.
[177] 韦伯. 社会科学方法论[M]. 韩水法,译. 北京:中央编译出版社,2002.
[178] 李普塞特. 一致与冲突[M]. 张华青,译. 上海:上海人民出版社,1995.
[179] 李普赛特. 政治人——政治的社会基础[M]. 张绍宗,译. 上海:上海人民出版社,1997.
[180] 波洛玛. 当代社会学理论[M]. 孙立平,译. 北京:华夏出版社,1989.
[181] 伦斯基. 权力与特权:社会分层的理论[M]. 关信平,译. 杭州:浙江人民出版社,1988.
[182] 马尔库塞. 单向度的人[M]. 张峰,译. 上海:上海译文出版社,1989.
[183] 哈贝马斯. 交往与社会进化[M]. 张博树,译. 重庆:重庆出版社,1989.
[184] 哈贝马斯. 现代性的地平线——哈贝马斯访谈录[M]. 李安东,译. 上海:上海人民出版社,1997.
[185] 哈贝马斯. 认识与兴趣[M]. 郭官义,译. 北京:学林出版社,1999.

[186] 贝尔. 资本主义文化矛盾[M]. 赵一凡,译. 上海: 三联书店,1989.

[187] 巴比. 社会研究方法基础[M]. 邱泽奇,译. 北京: 华夏出版社,2002.

[188] 亚历山大. 社会学二十讲[M]. 贾春增,译. 北京: 华夏出版社,2000.

[189] 达伦道夫. 现代社会冲突[M]. 林荣远,译. 北京: 中国社会科学出版社,2000.

[190] 诺思. 制度、制度变迁与经济绩效[M]. 刘守英,译. 上海: 上海三联书店,1993.

[191] 林德布洛姆. 政治与市场——世界的政治——经济制度[M]. 王逸舟,译. 上海: 上海三联书店,1992.

[192] 布坎南. 自由、市场和国家——20世纪80年代的政治经济学[M]. 吴良健,译. 北京: 北京经济学院出版社,1989.

[193] 贡斯当. 古代人的自由与现代人的自由——贡斯当政治论文选[M]. 李强,译. 北京: 商务印书馆,1999.

[194] 吉尔兹. 地方性知识——阐释人类学论文集[M]. 王海龙,译. 北京: 中央编译出版社,2000.

[195] 亨廷顿. 文明的冲突与世界秩序的重建[M]. 周琪,译. 北京: 新华出版社,2002.

[196] 康芒斯. 制度经济学[M]. 于树生,译. 北京: 商务印书馆,1997.

[197] 汤森 等. 中国政治[M]. 顾速,译. 南京: 江苏人民出版社,2003.

[198] 涂尔干. 社会分工论[M]. 渠东,译. 北京: 生活·读书·新知三联书店,2000.

[199] 斯宾塞. 社会学研究[M]. 张宏晖,译. 北京: 华夏出版社,2001.

[200] 腾尼斯. 共同体与社会——纯粹社会学的基本概念[M]. 林荣

远，译. 北京：商务印书馆，1999.
[201] 迪尔凯姆. 社会学方法的准则[M]. 狄玉明，译. 北京：商务印书馆，1995.
[202] 米德. 心灵、自我和社会[M]. 赵月瑟，译. 上海：上海译文出版社，1992.
[203] 哈贝马斯. 认识与兴趣[M]. 郭官义，译. 北京：学林出版社，1999.
[204] 莫兰. 社会学思考[M]. 阎素伟，译. 上海：上海人民出版社，2001.
[205] 帕雷托. 普通社会学纲要[M]. 田时纲，译. 北京：生活·读书·新知三联书店，2001.
[206] 莫顿. 社会研究与社会政策[M]. 林聚任，译. 北京：生活·读书·新知三联书店，2001.
[207] 拉法耶. 组织社会学[M]. 安延，译. 北京：社会科学文献出版社，2000.
[208] 汤普逊. 过去的声音——口述史[M]. 覃方明，译. 沈阳：辽宁教育出版社，2000.
[209] 斯科特. 农民的道义经济学——东南亚的反叛与生存[M]. 程立显，译. 北京：译林出版社，2001.
[210] 杜赞奇. 文化、权力与国家——1900—1942 年的华北农村[M]. 王福明，译. 南京：江苏人民出版社，2003.
[211] 奥尔森. 集体行动的逻辑[M]. 陈郁，译. 上海：上海三联书店、上海人民出版社，1995.
[212] 沃塞曼. 美国政治基础[M]. 陆震纶，译. 北京：中国社会科学出版社，1994.
[213] 达尔. 现代政治分析[M]. 王沪宁，译. 上海：上海译文出版社，1987.
[214] 博登海默. 法理学—法哲学及其方法[M]. 邓正来，译. 北京：华夏出版社，1987.

[215] 罗尔斯. 万民法[M]. 张晓辉，译. 吉林：吉林人民出版社，2001.

2. 英文原著类

[216] Anthony Oberschall. Social Conflict and Social Movement [M]. Englewood Cliffs，NJ：Prentice-Hall，1971.
[217] Anatol Rapoport. Fights Games and Debates [M]. Ann Arbor：University of Michigan Press，1960.
[218] A. L. Jacobson. Intrasocietal Conflict：A Preliminary Test of a Structural Level Theory [C]. Comparative Political Studies，1973.
[219] C. Wright Mills. The Power Elite [M]. New York：Oxford，1956.
[220] Charles P. Loomis. In Praise of Conflict and Its Resolution [C]. American Sociological Review 32，1967.
[221] Clinton F. Fink. Some Conceptual Difficulties in the Theory of Social Conflict [C]. Journal of Conflict Resolution 12，1968.
[222] David Snyder. Institutional Setting and Industrial Conflict [C]. American Sociology Review 40，1975.
[223] David Britt and Omer R. Galle. Industrial Conflict and Unionazation[C]. American Sociology Review 37 ，1972.
[224] David Lockwood. Some Remarks on The Social System[C]. British Journal of Sociology 7，1956.
[225] E. McNeil. The Nature of Human Conflict[M]. Englewood Cliffs，NJ：Prentice-Hall，1965.
[226] George Simmel. Conflict and the Web of Group Affiliation [M]. trans. K. H. Wolft，Glencoe，IL：Free Press，1956.
[227] Herbert Spencer. The Principles of Sociology [M]. New York：D. Appleton，1898.

[228] James Coleman. Community Conflict [M]. Glencoe, IL: Free Press, 1957.

[229] James C. Davies. Toward a Theory of Revolution [C]. American Journal of Sociology 27, 1962.

[230] Jessie Bernard. Where Is The Modern Sociology of Conflict? [C]. American Journal of Sociology 56, 1950.

[231] John Rex. Key Problems in Sociological Theory [M]. London: Routledge and Kegan Paul, 1961.

[232] John S. Patterson. Conflict in Nature and Life [M]. NewYork: Appletion-Century Crofts, 1883.

[233] Jonathan Turner. A Strategy for Reformulating the Dialectical and Functional Theories of Conflict[M]. Social Forces 53, 1975.

[234] Kenneth Boulding. Conflict and Defense: A General Theory [M]. New York: Harper & Row, 1962.

[235] Lewis A. Coser. The Function of Social Conflict[M]. New York: Free Press, 1956.

[236] Louis Kriesberg. The Sociology of Social Conflict [M]. Englewood Cliffs, NJ: Prentice-Hall, 1973.

[237] Max Weber. Economy and Society [M]. New York: Bedminster, 1968.

[238] Michael Mann. The Source of Social Powe[M]. New York: Cambrige University Press, vol. 1, 1986.

[239] Ralf Dahrendorf. Class and Class Conflict in Industrial Society[M]. Standford: Standford University Press, 1959.

[240] Ralf Dahrendorf. Out of Utopia: Toward a Reorientation of Sociology Analysis [C]. American Journal of Sociology 64, 1958.

[241] Ralf Dahrendorf. Toward a Theory of Social Conflict[C].

Journal of Conflict Resolution 2, 1958.

[242] Ralf Dahrendorf. Essays in the Theory of Sociology. Standford[M]. CA: Standford University Press, 1967.

[243] Randall Collins. Weberian Sociological Theory [M]. England: Cambrige University Press, 1986.

[244] Randall Collins. Conflict Sociology: Toward an Explanatory Science. Academic Press[M]. New York, 1975.

[245] Raymond Mack and Richard C. Synder. The Analysis of Social Conflict[C]. Journal of Conflict Resolution 1, 1957.

[246] Thomas Carver. The Basis of Social Conflict[C]. American Journal of Sociology 13, 1908.

[247] Thomas C. Schelling. The Strategy of Conflict[M]. MA: Harvard University Press, 1960.

附　录

附录一　访谈及参与观察记录编码表

编码	访谈对象	性别	职业(职务)	地　点	访谈时间
101	YJH	男	首次调研向导	YJH亲戚家	2002年12月16日 17:30—18:30
102	WLQ	女	眼镜城经营户	眼镜城 WLQ店中	2002年12月16日 19:20—20:45
103	WYC	男	工业品市场 经营业主	工业品市场	2002年12月17日 9:30—12:10
104	PY	女	长途公汽 讲解员	YJH的舅舅家	2002年12月17日 12:00—12:35
105	YJB	男	司机	YJH的舅舅家	2002年12月18日 13:20—14:05
106	YTD	男	工业品市场 经营业主	工业品市场	2002年12月18日 14:10—15:30
107	MI	女	饭店老板	某饭店	2002年12月18日 17:10—18:30
108	ZX	男	工业品市场 经营业主	工业品市场	2002年12月19日 19:10—20:30
109	CHD	男	市场管理主任	某餐厅	2002年12月20日 12:10—13:35

续 表

编码	访谈对象	性别	职业(职务)	地 点	访谈时间
110	YY	男	工业品市场经营业主	工业品市场	2002年12月20日 14:10—15:40
111	HW	男	工业品市场经营业主	工业品市场	2002年12月20日 16:00—17:00
112	SZN	男	私营企业主	SZN家	2002年12月21日 10:00—13:00 20:00—23:00
113	DP	男	托运城某工人	托运城	2002年12月22日 11:30—11:50
114	QI	女	工业品市场经营业主	工业品市场	2002年12月22日 12:30—13:00
115	NDY	男	个协理事	工业品市场	2002年12月23日 13:10—14:40
116	WGC	男	S县工商局老干部	S县工商局	2002年12月23日 16:00—17:30
117	XHW	男	某镇副镇长	某饭店	2002年12月24日 12:00—13:30
118	SCP	男	S县税务局干部	某茶吧	2002年12月25日 14:30—17:20
119	PSH	男	某公安人员	某饭店	2002年12月27日 9:30—11:10
201	XZ	女	二度调研向导	XZ家	2003年7月10日 10:25—11:10
202	XZM	女	原个体经营户	XZ家	2003年7月12日 12:15—13:10

续 表

编码	访谈对象	性别	职业(职务)	地　点	访谈时间
203	XCF	女	城管队员	某冰吧	2003年7月12日 15:00—18:00
204	XHW	男	某镇副镇长	某医院前	2003年7月13日 8:30—10:00
205	HY	男	某镇人大主席	车上 开发区临时办公室 某茶吧	2003年7月13日 10:00—11:30 13:30—15:00
206	SCP	男	S县税务局干部	某茶吧	2003年7月13日 15:00—17:25
207	WDZ	男	工业品市场经营业主	工业品市场	2003年7月14日 15:30—16:10
208	ZTT	女	市场周围的房屋出租户	工业品市场周围的某饭店兼旅馆	2003年7月14日 16:20—17:25
209	LJ	男	县委乡镇企业局副局长	县委乡镇企业局	2003年7月15日 9:00—10:10
210	LYP	男	S县国税局	某宾馆	2003年7月15日 10:30—12:10
211	TSL	男	工业品市场管理办公室主任	工业品市场管理办	2003年7月15日 15:30—17:10
212	HHZ	男	工业品市场管理办业务股长	工业品市场管理办	2003年7月16日 17:30—18:46
213	SLB	男	县政协委员个协理事	工业品市场管理办	2003年7月17日 16:30—17:20

续 表

编码	访谈对象	性别	职业(职务)	地 点	访谈时间
214	GZZ	男	S县某镇镇长	某饭店	2003年7月18日 18:30—20:20
215	NDY	男	个协理事	工业品市场	2003年7月19日 10:00—11:20 15:30—16:00
216	HHZ	男	工业品市场管理办业务股长	工业品市场	2003年7月20日 16:10—17:20
217	ZHH	男	县人大财经委主任	县人大	2003年7月21日 8:40—10:20
218	SZP	男	县委办公室副主任 县委政策研究室主任	县政策研究室	2003年7月22日 11:00—12:20
219	ZJ	男	乡镇企业局副局长	县委乡镇企业局	2003年7月23日 15:00—16:20
220	SJJ	男	工业品市场管理办业务股员	工业品市场	2003年7月23日 16:40—17:20
221	WJZ	男	五金城三位个协理事	某酒家	2003年7月24日 18:40—19:20
222	NDY	男	个协理事	工业品市场	2003年7月25日 9:30—10:40
223	ZL	女	XZ的同学	XZ家	2003年7月26日 15:30—17:40
224	YY	男	某城建局	某冰吧	2003年7月26日 19:30—20:40

续　表

编码	访谈对象	性别	职业(职务)	地　点	访谈时间
225	NDY	男	个协理事	工业品市场	2003年7月27日 8:30—9:40
226	ZHH	男	托运协会会长	某宾馆	2003年7月28日 18:30—19:40
301	HHZ	男	工业品市场管理办业务股长	工业品市场管理办	2004年5月31日 18:30—19:40
302	SHB	男	经营业主	工业品市场	2004年6月2日 11:30—13:20
303	PPL	男	经营业主	工业品市场	2004年6月4日 9:10—10:50
304	YCF	男	个协理事	工业品市场	2004年6月5日 9:30—11:40
305	XGY	男	五金协会理事	五金市场	2004年6月7日 12:50—16:10
306	YG	男	政协委员 个协理事	工业品市场	2004年6月8日 8:40—10:40

注：

1××＝第一次调研的访谈资料
2××＝第二次调研的访谈资料
3××＝第三次调研的访谈资料
××N＝顺序编号(按时间)

附录二 访谈资料

“调查记事”，主要是以时间为线索对这次调查过程和获得的各种资料的具体记录，以及调查中的一些感想，这样做也许并不符合“学术规范”。但我认为，这种有关调查行为的原始记录对一项实证研究来说，是非常有意义的。它不仅是有关论文证据可信性的保证，在一定的意义上，它本身就是一份证据，是社会调查中必不可少的“语境”说明。

【访谈记录第112号】 一个私营企业主的发展史

2003.1.19. 10:00—13:00 20:00—23:00

采访对象：SZN(YJH之堂兄)

YJH对SZN的介绍：

他是他家的老大，以前家庭条件不好，非常贫困，我姑父死得早，从小就挑起家庭重担。然后开始在生产队做事，后当了民办老师，因为计划生育问题，被开除。学油漆，到处帮学校涂油漆，到其它工地做事，刚好糊口。改革开放后，看到S县很多人做生意发财，就到S县来学做服装生意，开了个小作坊，生意越来越红火。三个女儿，一个儿子。

问：能否介绍一下你的个人情况，作为典型的创业家。

答：我在S县是搞得比较长的，搞了八九年了。

问：你什么时候开始做生意?

答：92、93年，一做就是做服装生意，一开始就搞了个小作坊。因为这个事比较简单，到福建、广州、江浙的杭州、义乌等有开放发展的地方去，你带了这么一点钱，别人瞧不起你，而且你也划不来，至少要拿一两万块钱。而且本地加工,几十平方米的房子从小作坊就可以搞起来,有了几千块钱就可以搞起来。一开始,没有什么设备,其实一两千块钱的设备就可以了,一把剪刀一把尺。另外,搞了一年之后,才买了一把剪刀,进口的两三千块钱。有些银行找大工的,看到下游S县湘潭本地的可以拿到两三千块钱的布料,回来做成成品之后,再拿到市场去卖,就是工业品市场,卖了点钱赚了又去拿货,回来加工成成品,这样不停地反复,所以资金少一点也可以搞。那个时候有很多人说S县的生意不很容易做,大老板吃小老板,资金太少了,不能去啊,一两万块钱是去不了的,不能去的,后来我就到那市场去看了一下,观察一下,通过实践分析。我不相信,我就是两、三千块钱搞起来了,(是吗,你真不错,你刚才就是说你从两三千块钱开始,慢慢地做起来,后来是多少平方米,现在有多少?)后来,我有四个小孩,四个小孩,第一年我一人带着一个女儿,后来看到还可以,我就把老婆、四个孩子,都带到这里来了,到这来了,小孩都在这里读书,我的老二后来也就第二年毕业了,老二和老大只上了初中,老三第三年毕业了,毕业考了一个中专,学财会的,我不同意她考,她的专业只是中专,又不是正规大学,还不如直接读高中,后来干脆把她接到S县来读卫校,现在也还可以。因为我那个老三学习也还可以,还算聪明,读了卫校以后接着就考上了大学,现在就在县中医院工作,后来就供她上大学,加上老二结婚,还有老四也在上学,那个几年确实,每年挣一两万块钱就供他们开销,没有多的储蓄。买户口就买了3 800,那时的钱比现在值钱。那时一万元钱就是"万元户"了。后来招工又招了七、八千,还是通过关系。

我最初就跟弟弟打工,93年以前,根据自己的能力搞个小作坊,虽然利润低点,但总比种田好一点,就这样搞起来,有点劲。

问:你每年的纯收入有多少?

最初一万元,现在储蓄有一二十万元钱。那个时候,有时赚,有时亏点,能剩余一点钱,就能够扩大生产。到现在,我在搞出省,至少有十几万元钱,才能出省。我是前年出省的。只有三四万元钱,不能出省,只能在本地搞。

问:为什么会想到要出省呢?

答:我总觉得S县竞争太大了,到那里去竞争也大,但比这里要好一点(为什么要好一点呢?)那里与这里不同,因为这里交通太灵通了,太方便了,所以区别不太大。我到那里观察一下,拿自己的产品出去,看适不适应市场,我觉得还可以。因为我们本地在这里呢,好像我们是一起熟悉的人,看你做这门货(产品)赚钱,大家都跟着来了。我到那里去呢,人家跟不上我,搞竞争的有竞争秘密,搞商业的还有商业秘密。我知道这个,我不会告诉人家,但是人家的我可以观察到。到那里去,一年的利润比S县的要高一点。今年大概赚了多一点,有六七万多,比在S县做好一点。

问:那你觉得出省去做,这个货物的成本是不是会高一点,长途的运输会不会增加货物的成本?

答:那当然增加了。像在广东的大厂啊,一千、两千人的厂啊,一百、两百人的厂啊,他的产量是相当大的,主要靠订单,搞出口货,一个订单就是几十万套,他一天都要生产一两车布,我们一两车布能搞它半年,他那个生产量特别大,第二个呢是按照它的规模它的要求把样品拿过来,按照它的订单再把货品发过去,那样的利润就很高,那进来的布稍微有一点小毛病就不要了,因为它的布啊规定是50码一批差一点它就给你捡出来,因为大厂生产高档服装,必须统一;如果不够那么长就丢在那里,可是我们拿回来呢,因为我们这个地方的货都是销往云贵高原等少数民族地区,那里的地方不是很富裕,只有有钱的人才去买那些高档的服装,许多人只是看看,很羡慕而已,而我们拿着那些布质的衣服,样式差不多,还有很多从香港、台湾、澳门过来的布头,稍微有一点点毛病,那么我们从那里拿过来做,不需要那么高的要求、工艺,他们那里都是一个型号,一个布料,一个样式,我们只有一条就可以了,你喜欢这个,他喜欢那个。我见他们自己做点裤子,放到S县市场,也很赚钱呢。那些商贩拿我的产品到那里去卖去销售,他们有利润,我们也有利润。

问：您拿这一条牛仔裤到S县工业品市场去卖，大概可以卖到多少钱？

答：大人穿的是十五、十六块，小孩的是五块以上，七八块不一定，布料好一点，颜色好一点。因为布料有很多种，稍微有一点区别。就好像外国人到中国来投资，利用中国的廉价原料，利用中国的廉价劳动力，生产他的产品，销到外国去，他的利润是110%多。商人是有利可图，他就干这个，那些素质差点的，就你搞什么，我就跟着你搞什么，他就没什么创新。现在他能够跑出这个S县，发展他的新潜力。

问：您当初是怎么得到这个消息源？怎么联系货源？

答：我是做校服运动服开始的，因为做运动服的料子，这里没有，湘潭、株洲也没有。我知道这个货必须到广东去，找那些大厂子要。我就去看，从当地那些打工的，当地老百姓介绍给我们，他们直接从厂里拿出来，再卖给我。他可以赚几百块钱，我也愿意。我拿回来加工，还是利润比较高。后来觉得牛仔服比较赚钱呢，我就搞牛仔。当时搞校服的时候，搞得不错。周围那些人很羡慕(眼红)，就赶快追我的货，一追就很厉害。我心里很不舒服，很不平衡。我干脆就跑出去，跑到昆明去，我一个人跑珠海、广东、昆明。我总觉得到昆明比我们这里落后，我们这比广州落后，我就直接到那里(昆明)去销，你再追我的货，也不好追。观察一下，我就把S县的摊位租给人家，在昆明重新买一个门面，花了15万块钱，就在那里经营了，那里经营比家里稍微好一点，利润高一点，我们的产品大，销到西双版纳、缅甸、老挝那些国家。因为那里很贫穷，还是打赤脚，穿补丁裤子，经济条件太差了。不过我们的产品也只有卖给他们，因为我们生产条件不太好，产品也不是太高档，只能够卖到那些地方，我们的产品只能很便宜地卖。

S县搞加工能够发一点小财都是按照我这种方式搞起来的，基本上是这种方式，另外还有一些人富起来的，那些是做小百货啦、小五金、加工皮革，在广东像你们女士的小手袋出口要1 000多块钱一个，我们这仿照的才三五块钱一个，所以他们的利润太高了，我们这里一般加工生产,三五块钱成本能够赚一两块就满足了,但商家拿这商品挺好卖,因为便宜,我们的样子也是仿照高档的样子做出来的。其它的生意,像做五金的,S县出产五金,仙槎桥的五金销往全国各地,还出了很多到东南亚那些小国家,很出名。S县主要是冶金啊,农产品就是黄花,另外,工业就是小五金和冶金皮革,可以在全国各个省市都有S县的这三样产品。加上这个服装,但是这个服装和那三样产品不相同,因为服装在四平方米的房子里就可以生产,它只是小一点。他们靠这些加工,基本上都富起来了。另外一些富起来的就是直接到广东那些厂家直接收购,放到S县市场来批发,我们这个地区只有九个县,这九个县包括怀化地区、贵州省、云南省、四川省、广西壮族自治区这些都是到我们S县拿货,小百货,S县从哪里来的呢,是从广东那些厂家拿来的,有些也是从我们这生产批发的小厂拿来到这里批发的,起着一种中介的作用。其它,还有搞电器批发发财的,也还是从广东那些厂子里搞过来的,那些厂家也给他搞代理商,连奖金都很高,他的产品生产出来也要人销,没人销的话,你生产出来也没地方放。还有一些不义之财,第一,是制假。第二,就是搞黄色。其次,还有一些不正当的来源,那就是赖了那边老板的账。拿了人家的货不给人家钱,就不去了。

问:制假的地方一般在哪?

制假那可厉害啦。去年八九月份,S县找出三家制烟的,烟的利润太高了,简直不可想象。在我们这里,一包烟4元钱,一两烟叶就是两包,但是这个烟的成本很低,烟叶一般是两三块钱一斤,那一两就卖到三四块,一下就增加百把倍,你说赚钱不赚钱?另外,生产那个名牌厂家的什么舒肤佳香皂啊、白猫洗衣粉啊,你一打广告,他就生产了。他很隐蔽的,你找不出来,等你找出来了,他就跑了。S县原来还有很大的一个书市,全国有名,盗版书,在S县印刷卖往全国各地,那些老板都发了财,但是发财发得特别快,倒也倒得特别快。有本书惊动了中央了,那个版是海南的,海南的人放到S县来印刷,那个特别黄,黄得不好讲。而且涉及到了老江,涉及到了一些个人隐私方面的东西了，不能说的也说出来了，像这样制假的人好像不少。我们湖南的S县人比较精明能干，长沙人比较好吃懒做，常德人比较能说会道。相对讲，好吃懒做的人他有他的生活方式和金钱来源。S县人在全国各地做生意都挺厉害的，具有经济头脑。

问：你在外面做生意，S县人是不是都聚集在一起做生意？有没有一种集体的精神？

答：也有。但是做生意的人，以前不是有句老话吗？无商不奸。做生意的你如果老老实实的也不行，你太狡猾了也不行；就是要聪明一点。你有你的方法，他有他的方法，因为有人这么讲，"商人是经济骗子，当官的是政治骗子"，同行的人嫉妒心比较严重。S县发展，大家都是挺辛苦发展起来的，S县很多有钱人也不太多，几万块钱的人比较多，十几二十万的人也比较多，几百万的比较少，没有多少钱。

现在生意不好做，竞争太大了，农民生产的产品不值钱了，粮食前几年还卖不掉，洞庭湖的粮食堆在外面的坪里好像是黄土一样的，粮食越来越便宜，没有什么奔头，所以大家都来做生意，觉得做生意还可以。大家都来做，有些亏了本还是做，做了两三年在这里面摸索了，总觉得比种田还要轻松一点，但做生意的人太多了，也就不好做了。

问：你觉得有政治方面的原因吗？比如说政府出台的一些政策对你们是否有什么帮助？

答：那当然，改革开放的民营经济，也就是政策致富。像以前不搞改革开放也不能这样搞，你就是想搞也不能这样去搞。总体来说，改革开放的政策使大家都能够富起来。

问：请您具体点，比如说工业品市场有很多条例规章，这些规定是否有利于你们更好地做生意啊？

答：这个反面的效果也没有，很大的帮助也没有。哪个省都一样，不发展民营经济的话，你这个地方就富不起来，你就没有财政收入，国家没有税收，国家就会穷起来。国营企业只保有几个重要的，其余的都垮掉了，都下岗了。民营经济发展就能够把产品搞起来，不像国营企业亏了,国家就给你充账,国家给你填补,民营经济亏了就自己负责,所以他们责任感很强,就落到法人代表老板身上。

问:S县有多少个国营企业?

答:没有,很少,都是小小的私人加工厂,工业可以说赶不上其它地方,就是生产一点小五金,也都是一些小作坊。国营的后来都垮掉了,民营经济的要收税的。比如说到工业品市场去摆摊,只那么一平方米宽,每个月就是两三百块钱的税收,管理费一个月也要一两百,就是四五百块钱,一年得五六千块钱,才那么一平方米宽。一个县城这么宽,那工业品市场那么六七千个摊位,还有这么多的门面,这税收就是多少了呀。还能带动一些外商、拉车、酒家啊,这些民营经济也解决了很多的就业问题。

附录三　S县经济发展大事记

1980年，国民生产总值4.3亿元，财政收入2 139万元；人均收入92元。

1982年，队办、个体工业崛起，利用国营工业生产的边角余料生产小商品。

1983年，县工商行政部门投资100余万元扩建小工业品批发市场，建营业摊位1 850个。

1986年，全县乡镇企业总收入5亿元，居湖南省第三位。

1990年，全县工业总产值81 091万元，在湖南省各县中居第12位。

1992年，中南第一的S工业品市场建成开业。

1994年，国民生产总值15.6亿元，财政收入1.08亿元，人均收入1 200元，综合经济实力居全省第34位。

1995年，被湖南省政府列为湖南省综合改革试点县，并把民营经济作为县域经济发展的主体。

1996年，被湖南省政府列为湖南省唯一的民营经济改革和发展试验区。

1997年，国民生产总值32亿元，财政收入2.2亿元，人均收入2 482元，综合经济实力居全省第7位；湖南省委、省政府号召全省学S。

2001年，国民生产总值66.17亿，财政收入2.42亿，人均纯收入2 960元。县内个体工商户达8.6万户、从业人员11.4万人，民营企业1 158家、从业人员3.6万人，外出务工经商人员30余万人。

2003年，全县实现GDP81.2亿元，农民人均可支配收入达到3 195元，完成财政总收入3.008 8亿元。

附录四 “7·7”事件前后发生的案件

[1] 2002年4月8日上午10时至10时30分许，邓某在红岭路与新辉路交叉口常德托运站门口，有三个年轻人说找邓有事，把邓喊出来，邓还是往屋里走，那三个人就把邓打了一顿，然后坐红色夏利车走了。

[2] 2002年4月14日13时许，李某的一台三湘零担车停在红岭南路40号“长沙—湘潭托运站”，损失价值1500余元。被“江伢子”一伙三人收取保护费。“江伢子”一伙以前收取保护费6000余元。

[3] 2002年5月8日下午4时左右，石某与曾某到LL托运站要装货，原来石和曾给LL托运站带货带钱，因8日石没给托运站带货，托运站把石的车扣在托运站。

[4] 2002年5月31日4时许，陈某到何某开的“深圳—珠海托运站”托运站讨债，因口角不和，何某对陈某殴打致伤。

[5] 2002年5月25日10时许，原开HW托运站的贺某的儿子喊了一个社会上的人及贺某三个人来到许某的托运站讲要以64000元将托运站收回去(因4月7日，贺某将托运站以64000元转让给许某)，许不肯，贺某的儿子就去关托运站的门，许去阻止，贺带来的人就和贺某的儿子用砖头打了许某。

[6] 2002年8月14日早晨6时许，河北省蠡县冀一大货车停在农林城31栋，XQ托运站门口，司机睡在驾驶室，被一辆面包车里的四个人下来后因用铁棒将大货车的玻璃、车门、保险杠打烂，之后，那些人就又坐面包车走了。

[7] 2002年10月16日19时许，罗某的几个郴州顾客包1辆车到

S县进货，停在市场路116号门面前，装车时，CZ托运站来了四五个人不准包车，要不就交600至800元钱给CZ托运站，不交钱就扣车还要打人，后被迫交了200元。

[8] 2002年10月17日12时许，CB托运站老板喊4个伢子到货运公司停车坪以某车主用客车带货回CB为由，要收取行李费，将车主打伤。

[9] 2002年10月17日7时许，陈某和曹某在农林城某门面下货时被另一托运站的六个青年持铁管打伤。

[10] 2002年10月18日11时许，陈某和曹某等20余人持猎枪和小手枪等将张某托运站张某打伤。

[11] 2002年10月19日17时许，“WC托运站”老板胡某以王某喊他客为由，在新辉二路将王打伤。

[12] 2002年10月22日4时许，唐某发包车到S县进货，车停在老布匹市场，被一个三十多岁的男子割伤2个轮胎，车玻璃被打烂。

[13] 2002年10月23日9时许，莫某从CS托运站托出1件货，在新辉路被4个年轻伢子用刀把包砍烂。

[14] 2002年11月24日8时，牛某开一大货车到S县进货，在金龙大道转盘处被车上下来的3人用砍刀砍了2刀。

[15] 2002年12月16日17时，唐某的货车在老布匹市场进货时，5个自称是“GL托运站”的人要扣唐的车，唐不肯，有一个男的打了唐一耳光。

[16] 2002年12月31日11时许，谭某开车到S县进货，停在市场交通停车，被4个年轻人冲过来二话没说打了一顿。

[17] 2003年1月2日，某车上五六个人因送鞭炮和“LS托运站”余某发生口角，后余等3人被这五六个人殴打。

[18] 2003年2月19日5时许，张某13人租车到S县进货，被一辆小轿车上的两、三个人手持铁棒将货车挡风玻璃、车门玻璃打烂，轮胎划破。

附录五　县委常委、常务副县长的《电视讲话》

2002年7月7日

同志们，广大市民朋友们：

今天发生在县城的严重事件，事态已平息，秩序已恢复正常。

今天的事件，是少数不法分子，利用群众上访之机，打砸我群众和政法机关的车辆，冲击我党政领导机关，殴打我执法人员，情节严重，性质恶劣，影响极坏。

在这里，我代表县委、县政府通告广大群众，有上级领导的关怀指导，有我广大干部群众的全力支持配合，县委、政府一定有信心、有决心、有能力最终全面妥善解决这一事件。在此，我提三点希望和要求：

一、坚决维护社会稳定。政府是为人民服务的政府，群众有什么意见和要求，可通过正当渠道和正当方法反映，要理解县委、政府对存在的问题有一个妥善处理的过程，不能有过激之举；要提防别有用心的少数坏人，他们唯恐天下不乱，好趁乱浑水摸鱼，使事态失去控制，使好人连累受害，我们一定要认清他们的本来面目，不为他们所利用。

二、坚决做到遵纪守法。党有党纪，国有国法，触犯了法律必然受到法律的严惩，任何人必须要对他自身造成的行为后果负责。同时，我奉劝那些行凶打人、毁坏财物、参与闹事者，迅速投案自首，对那些幕后煽动、组织、策划者，政法机关一定会依法从重从快予以打击。

三、坚决强化内部管理。县委、政府要求全县各部门、各单位、各村组、居委会干部要坚守岗位，作好疏导和管理工作，切实落实稳定的各项任务。

附录六　S县政府机密资料《处置突发性事件预案》

一、主要工作目标

1. 确保首脑、要害部位的安全。

2. 确保国道、省道安全畅通。

3. 维护以工业品市场为重点的各大市场的经营秩序。

4. 处置打砸抢活动。

5. 制止非法游行示威活动。

6. 劝阻群体越级上访。

二、实施步骤

1. 21日下午呈报县委和市委工作组批准。

2. 晚上7点半，组织相关单位和领导开会部署。

3. 晚上10点，责任领导和部门召集相关会议，将责任落实到人，措施研究到位。

4. 无论何时出现上述突发事件，即行实施。

三、纪律要求

1. 所有责任领导和抽调人员于21号晚上10点进入工作状态。

2. 公检法干警除指定的便衣人员外，一律着装，但任何人不得携带枪支等杀伤性武器。

3. 服从命令，听从指挥，不准临阵畏缩或见难退却。

4. 未经指挥部批准或在特殊紧急情况下经现场最高指挥人员同意，不得擅自抓人。

5. 除自身生命安全遭遇危险的正当防卫情况外，不准打人。

S县处置"7·7"事件领导小组

2002年7月20日

附录七　请求停止对S县县城托运市场实施垄断性经营的报告

万人签名花名册

省、市、县委、政府的领导们：

现我们就S县县城托运市场的垄断性经营的危害性，向你们汇报，并强烈要求取消一线一站，搞好一线二站或多站的公平竞争。S县是商贾云集的地方、商品聚散的市场。自从改革开放以来，我们的县委县政府在每个阶段所制订的政策都是为发展S县经济，为S县100多万人民着想的。近几年来，S县的商品流通日益扩大，托运市场随之繁荣。一线二站甚至多站如雨后春笋地形成，是S县发展大好趋势，尽管有竞争，但竞出了优质优价服务，竞来了客商，竞来了S县的发展，也为S县市场个体业主的商品销售奠定了坚实的物流基础。但前几年，托运市场出现了少部分托运业主，素质不高，内部搞窝里斗，政府及有关部门也没有去引导他们怎样的正当经营。2001年9月政府组织了整顿托运市场领导小组，加强了托运行业的管理，来增强托运业主的责任感，更好地为客商服务，是件大好事，可整顿的调子走了向：不是为广大群众利益所想，而是为少数托运业主利益着想，让他们垄断谋取暴利。在没有整顿前，部分站雇请黑社会势力，充当他们在部分托运线路当中牟取暴利的保护伞，而现在我们的个别领导干部，经常出入酒吧、宾馆、茶楼与部分托运业主想尽办法，挖空心思，如何垄断，打击那些(多次要求办理有关托运手续，而卡着不办证照)所谓非法站。而实质这些整顿托运市场的领导们自己在干些非法的勾当。请问你们口口声声整顿托运市场，从2001年9月开始整顿搞垄断，为什么到现在2003年托运市场仍继续垄断呢？你们不是整顿托运市场，你们是在搞垮S县经济，在为少部分托运业主牟取暴利，充当他们的保护伞。2002年的“7·7”事件，你们不但没有吸取教训，反而变本加厉，对有些托运站服务质量低劣、抬高运价的现象，你们坐视不管，有相当部分垄断承包的托运站，利用社会的黑势力，对来S县进货、自己包车把货运走的外地客商，横加刁难，威胁采取打砸抢等手段，强迫客商到托运站托运货物。如2002年11月29日一个吉首老板叫李小倩带50万元钱来S县进货，看到吉首托运站运费漫天要价，服务态度恶劣，自己用车把货运走，货已装好，行到范家山时，被吉首站的老板雇请社会的黑势力，将车拦住问他们为什么不到吉首站托运，这时李老板打电话向经营户求援，得知此事的经营户个个摩拳擦掌，义愤填膺，自发地想租车赶到拦车现场帮李老板的忙，后来市场个协得知此事，将情况向谢爱民县长汇报，谢县长当即通知公安局捉拿吉首站的几个烂仔，110到现场时，烂仔也走了。又如12月26日，龙山有两个客商自己带车进货，没到湘乡时，被龙山站叫了十几个烂仔，将两辆装货的车前挡风玻璃打烂，司机与租货主将被打烂的车开回摆到了我们的县政府大门，打电话向主管副县长反映。副县长说，你们向110反映吧，110来了说，你们的事已发生在湘乡。晚了，这些司机和货主怨声载道：我再也不来S县进货了，即使你们S县解散垄断托运，我是否再来也很难说。2002年的“7·7”事件的起因也就是衡阳站搞垄断，打外来商客和司机，激起了广大的经营户的愤恨，后来少部分坏分子利用广大群众有意见的心理，煽动搞破坏活动翻车，炸政府大门，这就需要我们领导引起高度重视，不要再出现第二个“7·7”事件，我们深信英明的S县县委领导和有良知的S县人，如果S县托运市场垄断经营不放开、承包经营不解散，只能给S县的经济发展带来不利，损害大多数人的利益，外面的客商不敢来S县。本地土生土长的老板寻找时机向外流，从工业品市场数据来看，原来有7 000来经营户现不足5 000来经营户，有很多外地来S县进货的大老板看到S县托运市场的漫天要价的高额费用和相当恶劣的服务态度，望而生畏，到别的市场进货去了，本地生产的产品运费过高，竞争不赢人家，全国都在搞市场经济公平竞争，而我们 S 县托运市场搞垄断经营，这就破坏了 S 县形象，少数干部在托运站用假名字占股同托运业主共牟取暴利，我们坚决不答应，我们恳请县委县政府早日作出英明决策，取消一线一站垄断经营，解散承包经营，加强托运行业的正确管理和领导，决不让个别的领导和部门以整顿托运市场为名，为少数人谋利，搞垮了 S 县经济。要求县委县政府加强对托运行业人员的素质教育，搞好公平、竞争，为发展 S 县经济搞好托运。

2003 年 2 月 12 日

S 县经商户

攻读博士学位期间发表的论文

[1] 李琼. 社会冲突的新视角[J]. 学术探索,2004(10).

[2] 李琼. 走向后现代的宗教观[J]. 当代宗教研究,2004(1).

[3] 李向平,李琼. 传统中国"和谐"理念何以再生[J]. 社会科学报,2004(947).

[4] 李琼. 转型期我国社会冲突研究综述[J]. 学术探索,2003(10).

[5] 李琼. 多元利益群体的分歧与协议——以某群体性冲突事件为案例分析[J]. 开放时代(网络版),2004(2).

[6] 李琼. 差序格局的"理性化"[J]. 社会科学,2003(7).

致 谢

当敲完论文最后一个字的刹那，暂时告别那段“醒时是无边纷杂的资料与论辩修辞，梦里是遗忘的旧创与新愁”的梦魇般日子。近段时间，百事似忙，心中却有余闲；往事历历，反思中不觉再编织一个记忆中的“我”。遥想年少狂狷时，以一句豪语“安定阻碍成长”，拒绝且割舍了多少“看得见未来”的生涯，投向“充满未知”的场域，也将自己抛向学习思考的二十余载。或许“最初的漂泊是蓄意的，怎能解释多少聚散的冷漠”？最终憬悟到学术人才的培育养成，犹若置身于炼狱之中，焠炼的不啻思考上的独立，更包含情感上的独立。唯独留存的是对知识的痴狂，以及“意识到生命的荒谬，仍孜孜不倦”的傻劲。

千呼万盼中培育出的“小树苗”，夹带的是多少人的悉心经营、牵挂与期盼，在此将一一表述我的感激之意。

回首来时路，我首先欲感谢的是我的导师李向平教授，他认真严谨的治学态度和独特的传道授业解惑之法，皆使我获益匪浅。李老师在学习与生活方面给予我无微不至的关爱，让我更懂得珍惜身边每一份拥有。

感谢为我田野调查提供极大帮助的向导——岳金辉和肖赞，他们不辞辛劳地陪我调研，并为我提供食宿及各种便利。其间，我还遇到了许多热心而正直的朋友，如谢辉伟、胡海中、申展平、宁东银、周铎等，没有他们的鼎立协助，我的论文只能是空中楼阁，在此我特地向他们表示诚挚的谢意。

同时，我要向苏国勋教授、沈关宝教授、张江华教授以及系里的所有导师和任课老师一并真诚地说声“谢谢”。正是他们殷实的学识，丰富了我曾经荒芜的头脑，正是他们坚定的精神和鼓励的目光鞭策着我努力前行。

父母双亲是我的爱，感谢他们赋予我的一切。他们对于困顿的坚毅力，善待众生的敦厚心，使我不改单纯、刚直的秉性就能健康、自由地生活着，他们的教诲和培育使我的生活充满了阳光。今日若算有所小成，他日将有反哺回报时。

最后，四处求索的我还要向一批时刻关注我的朋友李峰、路学仁、陆永松、周元晓、朱伟宏、沈海海、陈彬、史立峰、汪笑沁、李兵、黄庆华、谭用秋、刘山鹰、刘天顺等致以诚挚的谢意，我们之间的情谊沧海桑田都让人泪流。

此刻，不应仅停留在博士学位的象征，而是新征程的起点和开始。正像鲁迅先生在《野草·过客》中所言，“我还得走”，“一个声音在呼唤我”……

李　琼

2005年1月